普通高等院校地理科学专业系列教材

测 量 学

付迎春　李长辉　胡华科　高照忠　速云中　编著

科学出版社

北　京

内 容 简 介

本书共 9 章，主要是针对当代测量学技术现状与发展趋势、基础理论与应用实践结合情况，系统阐述了测量坐标系、仪器观测原理、误差处理理论、区域控制测量和数字地形图测绘等基础知识以及城市数字测图的特色应用案例；同时，简要介绍了北斗卫星导航系统、多载体 LiDAR 测图和高分辨率卫星遥感测图、无人机和 InSAR 等新兴测绘技术及其应用案例。

本书可作为地理学、测绘科学与技术、土地科学、城市规划、旅游管理、建筑学、环境科学及相关专业的本科生或专科生作为测量学原理的核心教材使用，也可供相关研究人员和工程技术人员参考。

图书在版编目（CIP）数据

测量学/付迎春等编著 . —北京：科学出版社，2015.6
普通高等院校地理科学专业系列教材
ISBN 978-7-03-044761-6

Ⅰ.①测… Ⅱ.①付… Ⅲ.①测量学-高等学校-教材 Ⅳ.①P2

中国版本图书馆 CIP 数据核字（2015）第 123220 号

责任编辑：杨 红/责任校对：桂伟利
责任印制：徐晓晨/封面设计：迷底书装

科 学 出 版 社 出版
北京东黄城根北街 16 号
邮政编码：100717
http://www.sciencep.com

涿州市京南印刷厂印刷
科学出版社发行 各地新华书店经销

*

2015 年 6 月第 一 版 开本：787×1092 1/16
2020 年 1 月第五次印刷 印张：12 7/8
字数：298 000

定价：45.00 元
（如有印装质量问题，我社负责调换）

前　言

测量学是测绘和地理学科的基础课程，旨在帮助学习者建立空间坐标系和空间数据获取处理的基本概念，掌握仪器操作和数字化测绘的熟练技能，培养具有现代测绘技术专业素质的技术人才。事实上，测量是作为测绘地图的基本手段发展起来的，目前基于各种测绘装备的现代测量技术已经得到迅速发展，有数字水准仪、数字全站仪、测量机器人、无人机、移动激光测量系统等测绘新方法和新技术。在测量学基本原理与知识基础上，测量技术的日新月异和信息测绘内涵与外延的拓展，丰富了测绘学科的理论知识和方法学，提升了测绘学科在各行业领域的地位与应用。因此，测绘学、地理学及相关专业都离不开测量，从事专业学习和研究的学生及工程技术人员都需要了解和掌握测绘的基本原理、技术和应用方法，并对现代测绘学科的发展趋势有所了解。

本书编写内容涵盖了测量学基础知识、仪器观测原理、区域控制测量和大比例尺数字地形图测绘，并全面介绍了现代测绘新技术及其应用案例；在教材内容和文字组织上尽可能的通俗易懂，并强调原理、技能和实际案例结合，内容详实，深入浅出，紧密围绕测量学课程的基本目标来组织教材编写。

本书主要由从事测量学教学及现代测绘应用的相关研究人员和技术人员编写完成。本书由付迎春拟定编写大纲和统稿，具体分工为：付迎春编写第1至4章，胡华科编写第5、6章，高照忠编写第7章，李长辉编写第8、9章。研究生卢雪玉和戴舒参与了部分章节的编写工作，于洋参与了部分插图处理工作。在此一并表示衷心的感谢。

由于作者水平有限，书中难免存在疏漏之处，请读者不吝指教。

作　者

2015 年 5 月

目　　录

第1章 测量坐标系和高程

1.1 地球形状、大小和基准面

测量学的主要研究对象是地球的自然表面，但是，地球表面极不规则，由具体的测量结果可知：高耸于世界屋脊上的珠穆朗玛峰与太平洋海底深邃的马里亚纳海沟之间的高差竟有近 20km。尽管有这样大的高低起伏，但是，相对于地球庞大的体积来说仍然可以忽略不计。就整个地球表面而言，海洋面积约占 71%，陆地面积约占 29%，可以认为是一个由水面包围的球体。

1.1.1 地球自然形体

无论是天文大地测量、地球重力测量，还是卫星大地测量等精密测量，都提供这样一个事实：地球并不是一个正球体，而是一个极半径略短、赤道半径略长，北极略突出、南极略扁平，近于梨形的椭球体。这里所谓的近于"梨形"，其实是一种形象化的夸张，因为地球南北半球的极半径之差仅在几十米范围之内，这与地球固体地表的起伏，或地球极半径与赤道半径之差都在 20km 左右相比，是十分微小的。况且，已经有证据表明，这种"梨形"还不一定会长期保持下去。这样一个复杂的形状，我们是无法用数学公式来表达的。

1.1.2 大地水准面及其特性

由于地球的自然表面凹凸不平，形态极为复杂，显然不能作为测量与制图的基准面。因此，应该寻求一种与地球自然表面非常接近的规则曲面，来代替这种不规则的曲面。

处于静止状态的水面称为水准面。由物理学可知，这个面是一个重力等位面，水准面上处处与重力方向（铅垂线方向）垂直。在地球表面重力的作用空间，通过任何高度的点都有一个水准面，因而水准面有无数个。把一个假想的、与静止的平均海水面重合并向陆地延伸且包围整个地球的特定重力等位面称为大地水准面。大地水准面和铅垂线可作为野外测量的基准面和基准线。

1.1.3 参考椭球面及其特性

地球引力的大小与地球内部的质量有关，而地球内部的质量分布又不均匀，致使地面上各点的铅垂线方向产生不规则的变化，因而大地水准面实际上是一个略有起伏的不规则面，无法用数学公式精确表达，必须寻求一个与地球体极其接近的形体来代替地球体。

地球是一个近似椭球体，一个椭圆绕其短轴旋转而成的形体，即旋转椭球体，或称地球椭球体。地球椭球体表面是一个可以用数学模型定义和表达的曲面，这就是我们所讲的地球数学表面。测量与制图工作将以地球

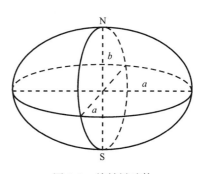

图 1.1　旋转椭球体

椭球体表面作为几何参考面,将进行的大地测量结果归算到这一基准面上(图1.1)。

代表地球形状和大小的旋转椭球体称为"地球椭球体"。与大地水准面最接近的地球椭球体称为总地球椭球体;与某个区域如一个国家大地水准面最为密合的椭球体称为参考椭球体,其椭球面称为参考椭球面。由此可见,参考椭球体有许多个,而总地球椭球体只有一个。

地球椭球体有长轴和短轴之分。长半轴(a)即赤道半径,短半轴(b)即极半径。在几何大地测量中,椭球的形状和大小通常用长半轴 a、短半轴 b 和扁率 f 来表示: $f = \dfrac{a-b}{a}$。

地球椭球体的形状和大小取决于 a,b,f,因此,称 a,b,f 为地球椭球体三要素,或称描述地球形状与大小的参数。国际上有多种参考椭球体的参数值,表1.1为几个有代表性的参数值。

表 1.1　地球椭球体的几何参数

椭球体名称	年份	长半轴 a/m	扁率 f	附注
德兰布尔	1800	6375653	1:334.0	法国
白塞尔	1841	6377397	1:299.152	德国
克拉克	1880	6378249	1:293.459	英国
海福特	1909	6378388	1:297.0	美国
克拉索夫斯基	1940	6378245	1:298.3	苏联
1975 大地测量参考系统	1975	6378140	1:298.257	IUGG 第 16 届大会推荐值
1980 大地测量参考系统	1979	6378137	1:298.257	IUGG 第 17 届大会推荐值
WGS-84 系统	1984	6378137	1:298.257	美国国防部制图局(DMA)

注:IUGG——国际大地测量与地球物理联合会(International Union of Geodesy and Geophysics)。

由于参考椭球体的扁率很小,当测区面积不大时,在普通测量中可把地球近似地看做圆球体,其半径为

$$R = \frac{1}{3}(a + a + b) \approx 6371(\mathrm{km})$$

1.2　测量常用坐标系和参考椭球定位

1.2.1　大地坐标系

1. 坐标系的建立

在大地测量中,通常所有的观测值在概算时均应尽量概化到参考椭球面上。地面上任意一点的空间位置可用大地坐标(B,L,H)表示。大地坐标系是以参考椭球面作为基准面,以其法线为基准线,以起始子午面和赤道面作为在椭球面上确定某一点投影位置的两个参考面。

2. 大地坐标的定义

图1.2中,过地面点 P 的子午面与起始子午面之间的夹角(L),称为该点的大地经度。规定:从起始子午面算起,向东称为东经;向西称为西经。

过地面点 P 的椭球面法线与赤道面的夹角（B），称为该点的大地纬度。规定：从赤道面算起，从赤道面向北称为北纬；从赤道面向南称为南纬。

P 点沿椭球面法线到椭球面的距离（H），称为大地高。从椭球面起算，向外为正，向内为负。

大地经纬度构成的大地坐标系，在大地测量计算中广泛应用。

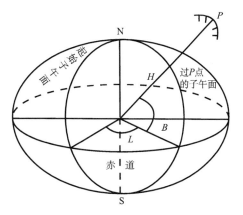

图 1.2　大地坐标系

1.2.2　地球坐标系与协议地球坐标系

1. 空间直角坐标系

以椭球体中心 O 为原点，起始子午面与赤道面交线为 X 轴，赤道面上与 X 轴正交的方向为 Y 轴，椭球体的旋转轴为 Z 轴，构成右手直角坐标系 $O\text{-}XYZ$。在该坐标系中，P 点的点位用 OP 在这三个坐标轴上的投影 x，y，z 表示，如图 1.3 所示。

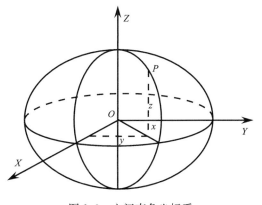

图 1.3　空间直角坐标系

2. WGS-84 坐标系

WGS-84 坐标系是全球定位系统（GPS）采用的坐标系，属于协议地心坐标系（惯性系）。它是如下定义的：坐标系的 Z 轴指向 BIH 1984.0 定义的协议地球极（CIP）方向，原点为地球的质心；X 轴指向 BIH 1984.0 定义的零度子午面和 CIP 赤道的交点；Y 轴垂直于 X、Z 轴，X、Y、Z 轴构成右手直角坐标系。目前，WGS-84 坐标系采用 1979 年国际大地测量与地球物理联合会第 17 届大会推荐的椭球参数（见表 1.1）。

协议坐标系之所以称为"协议"，是因为地球是不断变换的，地极的位置、地球的各个参数等都是不断变化的。因此，国际上"协议"取某个时刻的地极、零度子午面定义坐标系的轴。

3. 平面直角坐标系

在解析几何中，在同一个平面上互相垂直且有公共原点的两条数轴构成平面直角坐标系，简称为直角坐标系。通常，两条数轴分别置于水平位置与垂直位置，取向右与向上的方向分别为两条数轴的正方向。水平的数轴叫做 X 轴或横轴，竖直的数轴叫做 Y 轴或纵轴，X 轴或 Y 轴统称为坐标轴，它们的公共原点 O 称为直角坐标系的原点。

测绘工作中所用的平面直角坐标系与解析几何中的平面直角坐标系有所不同，测量平面直角坐标系以纵轴为 X 轴，表示南北方向，向北为正；横轴为 Y 轴，表示东西方向，向东为正；象限顺序依顺时针方向排列（图 1.4）。这是因为测绘工作中以极坐标表示点位时其角度值是以北方向为准，按顺时针方向计算，而解析几何中则从横轴起按逆时针方向计算。当 X 轴与 Y 轴互换之后，全部平面三角公式均可用于测绘计算中。

一般情况下，应该采用高斯平面直角坐标系。将球面坐标和曲面图形转换成相应的平面

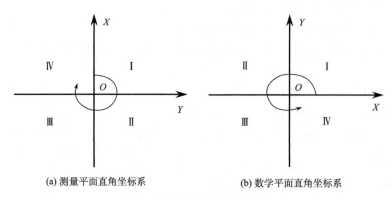

(a) 测量平面直角坐标系   (b) 数学平面直角坐标系

图 1.4   两种平面直角坐标系

坐标和图形必须采用适当的投影方法，具体内容将在第 1.3 节讲述。

1.2.3   参考椭球定位

椭球定位是指确定椭球中心的位置，可分为两类：局部定位和地心定位。局部定位要求在一定范围内椭球面与大地水准面有最佳的拟合，而对椭球的中心位置无特殊要求；地心定位要求在全球范围内椭球面与大地水准面有最佳的拟合，同时要求椭球中心与地球质心一致或最为接近。

确定参考椭球与大地水准面的相关位置，使参考椭球在一个国家或地区范围内与大地水准面最佳拟合，称为参考椭球定位。

1.3   地图投影和高斯平面直角坐标系

1.3.1   地图投影

1. 地图投影的意义

地球参考椭球面是不可展曲面，如果将它展成平面，必然会使曲面产生褶皱、拉伸或者断裂等形变。显然，在这种平面上，是无法绘制科学、准确的地图的，不便于地图的制作、使用和保管。历代地图学家和数学家经多年探索，创立了地图投影这种数学方法，实现了由地球椭球面向平面地图的科学转换，从而解决了上述一系列问题。

地图投影，简单来说就是讲椭球面上的各元素(坐标、长度和方向)按照一定的数学法则投影到平面上。这里所说的数学法则，可以用两个方程式来表示：

$$\begin{cases} x = F_1(L, B) \\ y = F_2(L, B) \end{cases} \tag{1.1}$$

式中，L、B 为椭球面上某点的大地坐标；x、y 为该点投影后的平面直角坐标，这里所说的平面通常也叫做投影面。

如果能够建立 x、y 与 L、B 之间的函数关系，那么只要知道地面点的大地坐标，便可以在投影平面上找到相对应的平面位置。由此可见，投影问题也就是建立椭球面元素与投影面相对应元素之间的解析关系式。

2. 地图投影变形

地图投影，必然会产生形变。椭球面上的一段距离、一个角度、一个图形投影到平面上，就会和原来的距离、角度、图形呈现差异，这一差异称为投影变形。

投影变形一般分为角度变形、长度变形和面积变形三种。

其实，投影只不过是根据具体的用图目的、表现区域和内容特点等，在长度、角度、面积几种变形中，选择一种，并令其不变形，或者虽有几种变形，但变形值相对不至于过大而已。因此，在地图投影中产生了许多种类的投影法。

3. 地图投影分类

地图投影种类繁多，通常采用以下几种分类方法：按投影面类型分类、按地图投影的变形性质分类和按投影面与参考椭球的位置关系分类。地图投影分类见图 1.5～图 1.7。

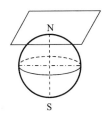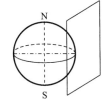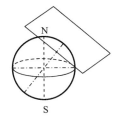

图 1.5　正、横、斜轴方位投影

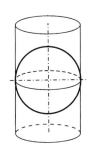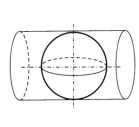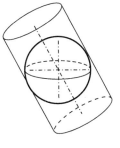

图 1.6　正、横、斜轴圆柱投影

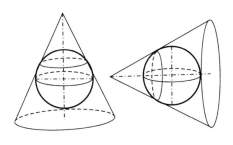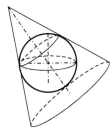

图 1.7　正、横、斜轴圆锥投影

1）**按投影面类型分类**

方位投影　以平面作为辅助投影面，使球体与平面相切或相割，将球体表面上的经纬网投影到平面上构成的一种投影。

圆柱投影　以圆柱表面作为辅助投影面，使球体与圆柱表面相切或相割，将球体表面上的经纬网投影到圆柱表面上，然后再将圆柱表面展成平面而构成的一种投影。

圆锥投影　以圆锥表面作为辅助投影面，使球体与圆锥表面相切或相割，将球体表面上的经纬网投影到圆锥表面上，然后再将圆锥表面展成平面而构成的一种投影。

2）按地图投影的变形性质分类

等角投影　投影面上两条方向线所夹角度与球面上对应的两条方向线所夹角度相等。换句话说，球面上小范围内的地物轮廓经投影之后，仍保持形状不变。

等积投影　地球椭球面上的面状地物轮廓经投影之后，仍保持面积不变。

任意投影　既不等角也不等积，长度、角度、面积三种变形同时存在的投影，统称为任意投影。在任意投影中，有一种比较常见的投影，即等距投影，它使沿某一特定方向的距离投影前后保持不变。

3）按投影面与参考椭球的位置关系分类

正轴投影　投影面的中心线与地轴相重合时的投影。

横轴投影　投影面的中心线与地轴垂直所得的投影。

斜轴投影　投影面的中心线与地轴斜交所得的投影。

4. 地图投影的选择

选择地图投影时，应根据制图区域的地理位置、形状、范围以及地图的用途来进行。

测制地图的主要目的是为国防和经济建设服务。采用等角投影可以保证在有限的范围内使得地图上的图形同椭球上的原形保持相似。等角投影后角度大小不变，投影前后长度比为一常数，这给识图用图带来很大便利。在测量中，选用等角投影的同时还要求长度和面积变形不大，因此为了测量目的的地图投影应该限制在不大的投影范围内，从而控制变形，并能以简单的公式计算由它引起的改正数。

1.3.2　高斯平面直角坐标系

1. 高斯-克吕格投影

由于高斯投影完全能满足地形图测绘的要求，因此，我国国家基本比例尺地形图中的大中比例尺图均采用高斯-克吕格投影。

如图1.8所示，一个椭圆柱面横套在地球椭球体外面，使它与椭球上某一子午线（中央子午线）相切，椭圆柱的中心轴通过椭球体中心，然后用一定的投影方法，将中央子午线两侧各一定经差范围内的地区投影到椭圆柱面上，再将此柱面展开即成为投影面。所以高斯投影又称为横轴椭圆柱投影。

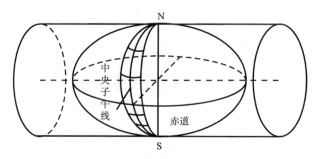

图1.8　高斯投影

2. 高斯投影的特点

高斯投影是等角投影中的一种，投影前后的角度相等。除此之外，高斯投影还具有以下特点：

（1）中央子午线投影后为直线，且长度不变。距中央子午线越远的子午线，投影后弯曲程度越大，长度变形也越大。

（2）椭球面上除中央子午线外，其他子午线投影后均向中央子午线弯曲，并向两级收敛，对称于中央子午线和赤道。

（3）在椭球面上对称于赤道的纬圈，投影后仍成为对称的曲线，并与子午线的投影曲线互相垂直且凹向两极。

3. 高斯平面直角坐标系

在高斯投影面上，中央子午线和赤道的投影都是直线。以中央子午线的投影为纵坐标轴 X，向北为正，以赤道的投影为横坐标轴 Y，向东为正，以中央子午线和赤道的交点 O 作为坐标原点，这样便形成了高斯平面直角坐标系（图 1.9）。

4. 投影带

按一定经差将地球椭球面划分成若干投影带，这是高斯投影中限制长度变形的最有效的方法。分带时既要控制长度变形使其不大于测图误差，又要使带数不致过多以减少换带计算工作，据此原则将地球椭球面沿子午线划分成经差相等的瓜瓣形地带，以便分带投影。通常，带宽一般分为经差 6° 和 3°，分别称为 6°带和 3°带（图 1.10）。

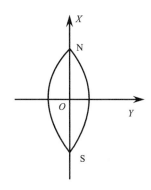

图 1.9 高斯平面直角坐标系

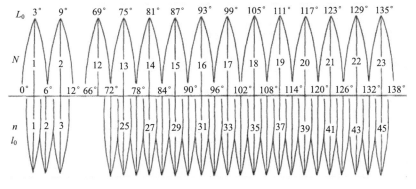

图 1.10 6°带与3°带

6°带：从 0°子午线起，每隔经差 6°自西向东分带，依次编号 1，2，3，…，60，每带中间的子午线称为轴子午线或中央子午线，各带相邻子午线叫做分界子午线。我国领土跨 11 个 6°投影带，即第 13～23 带。带号 N 与相应的中央子午线经度 L_0 的关系是

$$L_0 = 6N - 3 \tag{1.2}$$

3°带：以 6°带的中央子午线和分界子午线为其中央子午线。即自东经 1.5°子午线起，每隔经差 3°自西向东分带，依次编号 1，2，3，…，120。我国领土跨 22 个 3°投影带，即第 24～45 带。带号 n 与相应的中央子午线经度 l_0 的关系是

$$l_0 = 3n \tag{1.3}$$

我国国家基本比例尺地形图中的大中比例尺图，一律采用高斯-克吕格投影。其中比例尺为 1∶5000 和 1∶10000 的地形图采用经差 3°分带，1∶50 万～1∶2.5 万比例尺地形图采用经差 6°分带。

5. 国家统一坐标

由于我国疆域均在北半球，X 坐标均为正值，而 Y 坐标值有正有负。为避免 Y 坐标出现负值，规定将 X 坐标轴向西平移 500km，即所有点的 Y 坐标值均加上 500km，在整个投影带内 Y 值就不会出现负值了(图 1.11)。

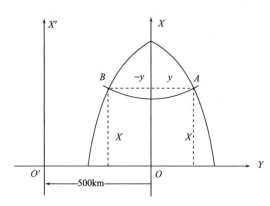

图 1.11　坐标纵轴西移 500km 示意图

例如：在某投影带内有 A、B 两点，A 点位于中央经线东侧，$y_A = 245863.7\text{m}$，B 点位于中央经线西侧，$y_B = -245863.7\text{m}$，当坐标轴西移 500km 后，则 $y_A = 745863.7\text{m}$，$y_B = 254136.3\text{m}$。

此外，为方便区别某一点位于哪一个投影带内，还应在横坐标值前加上投影带带号。这种坐标称为国家统一坐标。假设 A、B 两点同位于 20 带内，则其国家统一坐标表示为

$$y_A = 20745863.7\text{m}$$

$$y_B = 20254136.3\text{m}$$

6. 通用横轴墨卡托投影(UTM 投影)

通用横轴墨卡托投影(universal transverse Mercator projection)，简称 UTM 投影。该投影由美国军事测绘局 1938 年提出，1945 年采用。从几何意义上讲，UTM 投影属于横轴等角割椭圆柱面投影。其特点是中央经线投影长度比不等于 1 而是等于 0.9996。因而使投影带内变形差异更小，其最大长度变形不超过 0.04%。

1.4　高程与方位角

1.4.1　高程

地面点到高度起算面的垂直距离称为高程。高度起算面又称高程基准面。选择不同的高程基准面，可得到不同的高程系统。通常，测量是以大地水准面作为高程基准面的。地面点沿铅垂线方向到大地水准面的距离，称为该点的绝对高程或海拔，简称高程，用 H 表示。

我国高程起算面是由青岛验潮站验潮结果推算的黄海平均海面。我国曾采用青岛验潮站 1950～1956 年期间的验潮结果推算了黄海平均海面，称为"1956 年黄海平均高程面"，以此建立了"1956 年黄海高程系"，此高程系的青岛水准原点高程为 72.289m。我国自 1959 年开始，全国统一采用 1956 年黄海高程系。后来又利用该站 1952～1979 年期间的验潮结果计算确定了新的黄海平均海面，称为"1985 国家高程基准"，此高程基准的青岛水准原点高程为 72.260m。我国自 1988 年 1 月 1 日起开始采用 1985 国家高程基准作为高程起算的统一基准。

在局部地区，引用绝对高程有困难时，可采用相对高程。即假定一个水准面作为高程基准面，地面点至假定水准面的铅垂距离，称为相对高程。

两点高程之差称为高差。图 1.12 中，H_A、H_B 为 A、B 点的绝对高程，H'_A、H'_B 为相对高程，H_{AB} 为 A、B 两点间的高差，即

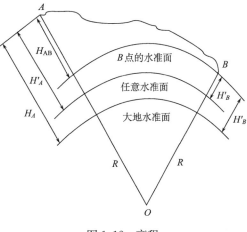

图 1.12　高程

$$H_{AB} = H_B - H_A = H'_B - H'_A \quad (1.4)$$

所以，两点之间的高差与高程起算面无关。

1.4.2　方位角

在高斯平面内，由基准方向(北方向)顺时针量至某直线的夹角，称为该直线的方位角。依据基准方向的不同选择，方位角有真方位角、坐标方位角和磁方位角三种。

(1) 真方位角。由子午线北方向起算的方位角称为真方位角，用 A 表示。它是通过天文观测、陀螺经纬仪测定和计算求得。同一直线上各点的真方位角不同。

(2) 坐标方位角。由坐标纵轴正方向起算的方位角称为坐标方位角，用 α 表示。它是通过坐标反算或角度传递得到。在同一直线上，各点的坐标方位角相等。正反方位角相差 $180°$。坐标方位角可以用于控制网起算数据和坐标的推算。

(3) 磁方位角。由磁子午线北方向(磁针自由静止时其指北端所指的方向)起算的方位角称为磁方位角，用 A_m 表示。它是通过带磁针装置的经纬仪测定的。在同一直线上，各点的磁方位角不相等。磁方位角容易受到磁性物质的干扰，其精确度不高，只用来概略地指示方位。

由于三个指北的标准方向并不重合，所以，一条直线的三种方位角并不相等，它们之间存在着一定的换算关系。在介绍换算关系之前，先解释几个概念。

(1) 子午线收敛角。过一点的子午线北方向与坐标纵轴正方向之间的夹角称为子午线收敛角，用 γ 表示。γ 的符号规定：若坐标纵轴正方向在子午线北方向东侧时，γ 为正；若坐标纵轴正方向在子午线北方向西侧时，γ 为负。

(2) 磁偏角。地面上一点的磁子午线北方向与子午线北方向之间的夹角称为磁偏角，用 δ 表示。δ 的符号规定为：磁子午线北方向在子午线北方向东侧时，δ 为正；磁子午线北方向在子午线北方向西侧时，δ 为负。

如图 1.13 所示，一条直线的真方位角 A、磁方位角 A_m、坐标方位角 α 之间有如下关系式：

$$A = A_m + \delta \quad (1.5)$$

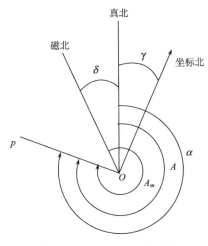

图 1.13　三种方位角的关系

$$A = \alpha + \gamma \tag{1.6}$$

$$\alpha = A_m + \delta - \gamma \tag{1.7}$$

式中，δ 为磁偏角；γ 为子午线收敛角。

1.5　用水平面代替水准面的限度

当测区范围较小时，可以把水准面看作水平面。探讨用水平面代替水准面对距离、角度和高差的影响，以便给出限制水平面代替水准面的限度。在分析过程中，将大地水准面近似看成圆球，半径 $R = 6371\mathrm{km}$。

1.5.1　水准面曲率对水平距离的影响

在图 1.14 中，$\overset{\frown}{AB}$ 为水平面上的一段圆弧，长度为 S，所对圆心角为 θ，地球半径为 R。AC 为圆弧 AB 的切线，长度为 t。以线段 AC 代替圆弧 $\overset{\frown}{AB}$，则在距离上将产生误差 ΔS：

$$\Delta S = AC - \overset{\frown}{AB} = t - S$$

其中：

$$AC = t = R\tan\theta$$

$$\overset{\frown}{AB} = S = R \cdot \theta$$

则

$$\Delta S = R\left(\frac{1}{3}\theta^3 + \frac{2}{15}\theta^5 + \cdots\right)$$

因 θ 角值一般很小，故略去五次方以上的各项，并以 $\theta = \dfrac{S}{R}$ 代入，则得

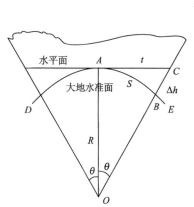

图 1.14　用水平面代替水准面

$$\Delta S = \frac{1}{3}\frac{S^3}{R^2} \qquad \text{或} \qquad \frac{\Delta S}{S} = \frac{1}{3}\frac{S^2}{R^2} \tag{1.8}$$

当 $S = 10\mathrm{km}$ 时，$\dfrac{\Delta S}{S} = \dfrac{1}{1217700}$，小于目前精度距离测量的容许误差。因此可得出结论：在半径为 10km 的范围内进行距离的测量工作时，用水平面代替水准面所产生的距离误差可以忽略不计。

1.5.2　水准面曲率对水平角的影响

从球面三角学可知，同一空间多边形在球面上投影的各内角和，比在平面上投影的各内角和大一个球面角超值 ε。

$$\varepsilon = \rho\frac{P}{R^2} \tag{1.9}$$

式中，P 为球面多边形面积；R 为地球半径；ρ 为 1 弧度所对应的秒角值，$\rho = 206265''$。

以不同的面积 P 代入式(1.9)，可求出球面角超值，如表 1.2 所示。

表 1.2　水平面代替水准面的水平角误差

球面多边形面积 P/km^2	球面角超值 $\varepsilon/('')$
10	0.05
50	0.25
100	0.51
300	1.52

可以得出结论：对于面积在 100km^2 内的多边形，地球曲率对水平角的影响只有在最精密的测量中才考虑，一般测量工作是不必考虑的。

1.5.3　水准面曲率对高差的影响

图 1.14 中，BC 为水平面代替水准面产生的高差误差。令 $BC=\Delta h$，则

$$(R+\Delta h)^2 = R^2 + t^2$$

即

$$\Delta h = \frac{t^2}{2R + \Delta h}$$

上式中可用 S 代替 t，Δh 与 $2R$ 相比可略去不计，故上式可写成：

$$\Delta h = \frac{S^2}{2R} \tag{1.10}$$

此式表明，Δh 的大小与距离的平方成正比。当 $S=1\text{km}$ 时，$\Delta h=8\text{cm}$。因此，地球曲率对高差的影响，即使在很短的距离内也必须加以考虑。

综上所述，在面积为 100km^2 的范围内，不论是进行水平距离或水平角测量，都可以不考虑地球曲率的影响，在精读要求较低的情况下，这个范围还可以相应扩大。但地球曲率对高差的影响是不能忽略的。

思　考　题

1. 如何表示地球的形状和大小？
2. 高斯平面直角坐标系是怎样建立的？
3. 为什么要进行分带投影？
4. 测量学中的平面直角坐标系和数学中的平面直角坐标系有什么不同？为什么要这样规定？
5. 我国高程起算面是如何确定的？
6. 用水平面代替水准面对水平距离、水平角、高差有什么影响？

第 2 章 测量误差理论的基本知识

2.1 观测误差的分类

2.1.1 测量误差产生的原因

测量工作的实践表明，对某个量进行多次重复观测时会发现，这些观测值之间存在差异，即测量的结果并不一致；又如观测一个平面三角形的三个内角，就会发现其观测值之和并不等于180°，即观测值与理论上应有值之间存在差异。这些现象在测量工作中是普遍存在的。这种现象的产生是由于观测值中存在着测量误差。

观测误差产生的原因，概括起来有以下三个方面。

1. 测量仪器

测量工作所使用的仪器都具有一定的精确度，由此观测所得的数据必然带有误差。例如，用刻度为厘米的钢尺测量一段距离，厘米以下刻度的数据就难以准确获得。另外，仪器本身也有一定的误差，例如水准仪的视准轴不平行于水准轴、水准尺的分划误差等。此外，仪器在长期使用及运输过程中都有不同程度的损耗，也会引起测量误差。

2. 观测者

观测者的感觉器官鉴别能力有一定的局限性，在仪器的操作使用过程中（如安装、读数）都会产生一定的误差。同时，观测者的技术水平、工作态度也会对观测数据质量有直接影响。

3. 外界条件

进行测量时的外界条件，如温度、湿度、风力、地形、大气折光等因素都会对观测数据产生直接影响。此外，这些影响因素都随时变化，由此对结果产生的影响也随之变化，这必然使观测结果带有误差。

测量仪器、观测者和外界条件这三方面是引起观测误差的主要因素，统称为观测条件。这些观测条件都有本身的局限性以并会对测量精度产生影响，因此，测量中的误差是不可避免的。误差的大小取决于观测的精度。凡是观测条件相同的同类观测称为"等精度观测"，观测条件不同的同类观测则称为"不等精度观测"，这对观测值的后读处理会产生影响。

2.1.2 测量误差的分类与处理原则

根据观测误差对测量结果的影响性质，测量误差可分为系统误差、偶然误差和粗差三类。

1. 系统误差

在相同的观测条件下，对某一固定量进行一系列观测，如果观测结果的误差在符号和数值上都相同，或者按一定的规律变化，这种误差称为"系统误差"。例如，用名义长度为20m而实际长度为20.004m的钢卷尺量距，每量一尺段就有使距离量短0.004m的误差，且均为负号。系统误差对观测结果的影响很大，具有累积性。对系统误差的研究方法就是找出其影响的规律性，从而消除或减弱它的影响，或者改变观测方法回避它的影响。

2. 偶然误差

在相同的观测条件下，对某一固定量进行一系列观测，如果误差在数值大小和符号上都不相同，从表面上看没有任何规律性，这种误差称为"偶然误差"。偶然误差是由于人所不能控制的因素或无法估计的因素共同引起的测量误差，其数值的正负、大小纯属偶然。偶然误差是不可避免的，在相同条件下观测某一量，所出现的大量的偶然误差具有统计规律，因而研究的方法就是用概率的知识对它进行处理。

3. 粗差

粗差即粗大误差。在测量时，除了不可避免的误差之外，还可能发生错误，例如，读错数、计错数等，这些都是由于观测者的疏忽大意所造成的。观测结果中是不允许出现错误的，一旦发现错误，必须及时加以更正。

4. 误差处理原则

在观测过程中，系统误差和偶然误差总是同时产生。当观测结果中有显著的系统误差时，偶然误差就处于次要地位，观测误差就呈现出"系统"的性质。反之，当观测结果中系统误差处于次要地位时，观测结果就呈现出"偶然"性质。由于系统误差在观测结果中具有积累的性质，对观测结果的影响尤为显著，所以在测量工作中总是采取各种办法削弱其影响，使它处于次要地位。

为防止错误的发生和提高观测精度，在测量工作中，一般需要进行"多余观测"，即多于必要的观测。例如，测量一段距离，如果将往测作为必要观测，则返测就属于多余观测。有了多余观测，就可以发现观测值中的错误，以便将其剔除和重测。由于偶然误差不可避免，有了多余观测，观测值之间必然产生矛盾（往返差、闭合差等）。根据差值大小，可以评定测量精度。差值如果超过一定界限，应该重测。研究偶然误差占主导地位的观测数据的处理方法，是测量学的重要研究内容。

2.1.3　偶然误差的规律性

任何一个观测量客观上总是存在着一个能代表观测量真正大小的数值，这一数值就称为该观测量的真值。从概率和数理统计的观点看，当观测量仅含有偶然误差时，其数学期望也就是它的真值。

在观测结果中主要存在偶然误差，所以为了提高测量精度和观测结果的质量，需要进一步研究偶然误差的性质。单个偶然误差是呈现不出规律性的，因此需要对大量偶然误差进行研究。

设在相同的观测条件下，独立观测了 358 个三角形的全部内角。由于观测结果中存在着偶然误差，三角形的三个内角观测值之和不等于三角形内角和的理论值（也称真值，即 $180°$）。设三角形内角和的真值为 $\tilde{x}$，三角形内角和的观测值为 x_i，则三角形内角和的真误差（简称误差，也称三角形的闭合差）为

$$\Delta_i = x_i - \tilde{x} = x_i - 180° \qquad (i = 1, 2, \cdots, 217) \tag{2.1}$$

现将 358 个真误差按每 $3''$ 为一个区间，以误差值的大小及其正负号，分别统计出在各区间内的个数 ν 及相对个数 $\nu/358$。其结果见表 2.1。

表 2.1　偶然误差的统计

误差区间 /(″)	正误差		负误差		合计	
	个数 ν	相对个数 ν/358	个数 ν	相对个数 ν/358	个数 ν	相对个数 ν/358
0~3	45	0.126	46	0.128	91	0.254
3~6	40	0.112	41	0.115	81	0.226
6~9	33	0.092	33	0.092	66	0.184
9~12	23	0.064	21	0.059	44	0.123
12~15	17	0.047	16	0.045	33	0.092
15~18	13	0.036	13	0.036	26	0.073
18~21	6	0.017	5	0.014	11	0.031
21~24	4	0.011	2	0.006	6	0.017
24 以上	0	0	0	0	0	0
Σ	181	0.505	177	0.495	358	1.000

测量计算中的舍入方法如下：

（1）4 舍 6 入；如：12.5784≈12.578，12.5786≈12.579。

（2）拟舍去的这位为 5 时，遵循"单进双不进"；如：12.5755≈12.576，12.5785≈12.578。

由表 2.1 可以总结出以下规律（偶然误差的几个特性）：

（1）在一定观测条件下，误差的绝对值有一定的限值，即超出一定限值的误差，其出现的概率为零。

（2）绝对值较小的误差比绝对值较大的误差出现的概率大。

（3）绝对值相等的正负误差出现的概率相同。

（4）当观测次数无限增多时，偶然误差的数学期望为零，即偶然误差的理论平均值为零。

$$E(\Delta)=0 \quad 或 \quad \lim_{n \to \infty} \frac{1}{n} \sum_{i=1}^{n} \Delta_i = 0$$

对于一系列的观测来说，不论观测条件如何，也不论是对同一个量还是对不同的量进行观测，只要观测条件相同，所产生的偶然误差必然都具有上述四个特性。

误差分布情况，除了采用上述误差分布表的形式描述，还可以用直方图表示，例如，在图 2.1 中，以横坐标表示误差的大小，纵坐标代表各区间内误差出现的频率除以区间的间隔值（本例是 3″）。这样，每一个误差区间上方长方形面积就代表误差出现在该区间内的频率。例如，图中有斜线的长方形面积就代表出现在 +6″~+9″ 区间内的频率为 0.069。这形象地反映出误差的分布情况。

当观测次数越来越多时，误差出现在各个区间的频率的变动幅度越来越小。当 n 足够大时，误差在各个区间出现的频率

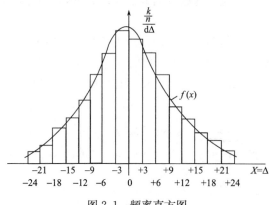

图 2.1　频率直方图

趋于稳定。假如观测次数足够多，而误差区间间隔无限小时，图 2.1 中各长方形顶边所形成的折线将变成一条光滑曲线，这条曲线称为误差分布曲线，它完整地表示了偶然误差出现的概率。误差的理论分布是多种多样的，但是根据概率论的中心极限定理，大多数测量误差服从正态分布，因而通常将正态分布(或高斯分布)看作偶然误差的理论分布。

正态分布曲线的数学方程式为

$$f(\Delta) = \frac{1}{\sqrt{2\pi}\sigma} e^{-\frac{\Delta^2}{2\sigma^2}} \tag{2.2}$$

其数学期望为 $E(\Delta)=0$，方差为 $D(\Delta)=\sigma^2$，标准差为 $\sqrt{D(\Delta)}=\sigma$。由于偶然误差服从正态分布，以后可把偶然误差记为 $\Delta \sim N(0, \sigma^2)$。

式(2.2)称为"正态分布的密度函数"，经分析可知，$x=\pm\sigma$ 是密度曲线的两个拐点。由于误差出现在区间内的频率，当观测次数无限多时是一个定值，因此，σ 越小，曲线越陡，误差分布越密集；σ 越大，曲线越平缓，误差分布越分散。

2.1.4　随机误差的表征参数

在一般的测量数据处理中，并不需要给出随机误差详细的概率分布，无须给出随机误差的分布密度 $f(\delta)$ 或分布函数 $F(\delta)$。通常只需给出一个或几个特征参数即可对随机误差的影响做出评定。

根据概率论，作为随机变量，随机误差的数字特征给出了它的基本特征。在一般的数据处理中，随机误差的数字特征主要适用数学期望 $E(\delta)$ 和方差 $D(\delta)$(或用标准差 σ)。

实际应用中还常使用其他一些参数。

1. 数学期望

按数学期望的定义，随机误差 δ 的数学期望为

$$E(\delta) = \int_{-\infty}^{\infty} \delta f(\delta) \mathrm{d}\delta \tag{2.3}$$

式中，$f(\delta)$ 为 δ 的分布中心，它反映了 δ 的平均特征，或者说数学期望 $E(\delta)$ 是 δ 所有可能取值的平均值(当然这只是一种抽象，实际上不可能找出 δ 的所有可能取值)。

(1) 常数 C 的数学期望为 $E(C)=C$。

(2) 随机误差 δ 乘以常数 C，则有 $E(C\delta)=CE(\delta)$。

(3) 随机误差 δ_1，δ_2，$\cdots$，δ_n 之和的数学期望为

$$E(\delta_1 + \delta_2 + \cdots + \delta_n) = E(\delta_1) + E(\delta_2) + \cdots + E(\delta_n)$$

(4) 互相独立的随机误差 δ_1 与 δ_2 之积的数学期望为

$$E(\delta_1 \cdot \delta_2) = E(\delta_1) \cdot E(\delta_2)$$

2. 方差和标准差

按定义，随机误差 δ 的方差为

$$D(\delta) = \int_{-\infty}^{\infty} [\delta - E(\delta)]^2 f(\delta) \mathrm{d}\delta \tag{2.4}$$

通常，随机误差的数学期望 $E(\delta)=0$，因而有

$$D(\delta) = \int_{-\infty}^{+\infty} \delta^2 f(\delta) \mathrm{d}\delta \tag{2.5}$$

随机误差的方差是反映随机误差取值的分散程度的，是误差随机波动性的表征参数。

对于具有某一确定分布的随机误差 δ，其方差为一确定的常数。由于一般随机误差的数学期望为零，因而在通常的数据处理中只给出方差就足够了，它成为评定数据精度的基本参数。

方差有如下性质：

（1）常数 C 的方差为

$$D(C)=0$$

（2）随机误差 δ 乘以常数 C 的方差为

$$D(C\delta)=C^2 D(\delta)$$

（3）随机误差 δ_1，δ_2，$\cdots$，δ_n 之和的方差为

$$D(\delta_1+\delta_2+\cdots+\delta_n)=D(\delta_1)+D(\delta_2)+\cdots+D(\delta_n)+2\sum_{i<j}D_{ij}$$

（4）当随机误差 δ_1，δ_2，$\cdots$，δ_n 互相独立时，和的方差为

$$D(\delta_1+\delta_2+\cdots+\delta_n)=D(\delta_1)+D(\delta_2)+\cdots+D(\delta_n)$$

实用上更常使用标准差（或均方差）。按照定义，标准差应为方差的正平方根，即

$$\sigma=\sqrt{D(\delta)} \tag{2.6}$$

应注意，标准差没有负值。很显然，标准差与方差具有相同的作用，其意义是十分明显的。方差或标准差可作为测量精度的评定参数。由于 σ 的量纲与被测量的量纲相同，因此标准差是更常使用的参数。

3. 协方差（相关矩）和相关系数

随机误差 δ_x 与 δ_y 的相关系数为

$$\rho_{xy}=\frac{D(\delta_x\delta_y)}{\sigma_x\sigma_y} \tag{2.7}$$

协方差或相关系数反映误差之间的线性相关关系，这一相关关系影响到误差间的抵偿性。

4. 实用中的其他一些参数

作为数据精度的评定参数，实际中更广泛地使用极限误差（或误差限），扩展不确定度。

$$U=ks \tag{2.8}$$

式中，U 为扩展不确定度；k 为置信系数；s 为标准差。

k 值对应于一定的置信概率 P。置信概率 P 为误差 δ 落入区间 $(-ks, ks)$ 的概率，若 δ 超出该区间的概率为 α，则有 $P=1-\alpha$。此外，平均误差 θ 与或然误差 ρ 在实践上也有应用。平均误差为测量误差绝对值的平均值，其期望值为

$$\theta=\int_{-\infty}^{\infty}|\delta|f(\delta)\mathrm{d}\delta \tag{2.9}$$

实际上取

$$\theta=\frac{1}{n}\sum_{i=1}^{n}|\delta_i| \tag{2.10}$$

或然误差规定为满足下式的 ρ 值

$$\int_{-\rho}^{\rho} f(\delta)\mathrm{d}\delta = \frac{1}{2} \tag{2.11}$$

2.2　误差分布的正态性检验

测量误差或者是测量数据的分析、检验等都与误差的分布形式密切相关。在实际问题中，正态分布的形式十分广泛，许多分析方法与分析结果都是在正态分布的前提下建立与获得的，测量误差(或者是测量数据)是否服从正态分布是研究这类问题的前提。分布的正态性检验是测量数据处理中可能遇到的基本问题之一。

分布的正态性检验方法有两类：一类是通用的检验方法，适用于检验各种分布，如 χ^2 检验法；另一类检验方法是利用正态分布的特点，专门来检验正态分布，因而更为有效，如偏度、峰度检验法等。

2.2.1　统计假设检验概述

统计假设检验所解决的问题就是根据子样的信息，通过检验来判断母体分布是否具有指定的特征。例如，正态母体的数学期望 μ 是否等于某已知的数值 μ_0；正态母体的方差 σ^2 是否等于某已知的数值 σ_0^2；两个正态母体的数学期望或方差是否相等，即检验 $\mu_1 = \mu_2$，$\sigma_1^2 = \sigma_2^2$。这是属于统计假设检验要解决的问题。

举例来说，如果从正态母体 $N(\mu, \sigma^2)$ 中抽取容量为 n 的子样 $(x_1, x_2, \cdots, x_n)$，设母体方差 σ^2 已知，计算子样平均值

$$\bar{x} = \frac{1}{n}\sum_{i=1}^{n} x_i \tag{2.12}$$

其数学期望

$$E(\bar{x}) = \frac{1}{n}\sum_{i=1}^{n} E(x_i) = \frac{1}{n}\sum_{i=1}^{n} \mu = \mu \tag{2.13}$$

方差

$$\sigma_{\bar{x}}^2 = \frac{1}{n^2}\sum_{i=1}^{n} \sigma_{x_i}^2 = \frac{1}{n^2}\sum_{i=1}^{n} \sigma^2 = \frac{\sigma^2}{n} \tag{2.14}$$

因为 $\bar{x}$ 是 x_i 的线性函数，所以 $\bar{x}$ 也服从正态分布，即 $\bar{x} \sim N(\mu, \sigma^2/n)$，其标准化变量为

$$u = \frac{\bar{x} - \mu}{\sigma/\sqrt{n}} \sim N(0, 1) \tag{2.15}$$

在置信度 $p = 1 - \alpha$ 下，置信区间概率表达式为

$$P\left(-u_{\frac{\alpha}{2}} < \frac{\bar{x} - \mu}{\sigma/\sqrt{n}} < u_{\frac{\alpha}{2}}\right) = p = 1 - \alpha \tag{2.16}$$

式中，区间的上、下限 $u_{\frac{\alpha}{2}}$ 可以由正态分布表中查得，称为 u 分布在左、右尾上的分位值。在给定 α 条件下，$u_{\frac{\alpha}{2}}$ 是一个确定值，式中仅 $\bar{x}$ 的数学期望 μ 未知。

现在提出问题：上述母体均值 μ 是否等于某一数值 μ_0？为了对这一问题作出回答，先作一个假设，即假设 $\mu = \mu_0$。然后将这一假设代入式(2.16)中，如果这时能使式(2.17)成立，

$$P\left(-u_{\frac{a}{2}} < \frac{\bar{x} - \mu_0}{\sigma/\sqrt{n}} < u_{\frac{a}{2}}\right) = p = 1 - \alpha \tag{2.17}$$

就表示用 μ 代替 μ_0 后所计算的 μ 是落在 $-u_{\frac{a}{2}} \sim u_{\frac{a}{2}}$ 范围之内的，在这种情况下，人们就没有理由否定原来的假设，即接受原来的假设 $\mu = \mu_0$。通常，将上述区间 $(-u_{\frac{a}{2}}, u_{\frac{a}{2}})$ 称为接受域，将区间 $(-u_{\frac{a}{2}}, u_{\frac{a}{2}})$ 以外的范围，$u > u_{\frac{a}{2}}$ 或者 $u < u_{\frac{a}{2}}$ 称为拒绝域。拒绝域所表示的是用 μ_0 代替 μ 所计算的 u 值落在了正态分布两尾的 $\frac{\alpha}{2}$ 区间内，这就表示小概率($=\alpha$)事件发生了，根据小概率事件在一次实验中实际上是不可能出现的原理，就有足够的理由否定原来的假设，即拒绝这一假设，认为 $\mu \neq \mu_0$。

接受域和拒绝域的范围大小与给定的 α 值的大小有关。α 值越大，则拒绝域越大，原假设被拒绝的机会就越大。α 的大小通常根据实际问题的性质来确定，当不应轻易拒绝原假设时，应选定较小的 α。一般使用的 α 值可以是 0.01、0.05 等。对于上述举例，当 $\left|\frac{\bar{x} - \mu_0}{\sigma/\sqrt{n}}\right| > u_{\frac{a}{2}}$ 时，则称 $\bar{x}$ 与 μ_0 之间的差异是显著的，反之则不显著。因此又称 α 为检验的显著性水平。

2.2.2　偏度-峰度检验法

正态分布最重要也是最明显的特征是分布的对称性和分布形态的尖峭程度。描述分布不对称性的特征值是偏度(或称偏态系数)，描述分布尖峭程度的特征值是峰度(或称峰态系数)。偏度的定义是

$$\nu_1 = \frac{\mu_3}{\sigma_3} \tag{2.18}$$

对于正态分布而言，峰度的定义是

$$\nu_2 = \frac{\mu_4}{\sigma_4} - 3 \tag{2.19}$$

式中，μ_3 和 μ_4 分别是三阶、四阶中心矩。

k 阶中心矩的定义是

$$\mu_k = E[(X - \mu)^k] \tag{2.20}$$

即随机变量 X 减去其期望 $E(X) = \mu$ 的 k 次方的期望。当 $k = 1, 2$ 时

$$\mu_1 = E(X - \mu) = E(X) - \mu = 0$$

$$\mu_2 = E(X - \mu)^2 = \sigma_X^2$$

即二阶中心矩就是方差。

设 X 的 n 个子样为 $(x_1, x_2, \cdots, x_n)$，则 k 阶中心矩的估值为

$$\hat{\mu}_k = \frac{1}{n-1} \sum_{i=1}^{n} (x_i - \bar{x})^k \tag{2.21}$$

特别地，当 $k = 2$ 时，$\hat{\mu}_2 = \hat{\sigma}^2$。因此由子样 $(x_1, x_2, \cdots, x_n)$ 计算的偏度和峰度为

$$\hat{\nu}_1 = \frac{\hat{\mu}_3}{\hat{\sigma}_3}, \quad \hat{\nu}_2 = \frac{\hat{\mu}_4}{\hat{\sigma}_4} - 3 \tag{2.22}$$

偏度 ν_1 和峰度 ν_2 均有正负之分。ν_1 为正值，分布称为正偏，此时分布密度曲线向左

靠，曲线最高纵坐标在期望坐标左边，反之 ν_1 为负值。$\nu_1=0$ 分布对称。正态分布 $\nu_2=0$，若 ν_2 为正值，分布密度曲线较尖瘦而左右尾较长，反之 ν_2 为负值。

检验正态分布的 ν_1 和 ν_2 是否为零就是偏度和峰度检验法。

当子样 $(x_1, x_2, \cdots, x_n)$ 的容量 $n \to \infty$ 时，子样偏度和子样峰度趋于正态分布，概率论与数理统计中已证明，当母体为正态，$n \to \infty$ 时，子样偏度和峰度的期望和方差分别为

$$E(\hat{\nu}_1)=0, \quad \hat{\sigma}_{\hat{\nu}_1}^2 = \frac{6}{n} \tag{2.23}$$

$$E(\hat{\nu}_2)=0, \quad \hat{\sigma}_{\hat{\nu}_2}^2 = \frac{24}{n} \tag{2.24}$$

于是可作统计量

$$u_1 = \frac{\hat{\nu}_1 - 0}{\sqrt{6/n}} \sim N(0, 1) \tag{2.25}$$

$$u_2 = \frac{\hat{\nu}_2 - 0}{\sqrt{6/n}} \sim N(0, 1) \tag{2.26}$$

采用概率论与数理统计中 u 检验法检验

原假设：$E(\hat{\nu}_1)=0$，备选假设：$E(\hat{\nu}_1) \neq 0$

原假设：$E(\hat{\nu}_2)=0$，备选假设：$E(\hat{\nu}_2) \neq 0$

则检验拒绝域为

$$|u_1| > u_{\frac{\alpha}{2}}, \qquad |u_2| > u_{\frac{\alpha}{2}}$$

2.2.3　χ^2 检验法

偏度-峰度检验法是在母体分布形式为已知的前提下进行讨论的。但是在很多实际问题中，对母体分布类型可能事先是一无所知的，这时就需要先根据子样来对母体分布的各种假设进行检验，从而判断对母体分布所作的假设是否正确。

χ^2 检验法可以根据子样来检验母体是否服从某种分布的原假设，而这个原假设不限定是正态分布，也可以是其他类型的分布。例如，已知 $x_1, x_2, \cdots, x_n$ 是取自母体分布函数为 $F(x)$ 的一个子样，现在要根据子样来检验下述原假设是否成立：

$$F(x) = F_0(x) \tag{2.27}$$

式中，$F_0(x)$ 是事先假设的某一已知的函数分布。

为了检验子样是否来自分布函数为 $F(x)$ 的母体，做法是：首先将子样观测值按一定的组距分组并统计子样值落入各组内的实际频数；然后，在用下述 χ^2 检验法检验原假设时，要求在原假设下，$F_0(x)$ 的形式及其参数都是已知的。譬如我们假设的 $F_0(x)$ 是正态分布函数，那么其中的两个参数均值和方差应该是已知的。可实际上参数往往是未知的，因此要根据子样值来估计原假设中理论分布 $F_0(x)$ 中的参数，从而确定该分布函数的具体形式，这样就可以在原假设下，计算出子样值落入上述各组中的概率 $p_1, p_2, \cdots, p_k$，以及由 p_i 与子样容量 n 的乘积算出理论频数 $np_1, np_2, \cdots, np_k$。

由于子样总是带有随机性，因而落入各组中的实际频数总是不会和理论频数完全相等。一般来说，若原假设为真，则这种差异并不显著；若原假设为假，这种差异就是显著。这样，就必须找出一个能够描述它们之间偏离程度的统计量，从而通过此统计量的大小来判断它们之间的差异

是由于子样随机性引起的，还是由于原假设不成立所引起的。描述上述偏离度的统计量为

$$\chi^2 = \sum_{i=1}^{k} \frac{(\nu_i - np_i)^2}{np_i} \tag{2.28}$$

从理论上已经证明，不论母体属于什么分布，当子样容量 n 充分大（$n \geqslant 50$）时，上述统计量总是趋近于服从自由度为 $k-r-1$ 的 χ^2 分布。其中 k 为分组的组数，r 是在假设的某种理论分布中用实际子样值估计出的参数个数。

进行检验时，对于事先给定的显著水平 α，可由

$$P(\chi^2 > \chi_\alpha^2) = \alpha \tag{2.29}$$

定出临界值 χ_α^2，最后将按式（2.27）计算出的 χ^2 和 χ_α^2 相比较，若 $\chi^2 < \chi_\alpha^2$，则接受原假设，否则拒绝原假设。

需要指出，不只 n 要充分大，在实际应用时组的实际频数 ν_i 也要足够大，一般要求每组中的子样数不少于 5，才接近于 χ^2 分布。

例 2-1　某地震形变台站在两个固定点之间进行重复水准测量，测得 100 个高差观测值，试检验该列观测高差是否服从正态分布。

解：检验时先将数据分组（表 2.2），当观测个数较多时，一般分为 10～15 组。由于各观测高差的米位数均相同，故在表中只列出观测高差分米以后的尾数。每组数据所处的区间端点称为组限，上下限之差称为组距，本例组距均为 0.01dm[①]。

表 2.2　观测高差频率分布

高差/dm	频数 ν_i	频率 ν_i/n	累计频率
6.881～6.890	1	0.01	0.01
6.890～6.900	4	0.04	0.05
6.900～6.910	7	0.07	0.12
6.910～6.920	22	0.22	0.34
6.920～6.930	23	0.23	0.57
6.930～6.940	25	0.25	0.82
6.940～6.950	10	0.10	0.92
6.950～6.960	6	0.06	0.98
6.960～6.970	1	0.01	0.99
6.970～6.980	1	0.01	1.00
Σ	$n=100$	1.00	

注：观测高差等于组上限的数值算入该区间内。

先由表中的数据来估算母体参数 μ 和 σ^2。利用每组的组中值（上、下限的平均值）和频数求子样均值 $\bar{x}$，由于观测高差的尾数均在 6.900 左右，为了计算方便起见，先取 $\bar{x}_0 = 6.900$，然后按下式求得。

$$\hat{\mu} = \bar{x} = 6.900 + \frac{1}{100} [(1)(-15) + (4)(-5) + (7)(5) + (22)(15) + (23)(25) +$$

___

① 1dm=0.1m。

$$(25)(35) + (10)(45) + (6)(55) + (1)(65) + (1)(75)]0.001$$

$$= 6.900 + 0.027 = 6.927$$

$$\hat{\sigma}^2 = \frac{1}{n}\left(\sum_{i=1}^{10}\nu_i x_i^2 - n\bar{x}^2\right) = \frac{1}{100}(4798.3587 - 4798.3329) = 0.000258$$

$$\hat{\sigma} = \sqrt{0.000258} = 0.016$$

因此，我们需要检验的原假设为

$$X \sim N(6.927, 0.000258)$$

为了便于计算 np_i，可先作变换 $y = (x - 6.927)/0.016$，使 x 化为标准变量 y，由此算出表 2.2 中各组的组限。其中第一组下限应为 $-\infty$，末组上限应为 $+\infty$，同时根据正态分布表算得 p，其余计算结果列于表 2.3 中。

表 2.3　结果统计表

y 的组限	ν_i	np_i	$\nu_i - np_i$	$(\nu_i - np_i)^2$	$\dfrac{(\nu_i - np_i)^2}{np_i}$
$-\infty \sim -2.31$	1	1.04			
$-2.31 \sim -1.69$	4	3.51	-2.46	6.0561	0.4185
$-1.69 \sim -1.06$	7	9.91			
$-1.06 \sim -0.44$	22	18.54	3.46	11.9716	0.6457
$-0.44 \sim +0.19$	23	24.53	-1.53	2.3409	0.0954
$+0.19 \sim 0.81$	25	21.57	3.43	11.7649	0.5454
$0.81 \sim 1.44$	10	13.41	-3.41	11.6281	0.8671
$1.44 \sim 2.06$	6	5.52			
$2.06 \sim 2.69$	1	1.61	0.51	0.2601	0.0347
$2.69 \sim +\infty$	1	0.36			
Σ	100				2.6086

由于表 2.3 中的前三组和末三组的频数 ν 太小，故分别将三组并成一组。这样组数 $k = 6$，$r = 2$，自由度 $k - r - 1 = 3$，若取显著水平 $\alpha = 0.05$，则由 χ^2 分布表可查得

$$\chi_{0.05}^2(3) = 7.815$$

此值大于按式 (2.27) 算得的统计量 $\chi^2 = 2.6068$，所以，判断在 $\alpha = 0.05$ 下接受原假设，认为该列观测高差服从正态分布。

2.3　衡量精度的标准

精度是指误差分布的密集或离散程度，也就是指离散度的大小。在相同的观测条件下进行的一组观测，由于它们对应着同一种误差分布，因此，这一组中的每一个观测值，都称为是同精度观测值。

为了衡量观测值的精度高低，理论上可以按照第 2.2 节的方法，将同一条件下得到的误差绘制出相应的误差分布曲线。但是在实际工作中，这样做比较麻烦，而且也没这个必要，

因为在测量工作中需要得到一个关于精度的数字概念。这个数字能够反映该组观测的质量情况，即能够反映误差离散度的大小，因此称为衡量精度的指标。

衡量精度的指标有多种，下面介绍几种常用的精度指标。

2.3.1 中误差

用标准差 σ 作为评定精度的指标是比较合适的，这是因为标准差的平方 σ^2 为方差，反映了误差的离散程度。但是，在实际测量工作中，不可能对某一个量作无限次的观测，实际测量次数是有限的，因此将按有限次观测的偶然误差求得的标准差定义为"中误差"，用 m 表示，即

$$m = \pm\sqrt{\frac{\Delta_1^2 + \Delta_2^2 + \cdots + \Delta_n^2}{n}} = \sqrt{\frac{[\Delta\Delta]}{n}} \tag{2.30}$$

式中，中括号 $[\ ]$ 表示累加。

对于同精度观测值，由于这些值对应着同一个误差分布，因此，它们也具有相同的中误差。

例 2-2 设对 10 个三角形的内角用两种不同的精度分别进行观测，求得每次观测所得的三角形的内角和的真误差(三角形的角度闭合差)为

第一组：$+3''$，$-2''$，$-4''$，$+2''$，$0''$，$-4''$，$+3''$，$+2''$，$-3''$，$-1''$；

第二组：$0''$，$-1''$，$-7''$，$+2''$，$+1''$，$+1''$，$-8''$，$0''$，$+3''$，$-1''$。

求这两组观测值的中误差。

解： $m_1 = \pm\sqrt{\frac{\Delta_1^2 + \Delta_2^2 + \cdots + \Delta_{10}^2}{10}} = \pm2.7''$；

$m_2 = \pm\sqrt{\frac{\Delta_1^2 + \Delta_2^2 + \cdots + \Delta_{10}^2}{10}} = \pm3.6''$。

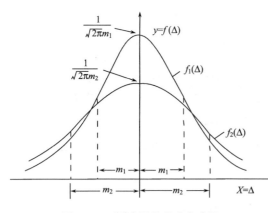

图 2.2 不同中误差的分布曲线

比较 m_1 和 m_2，第二组观测值的中误差要大于第一组观测值。虽然这两组观测值的误差绝对值之和是相等的，但是在第二组中出现了较大的误差值，因此结果中误差较大。

在一组观测中，如果标准差已经确定，就可以画出它所对应的偶然误差正态分布曲线的近似图。按照式(2.16)，当 $\Delta = 0$ 时，$f(\Delta)$ 有最大值。如果以中误差代替标准差，则其最大值为 $\frac{1}{\sqrt{2\pi}m}$。

例 2-2 中两种情况的正态分布曲线近似图如图 2.2 所示。

2.3.2 相对误差

对于某些测量结果，单纯依靠中误差是不能完全评定观测值精度高低的。例如，用钢卷

尺分别丈量 2000m 及 200m 的两段距离，观测值的中误差均为±2cm，虽然两者的中误差相等，但不能认为两者精度相等，因为量距误差与其长度有关，显然前者的相对精度要高于后者。此时，需要用另一种误差指标来衡量精度，即相对中误差。相对中误差是中误差与观测值之比，简称相对误差。上述两段距离，相对中误差分别为$\frac{1}{100000}$和$\frac{1}{10000}$。相对中误差是个无名数(一种抽象化的数值)，在测量中一般将分子化为 1，即用$\frac{1}{N}$表示。

2.3.3　极限误差

在一定观测条件下，偶然误差的绝对值有一定的限值。根据正态分布曲线，可以表示出误差出现在微小区间 dΔ 中的概率

$$P(\Delta)=f(\Delta)\cdot \mathrm{d}\Delta=\frac{1}{\sqrt{2\pi}\,m}\mathrm{e}^{-\frac{\Delta^2}{2m^2}}\mathrm{d}\Delta \tag{2.31}$$

根据式(2.31)的积分，可以得到偶然误差在任意大小区间中出现的概率。设以 k 倍中误差作为区间，则在此区间中误差出现的概率为

$$P(|\Delta|<km)=\int_{-km}^{+km}\frac{1}{\sqrt{2\pi}\,m}\mathrm{e}^{-\frac{\Delta^2}{2m^2}}\mathrm{d}\Delta \tag{2.32}$$

分别以 $k=1$，$k=2$，$k=3$ 代入式(2.32)，可以得到偶然误差的绝对值不大于中误差、2 倍中误差和 3 倍中误差的概率：

$$P(|\Delta|\leqslant m)=0.683=68.3\%$$
$$P(|\Delta|\leqslant 2m)=0.954=95.4\%$$
$$P(|\Delta|\leqslant 3m)=0.997=99.7\%$$

由于概率很小的事件在一次试验中几乎不发生，因此，观测值误差的绝对值大于 2 倍中误差几乎是不可能的(2 倍中误差的偶然误差出现的概率约为 4.5%)。因此测量中常取 2 倍中误差作为误差的限值，也就是在测量中，以 2 倍中误差作为允许的误差极限，称为"容许误差"，简称"限差"，即

$$\Delta_{容}=2m$$

当某个观测值误差的绝对值大于容许误差时，就认为这个观测值出现错误(或系统误差)，应该重测该值，或者消除该值含有的系统误差。$\frac{\Delta_{容}}{观测值}$称为相对容许误差。

2.4　误差传播定律

前面介绍的都是对某一个量进行多次观测，计算中误差，作为衡量精度的标准。但是，在测量工作中，许多量值并不是直接得到的，而是需要将一些直接观测值通过一定的数学公式计算获得，由于观测值中含有误差，使得函数受其影响也含有误差，称为误差传播。描述观测值中误差与观测值函数中误差之间关系的定律，称为中误差传播定律(简称误差传播定律)。

2.4.1　误差传播定律

设线性函数式为 $y=k_1x_1+k_2x_2+k_0$，k_1、k_2、k_0 为常数，x_1、x_2 为独立观测值，其中误差分别为 m_1、m_2，下面求 m_y。由定义知

$$m_1=\pm\sqrt{\frac{[\Delta_1\Delta_1]}{n}}\ ,\ \ m_2=\pm\sqrt{\frac{[\Delta_2\Delta_2]}{n}}\ ,\ \ m_y=\pm\sqrt{\frac{[\Delta_y\Delta_y]}{n}}$$

式中，$\Delta_{1i}=x_{1i}-\tilde{x}_1$，$\Delta_{2i}=x_{2i}-\tilde{x}_2$，$\Delta_{yi}=x_{yi}-\tilde{x}_y$，$i=1,2,\cdots,n$。

关键问题是找出 Δ_{yi} 与 Δ_{1i}、Δ_{2i} 之间的关系。显然，$\tilde{y}=k_1\tilde{x}_1+k_2\tilde{x}_2+k_0$，从而

$$y-\tilde{y}=k_1(x_1-\tilde{x}_1)+k_2(x_1-\tilde{x}_2)$$

因此

$$\Delta_{yi}=k_1\Delta_{1i}+k_2\Delta_{2i}\quad(i=1,2,\cdots,n)$$

$$\Delta_{yi}^2=(k_1\Delta_{1i}+k_2\Delta_{2i})^2=k_1^2\Delta_{1i}^2+2k_1k_2\Delta_{1i}\Delta_{2i}+k_2^2\Delta_{2i}^2$$

$$\sum_{i=1}^{n}\Delta_{yi}^2=k_1^2\sum_{i=1}^{n}\Delta_{1i}^2+2k_1k_2\sum_{i=1}^{n}\Delta_{1i}\Delta_{2i}+k_2^2\sum_{i=1}^{n}\Delta_{2i}^2$$

即

$$[\Delta_y\Delta_y]=k_1^2[\Delta_1\Delta_1]+2k_1k_2[\Delta_1\Delta_2]+k_2^2[\Delta_2\Delta_2]$$

$$\frac{[\Delta_y\Delta_y]}{n}=k_1^2\frac{[\Delta_1\Delta_1]}{n}+2k_1k_2\frac{[\Delta_1\Delta_2]}{n}+k_2^2\frac{[\Delta_2\Delta_2]}{n}$$

$$m_y^2=k_1^2m_1^2+2k_1k_2\frac{[\Delta_1\Delta_2]}{n}+k_2^2m_2^2$$

$\Delta_i\Delta_j$ 为任意两个偶然误差 Δ_i 和 Δ_j 的乘积，由于 x_i 和 x_j 相互独立，因此，$\Delta_i\Delta_j$ 也是偶然误差，由偶然误差的特性知 $\frac{[\Delta_i\Delta_j]}{n}=0$，从而有

$$m_y^2=k_1^2m_1^2+k_2^2m_2^2$$

同理，对于线性函数 $y=k_1x_1+k_2x_2+\cdots+k_nx_n+k_0$，只要 $x_1,x_2,\cdots,x_n$ 相互独立，则其中误差为

$$m_y^2=k_1^2m_1^2+k_2^2m_2^2+\cdots+k_n^2m_n^2 \tag{2.33}$$

函数是非线性的，设 $y=f(x_1,x_2,\cdots,x_n)$，将其在观测点 $(x_1^0,x_2^0,\cdots,x_n^0)$ 处线性化得

$$y=f(x_1^0,x_2^0,\cdots,x_n^0)+\frac{\partial f}{\partial x_1}\bigg|_0(x_1-x_1^0)+\frac{\partial f}{\partial x_2}\bigg|_0(x_2-x_2^0)+\cdots+\frac{\partial f}{\partial x_n}\bigg|_0(x_n-x_n^0) \tag{2.34}$$

式中，$\dfrac{\partial f}{\partial x_i}\bigg|_0=\dfrac{\partial f}{\partial x_i}(x_1^0,x_2^0,\cdots,x_n^0)$ 是由观测值计算得到的数值（类似于前述常数 k_i），以下简记为 $\left(\dfrac{\partial f}{\partial x_i}\right)_0$。

因此

$$m_y=\pm\sqrt{\left(\frac{\partial f}{\partial x_1}\right)_0^2m_1^2+\left(\frac{\partial f}{\partial x_2}\right)_0^2m_2^2+\cdots+\left(\frac{\partial f}{\partial x_n}\right)_0^2m_n^2} \tag{2.35}$$

式(2.35)便是中误差传播定律，解决了由独立观测值中误差计算其函数中误差的问题。

例如，在比例尺为 1：500 的地形图上量得某两点间的距离 $d=134.7$mm，图上量距的中误差 $m_d=\pm0.2$mm，则换算为实地两点间的距离 D 及其中误差 m_D 分别为

$$D=500\times134.7\text{mm}=67.35(\text{m}), \quad m_D=500\times(\pm0.2\text{mm})=\pm0.1(\text{m})$$

则这段距离及其中误差可以写成

$$D=67.35\text{mm}\pm0.1\text{m}$$

误差传播定律使用总结如下。

(1) 根据问题建立函数式：

$$y=f(x_1,\ x_2,\ \cdots,\ x_n) \tag{2.36}$$

(2) 求函数全微分：

$$\mathrm{d}y=\frac{\partial f}{\partial x_1}\mathrm{d}x_1+\frac{\partial f}{\partial x_2}\mathrm{d}x_2+\cdots+\frac{\partial f}{\partial x_n}\mathrm{d}x_n \tag{2.37}$$

(3) 将全微分式子转换为中误差式子：

$$m_y^2=\left(\frac{\partial f}{\partial x_1}\right)_0^2 m_1^2+\left(\frac{\partial f}{\partial x_2}\right)_0^2 m_2^2+\cdots+\left(\frac{\partial f}{\partial x_n}\right)_0^2 m_n^2 \tag{2.38}$$

(4) 代入观测值及其中误差进行计算得

$$m_y=\pm\sqrt{\left(\frac{\partial f}{\partial x_1}\right)_0^2 m_1^2+\left(\frac{\partial f}{\partial x_2}\right)_0^2 m_2^2+\cdots+\left(\frac{\partial f}{\partial x_n}\right)_0^2 m_n^2} \tag{2.39}$$

2.4.2　误差传播定律应用实例

1. 钢尺量距的精度

(1) 对某段距离采用钢尺量距，n 个尺段对应的距离为 S。若每一个尺段丈量的中误差均为 $m_尺$，量得距离 S 的中误差为 m_S。则函数式为

$$S=S_1+S_2+\cdots+S_n$$

式中，S_i 为第 i 个尺段所得距离。

根据误差传播定律得

$$m_S=\pm\sqrt{m_1^2+m_2^2+\cdots+m_n^2}=\pm\sqrt{m_尺^2+m_尺^2+\cdots+m_尺^2}=\pm\sqrt{n}\,m_尺$$

即

$$m_S=\pm\sqrt{n}\,m_尺 \tag{2.40}$$

(2) 对某段距离采用钢尺量距，所得距离为 S(km)。若 1km 丈量的中误差均为 m_{km}，量得距离 S 的中误差为 m_{km}。则函数式为

$$S=S_1+S_2+\cdots+S_n$$

式中，S_i 为第 i 个 1km。

根据误差传播定律得

$$m_S=\pm\sqrt{m_1^2+m_2^2+\cdots+m_n^2}=\pm\sqrt{m_{km}^2+m_{km}^2+\cdots+m_{km}^2}=\pm\sqrt{S}\,m_{km}$$

即

$$m_s=\pm\sqrt{S}\,m_{km} \tag{2.41}$$

式(2.40)和式(2.41)是钢尺量距中计算距离中误差的基本公式。当各测站的观测精度相同时，距离丈量的中误差与尺段数的平方根成正比；当各测站间的距离相等时，距离丈量的中误差与距离的平方根成正比。

2. 水准测量的精度

经 N 个测站测定 A、B 两水准点间的高差，其中第 i 站的观测高差为 h_i，则 A、B 两水准点间的总高差 h 为

$$h = h_1 + h_2 + \cdots + h_N$$

设每个测站都是等精度独立观测，其中误差均为 $m_{\text{站}}$，则由误差传播定律求得 h 的中误差为

$$m_h = \pm\sqrt{m_1^2 + m_2^2 + \cdots + m_n^2} = \pm\sqrt{m_{\text{站}}^2 + m_{\text{站}}^2 + \cdots + m_{\text{站}}^2} = \pm\sqrt{N}\,m_{\text{站}}$$

即

$$m_h = \pm\sqrt{N}\,m_{\text{站}} \tag{2.42}$$

若水准路线铺设在平坦地区，前后两测站间的距离 s 相等，设 A、B 间距离为 S，则测站数为 $m_{\text{站}}$，代入式(2.42)得

$$m_h = \pm\sqrt{\frac{S}{s}}\,m_{\text{站}}$$

如果 $S = 1\text{km}$，s 以 km 为单位，则 1km 的测站数为

$$N_{\text{km}} = \frac{1}{s}$$

而 1km 观测高差的中误差即为

$$m_{\text{km}} = \pm\sqrt{\frac{1}{s}}\,m_{\text{站}}$$

所以，距离为 Skm 的 A、B 两点的观测高差的中误差为

$$m_h = \pm\sqrt{S}\,m_{\text{km}} \tag{2.43}$$

式(2.42)和式(2.43)是水准测量中计算高差中误差的基本公式。当各测站的观测精度相同时，水准测量高差的中误差与测站数的平方根成正比；当各测站间的距离相等时，水准测量高差的中误差与距离的平方根成正比。

3. 多边形水平角闭合差的规定

n 边形的内角(水平角 β)之和在理论上应为 $(n-2)\times180°$。由于观测水平角时每个角度都有偶然误差，使内角之和不等于理论值而产生角度闭合差：

$$f_\beta = \beta_1 + \beta_2 + \cdots + \beta_n - (n-2)\times180° = \sum\beta - (n-2)\times180°$$

设每个角度的测角中误差为 m_β，则各角之和的中误差为

$$m_{\sum\beta} = \pm m_\beta\sqrt{n}$$

如果以 2 倍中误差为极限误差，则允许的 n 边多边形的角度闭合差为

$$f_{\beta\text{允}} = \pm2m_\beta\sqrt{n} \tag{2.44}$$

4. 水准仪两次测定高差的限差

一次测定高差的计算式为 $h = a - b$，设用 DS03 级水准仪前视或后视在水准尺上的读数

中误差 $m = \pm 1mm$，则一次测定高差的中误差为

$$m_h = m\sqrt{2} = \pm 1.4mm$$

两次测定高差之差的计算式为 $\Delta h = h_1 - h_2$，则高差之差的中误差为

$$m_{\Delta h} = m_h\sqrt{2} = \pm 2mm \qquad (2.45)$$

如果以 2 倍中误差为极限误差，则为 $\pm 4mm$。考虑到在水准测量中还有水准管气泡置平误差的影响，故一般规定用 DS03 级水准仪两次测定高差之差不应超过 $\pm 5mm$。

5. 水准路线高差测定的精度

设在两水准点之间的一条水准路线上进行水准测量，共设置 n 个测站，两水准点间的高差为各站所测高差的总和：

$$\sum h = (a_1 - b_1) + (a_2 - b_2) + \cdots + (a_n - b_n)$$

设每次在水准尺上的读数中误差为 m，每次高差测定的中误差为 m_h，则高差总和的中误差为

$$m_{\sum h} = m_h\sqrt{n} = m\sqrt{2n} \qquad (2.46)$$

设两水准点间的水准路线的长度为 L，各测站前视和后视的平均距离为 d，则测站数 $n = L/2d$，代入上式，得到

$$m_{\sum h} = m\sqrt{\frac{L}{d}} = \frac{m}{\sqrt{d}}\sqrt{L}$$

设 $m_0 = m/\sqrt{d}$，则

$$m_{\sum h} = \pm m_0\sqrt{L} \qquad (2.47)$$

在式 (2.47) 中，如果 $L = 1$，则 $m_{\sum h} = m_0$，故 m_0 称为水准路线"单位长度的高差中误差"，它的数值决定于水准测量的等级（所用水准仪的级别和测量的方法）。式 (2.47) 也表明：水准测量的精度与水准路线长度的平方根成正比。水准路线的长度 (L) 一般以千米为单位，故 m_0 也称为"1km 水准测量的高差中误差"。例如，对于四等水准测量，$m_0 = \pm 10mm$，则 5km 长的线路四等水准测量的高差中误差为 $m_{\sum h} = \pm 10mm \times \sqrt{5} \approx \pm 22mm$。

6. 坐标计算的精度

平面点位的极坐标法，首先是按两点间的坐标方位角 α 和水平距离 D 计算两点间的坐标增量 Δx 和 Δy，然后按其中一个已知点 A 的坐标计算另一个待定点 B 的坐标。设已知观测值 α 和 D 的中误差为 m_α 和 m_D，需要估算坐标增量中误差为 $m_{\Delta x}$ 和 $m_{\Delta y}$。坐标增量的函数式为

$$\Delta x = D\cos\alpha$$
$$\Delta y = D\sin\alpha$$

按误差传播定律，对上式求微分，得到

$$d\Delta x = \cos\alpha \cdot dD - D\sin\alpha \cdot d\alpha$$
$$d\Delta y = \sin\alpha \cdot dD + D\cos\alpha \cdot d\alpha$$

化为中误差的表达式，并将方位角误差以角秒表示：

$$\begin{cases} m_{\Delta x} = \sqrt{\cos^2\alpha \cdot m_D^2 + (D\sin\alpha)^2 \dfrac{m_\alpha^2}{\rho''^2}} = \sqrt{\cos^2\alpha \cdot m_D^2 + \Delta y^2 \dfrac{m_\alpha^2}{\rho''^2}} \\ m_{\Delta y} = \sqrt{\sin^2\alpha \cdot m_D^2 + (D\cos\alpha)^2 \dfrac{m_\alpha^2}{\rho''^2}} = \sqrt{\sin^2\alpha \cdot m_D^2 + \Delta x^2 \dfrac{m_\alpha^2}{\rho''^2}} \end{cases} \tag{2.48}$$

A、B 两点的相对点位中误差可由式(2.49)计算：

$$M_{AB} = \sqrt{m_{\Delta x}^2 + m_{\Delta y}^2} = \sqrt{m_D^2 + \left(D\dfrac{m_\alpha}{\rho''}\right)^2} \tag{2.49}$$

式(2.49)右端根号内第一项为两点间的纵向误差 m_t，第二项为横向误差 m_μ，即两点间的距离误差形成纵向误差，方位角误差形成横向误差。因此，两点的相对点位中误差也可表示为

$$M_{AB} = \sqrt{m_t^2 + m_\mu^2} \tag{2.50}$$

例如，A、B 两点间的距离、方位角及其中误差为

$$D = (360.440 \pm 0.030)\text{m}, \quad \alpha = 60°24'30'' \pm 16''$$

代入式(2.48)~式(2.50)，算得的结果如下：

$$m_{\Delta x} = \pm 0.028\text{mm}, \quad m_{\Delta y} = \pm 0.030\text{mm}$$

$$m_t = \pm 0.030\text{mm}, \quad m_\mu = \pm 0.028\text{mm}, \quad M_{AB} = 0.041\text{mm}$$

2.5　平差基本知识

由于观测结果不可避免地存在着误差，因此如何处理带有误差的观测值以求出待求量的最佳估值，是测量平差所研究的内容。测量平差即测量数据调整。其基本定义是，依据某种最优化准则，由一系列带有观测误差的测量数据，求定未知量的最佳估值及精度的理论和方法。

2.5.1　几个与平差有关的概念

真值：指某量唯一而客观存在的数值，一般用 $\tilde{x}$ 表示。真值是客观存在的，也是唯一的。

观测值：对某量 $\tilde{x}$ 进行观测得到的值，一般用 x 表示。每进行一次观测，就会得到一个观测值 x_i，因此观测值不唯一。

多余观测：超过确定未知量所必需的观测数量的观测。在测量中，为了避免错误的发生和提高观测成果的精度，常进行多余观测。

改正数：对某量 $\tilde{x}$ 进行多余观测后，由于观测误差的存在，使得观测值之间产生矛盾，如确定一个平面三角形的形状，只要测定其中两个内角就可以了，现在观测三个内角，三个内角观测值之和就不会等于180º，由此产生闭合差，这便是矛盾。为了消除矛盾，需要对观测值进行处理，具体就是按照一定的原则给观测值加一个数值，使得加了这个数值之后的观测值之间不再存在矛盾，这一数值就是改正数，一般用 ν 表示。

平差值：是指观测值加上改正数之后所得到的数值，一般用 $\hat{x}$ 表示。显然，平差值之间不再存在矛盾。

2.5.2　求解改正数

基于以上基本概念不难看出，求平差值的关键是求改正数。下面举例说明。

对一个三角形三个内角进行观测，观测值为 α、β 和 γ，但是 $\alpha+\beta+\gamma\neq180°$，这与三角形内角和的理论值不符，说明观测值之间存在矛盾。

某个量的推算值与该量的理论值之差为闭合差，用 f 表示。现在观测值之间的矛盾表现为闭合差。如果仅仅为了消除闭合差，那么改正数有无数组，进而平差值也有无数组，这与实际情况不符。解决这一问题需要引入最小二乘准则，即 $\sum_{i=1}^{n}\nu_i^2=\min$，使得仅有唯一的一组改正数能满足条件，这就是平差原则。

求解改正数 ν_α、ν_β 和 ν_γ：

设三角形闭合差为 $f_\beta=\nu_\alpha+\nu_\beta+\nu_\gamma-180°$，平差后应有 $\hat{\alpha}+\hat{\beta}+\hat{\gamma}=180°$，即 $(\alpha+\nu_\alpha)+(\beta+\nu_\beta)+(\gamma+\nu_\gamma)-180°=0$，有

$$\nu_\alpha+\nu_\beta+\nu_\gamma+f_\beta=0 \tag{2.51}$$

因此问题变为：在满足上式条件下，求 $\sum_{i=1}^{3}\nu_i^2$（也就是 $\nu_\alpha^2+\nu_\beta^2+\nu_\gamma^2$）最小值。构建拉格朗日函数如下。

$$F(\nu_\alpha,\ \nu_\beta,\ \nu_\gamma)=\nu_\alpha^2+\nu_\beta^2+\nu_\gamma^2+k(\nu_\alpha+\nu_\beta+\nu_\gamma+f_\beta)$$

欲使 $F(\nu,\ \nu_\beta,\ \nu_\gamma)=\min$，应满足：

$$\begin{cases}\dfrac{\partial F}{\partial \nu_\alpha}=0 \\[2mm] \dfrac{\partial F}{\partial \nu_\beta}=0 \\[2mm] \dfrac{\partial F}{\partial \nu_\gamma}=0\end{cases} \qquad 即 \qquad \begin{cases}2\nu_\alpha+k=0 \\ 2\nu_\beta+k=0 \\ 2\nu_\gamma+k=0\end{cases}$$

有

$$\nu_\alpha+\nu_\beta+\nu_\gamma=-\frac{3k}{2} \tag{2.52}$$

将式（2.52）代入式（2.51）得

$$k=\frac{2}{3}f_\beta$$

$$\nu_\alpha=\nu_\beta=\nu_\gamma=-\frac{1}{3}f_\beta$$

此时，$\hat{\alpha}+\hat{\beta}+\hat{\gamma}=180°$，即平差值之间不再存在矛盾。

2.6　算术平均值及其中误差

2.6.1　算术平均值

在相同条件下，对某量 $\tilde{x}$ 进行 n 次独立观测，观测值依次为 x_1，x_2，$\cdots$，x_n。设该量

平差值为 $\hat{x}$，则

$$\begin{cases} \nu_1 = \hat{x} - x_1 \\ \nu_2 = \hat{x} - x_2 \\ \cdots \\ \nu_n = \hat{x} - x_n \end{cases} \tag{2.53}$$

将上列等式相加，得

$$F(\hat{x}) = \sum_{i=1}^{n} \nu_i^2 = \sum_{i=1}^{n} (\hat{x} - x_i)^2 \tag{2.54}$$

欲使 $\sum\limits_{i=1}^{n} \nu_i^2 = \min$，应满足：

$$\frac{\mathrm{d}F}{\mathrm{d}\hat{x}} = 0，即 \sum_{i=1}^{n} 2(\hat{x} - x_i) = 0 \tag{2.55}$$

$$n\hat{x} - \sum_{i=1}^{n} x_i = 0 \tag{2.56}$$

$$\hat{x} = \frac{1}{n} \sum_{i=1}^{n} x_i \tag{2.57}$$

也就是说，该量的平差值就是这些观测值的算术平均值。

2.6.2　算术平均值的中误差

设观测值中误差均为 m，根据公式 $\hat{x} = \frac{1}{n}\sum\limits_{i=1}^{n} x_i$，按照误差传播定律可得

$$m_{\hat{x}}^2 = \left(\frac{1}{n}\right)^2 \sum_{i=1}^{n} m^2 = \frac{m^2}{n} \tag{2.58}$$

所以

$$m_{\hat{x}} = \frac{m}{\sqrt{n}} \tag{2.59}$$

即算术平均值的中误差等于观测值中误差除以观测值个数的算术平方根。

2.6.3　利用改正数求算中误差

观测值的精度最理想的是以标准差 σ 来衡量，但是，由于在实际工作中不可能对某一量进行无穷多次观测，因此，只能根据有限次观测，用式(2.3)估算中误差 m 来衡量其精度。但是，应用此式时，还需要具有观测对象的真值 $\tilde{x}$ 为已知、真误差 Δ_i 可以求得等条件。例如，用经纬仪观测平面三角形的三个内角，每个三角形的内角之和的真值(180°)为已知，因此，求得的三角形闭合差为真误差。

在一般情况下，观测值的真值 $\tilde{x}$ 是不知道的，真误差 Δ_i 也就无法求得，此时，就不可能用式(2.3)求中误差。由第 2.5 节可以知道：在同样的观测条件下对某一量进行多次观测，可以取其算术平均值 $\hat{x}$ 作为最或然值，可以算得各个观测值的改正值 ν_i；并且还知道，$\hat{x}$ 在观测次数增多时将逐渐逼近真值 $\tilde{x}$。对于有限的观测次数，以 $\hat{x}$ 代替 $\tilde{x}$ 即相当于以改正值 ν_i 代替真误差 Δ_i。参照式(2.30)，得到按观测值的改正值计算观测值的中误差的公式：

$$m = \pm \sqrt{\frac{[\nu\nu]}{n-1}} \qquad (2.60)$$

将式(2.60)与式(2.30)对照，可见除了以$[\nu\nu]$代替$[\Delta\Delta]$之外，还以$(n-1)$代替n。简单地解释为：在真值已知的情况下，所有的n个观测值均为多余观测；在真值未知的情况下，则有一个观测值是必要的，其余$(n-1)$个观测值才是多余的。因此，两个公式中的n和$(n-1)$是分别代表真值已知和真值未知两种不同情况下的多余观测数。

2.7　权与加权平均值理论及应用

2.7.1　权

"权"原来的意义为秤锤，此处用作"权衡轻重"的意思。一定的观测条件对应着一定的误差分布，而一定的误差分布就对应着一个确定的方差。对于某未知量，在等精度条件下确定其最或然值(最接近于真值的近似值，取算术平均值)以及评定其精度的问题，前面已经作了叙述。但是，除了等精度观测，还存在不等精度观测。例如，有一个待定水准点，需要从两个已知点经过两条不同长度的水准路线测定其高程，则从两条路线分别测得的高程是不等精度观测，不能简单地取其算术平均值并评定其精度。此时就需要引入"权"的概念。

某一观测值或观测值的函数的精度越高，其权应越大。在测量误差理论中，以P表示权，并定义权与中误差的平方成反比：

$$P_i = \frac{C}{m_i^2} \qquad (2.61)$$

式中，C为任意正数。

权等于1的中误差称为"单位权中误差"，一般用m_0表示。因此，权的另一种表达式为

$$P_i = \frac{m_0^2}{m_i^2} \qquad (2.62)$$

中误差的另一种表达式为

$$m_i = m_0 \sqrt{\frac{1}{P_i}} \qquad (2.63)$$

从权的定义来看，权有如下性质：

(1) 权与中误差的平方成反比，因此权越大，精度越高；

(2) 权值不唯一；

(3) 当观测值等精度时，它们的权也相同，因此可令它们的权全为1。

设有观测值函数$y = f(x_1, x_2, \cdots, x_n)$，观测值$x_1, x_2, \cdots, x_n$之间相互独立，且相应的权依次为$P_1, P_2, \cdots, P_n$，如何求$P_y$？

由误差传播定律得

$$m_y^2 = \left(\frac{\partial f}{\partial x_1}\right)_0^2 m_1^2 + \left(\frac{\partial f}{\partial x_2}\right)_0^2 m_2^2 + \cdots + \left(\frac{\partial f}{\partial x_n}\right)_0^2 m_n^2 \qquad (2.64)$$

由权的定义可知$m_i^2 = \dfrac{m_0^2}{P_i}$，代入式(2.64)得

$$\frac{m_0^2}{P_y} = \left(\frac{\partial f}{\partial x_1}\right)_0^2 \frac{m_0^2}{P_1} + \left(\frac{\partial f}{\partial x_2}\right)_0^2 \frac{m_0^2}{P_2} + \cdots + \left(\frac{\partial f}{\partial x_n}\right)_0^2 \frac{m_0^2}{P_n} \tag{2.65}$$

即

$$\frac{1}{P_y} = \left(\frac{\partial f}{\partial x_1}\right)_0^2 \frac{1}{P_1} + \left(\frac{\partial f}{\partial x_2}\right)_0^2 \frac{1}{P_2} + \cdots + \left(\frac{\partial f}{\partial x_n}\right)_0^2 \frac{1}{P_n} \tag{2.66}$$

式(2.66)就是权倒数传播定律，它解决了由独立观测值权计算其函数权的问题。

2.7.2　加权平均值及其中误差

对某量 $\tilde{x}$ 不等精度独立观测了 n 次，观测值依次为 x_1，x_2，$\cdots$，x_n，相应的权依次为 P_1，P_2，$\cdots$，P_n。对其进行平差并求权值，平差值为 $\hat{x}$，改正数依次为 ν_1，ν_2，$\cdots$，ν_n。

当观测值不同精度（需要考虑各观测值的权）时，平差的原则是 $\sum\limits_{i=1}^{n} P_i \nu_i^2 = \min$，应满足：$\dfrac{\mathrm{d}F}{\mathrm{d}\hat{x}} = 0$，即 $\sum\limits_{i=1}^{n} 2P_i(\hat{x} - x_i) = 0$，$\hat{x}\sum\limits_{i=1}^{n} P_i - \sum\limits_{i=1}^{n} P_i x_i = 0$，推导得到

$$\hat{x} = \frac{P_1 x_1 + P_2 x_2 + \cdots + P_n x_n}{P_1 + P_2 + \cdots + P_n} \tag{2.67}$$

式(2.67)便是观测值的加权平均值。该公式表明：该量的平差值就是这些观测值的加权平均值。

下面求权值 $P_{\hat{x}}$：

由 $\hat{x} = \dfrac{[Px]}{[P]} = \dfrac{P_1}{[P]} x_1 + \dfrac{P_2}{[P]} x_2 + \cdots + \dfrac{P_n}{[P]} x_n$，按照权倒数传播定律得

$$\frac{1}{P_{\hat{x}}} = \left(\frac{P_1}{[P]}\right)_0^2 \frac{1}{P_1} + \left(\frac{P_2}{[P]}\right)_0^2 \frac{1}{P_2} + \cdots + \left(\frac{P_2}{[P]}\right)_0^2 \frac{1}{P_n} = \frac{P_1 + P_2 + \cdots + P_n}{[P]^2} = \frac{[P]}{[P]^2} = \frac{1}{[P]}$$

$$P_{\hat{x}} = [P]$$

即加权平均值的权等于观测值权的综合。

根据权定义公式，以 m_0 为单位权中误差，则加权平均值中误差 $m_{\hat{x}}$ 为

$$m_{\hat{x}} = \frac{m_0}{[P]} \tag{2.68}$$

2.7.3　单位权中误差的计算

根据一组对同一个量的不等精度观测值，可以计算出该组观测值的单位权中误差。

根据式(2.62)得

$$m_0^2 = P_i m_i^2$$

在观测量已知条件下，用真误差 Δ_i 代替中误差 m_i，得到单位权中误差公式：

$$m_0^2 = \frac{[P\Delta\Delta]}{n} \tag{2.69}$$

在观测量未知条件下，用观测值的加权平均值 $\hat{x}$ 代替真值 $\tilde{x}$，用观测值的改正数 ν_i 代替真误差 Δ_i，并仿照式(2.69)的推导，得到单位权中误差公式：

$$m_0^2 = \frac{[P\nu\nu]}{n-1} \tag{2.70}$$

例如，对于某一水平角度，用同样的经纬仪分别进行三组观测：第一组 2 测回，第二组 4 测回，第三组 6 测回，各组观测水平角的平均值分别为：$L_1=40°24'12''$，$L_2=40°24'18''$，$L_3=40°24'24''$。设以一测回观测水平角的中误差为单位权中误差，则这三组观测的权分别为：$P_1=2$，$P_2=4$，$P_3=6$。计算三组观测的加权平均值，取 $L_0=40°24'00''$，则

$$X=40°24'+\frac{2\times12''+4\times18''+6\times24''}{2+4+6}=40°24'20''$$

计算各组观测的改正值分别为：$\nu_1=+8''$，$\nu_2=+2''$，$\nu_3=-4''$。

检核，计算正确：

$$[P\nu]=2\times8''+4\times2''-6\times4''=0$$

计算单位权中误差（一测回的水平角观测中误差）：

$$m_0=\sqrt{\frac{2\times8^2+4\times2^2+6\times(-4)^2}{3-1}}=\pm11''$$

计算三组观测加权平均值的中误差（水平角的最或然值）：

$$m_x=\frac{\pm11''}{\sqrt{2+4+6}}=\pm3''$$

以上计算可在表 2.4 中进行。

表 2.4　加权平均值及其中误差

组号	测回数	各组平均值 L	$\Delta L/('')$	权 P	$P\Delta L/('')$	改正数 $\nu/('')$	$P\nu/('')$
1	2	$40°24'12''$	12	2	24	8	16
2	4	$40°24'18''$	18	4	72	2	8
3	6	$40°24'24''$	24	6	144	−4	−24
		$L_0=40°24'00''$	Σ	12	240		0
加权平均值及其中误差		$x=40°24'+240''/12=40°24'20''$ $m_0=\pm11''$　　　$m_x=\pm11''/\sqrt{12}=\pm3''$					

思　考　题

1. 观测误差是如何产生的？对观测误差分类的目的是什么？

2. 中误差如何得到？它能说明什么问题？

3. 水准测量中高差中误差的计算公式 $m_h=\pm\sqrt{n}\,m_站$ 及 $m_h=\pm\sqrt{s}\,m_{km}$ 适用于什么场合？

4. 三角形面积计算公式之一为：$A=\frac{1}{2}ab\sin\beta$，β 为对应 a、b 的两边所夹的角。现用皮尺测得 $a=13.09\pm0.05$m，$b=18.51\pm0.07$m；用 J_6 经纬仪测得 $\beta=48°28'42''\pm20''$。求该三角形的面积及其中误差。

5. 算术平均值中误差的特点是什么？

6. 说明公式 $m=\pm\sqrt{\dfrac{[\Delta\Delta]}{n}}$ 与 $m=\pm\sqrt{\dfrac{[\Delta\Delta]}{n-1}}$ 各有何特点？它们各适用于什么场合？

7. 对某个水平角同精度独立观测了 6 个测回，观测值分别为：$45°10'18''$，$45°10'00''$，$45°10'06''$，$45°10'30''$，$45°10'12''$，$45°10'12''$。试求该水平角的最或然值及其中误差。

8. 用中误差与权衡量观测值的精度有何不同？

9. 加权平均值与算术平均值有什么不同?

10. 单位权中误差有何用处?

11. 钢尺量距及水准测量高差的权如何确定?

12. 如何将不同精度的观测值化为同精度的观测值?

13. 单位权中误差的计算公式 $\mu=\pm\sqrt{\dfrac{[p\Delta\Delta]}{n}}$ 及 $\mu=\pm\sqrt{\dfrac{[pw]}{n}}$ 各适用于什么场合?

14. "三角形内角和"中误差与"三角形内角"中误差有何区别与联系?

第 3 章　水准测量和水准仪

测量地面点高程的工作，称为高程测量。依据使用的仪器和测量原理的不同，高程测量可以分为水准测量、三角高程测量、GNSS 拟合高程测量和气压高程测量。水准测量是精度最高的一种高程测量方法，广泛应用于国家高程控制测量、工程勘测和施工测量中。本章主要介绍水准测量的原理、水准测量工具、水准测量实施以及水准测量误差分析等内容。

3.1　水准测量原理与方法

3.1.1　水准测量原理

水准测量是利用水准仪提供一条水平视线，借助水准尺来测定地面两点间的高差，从而由已知点的高程和测得的高差，求出待定点高程的一种测高方法。

如图 3.1 所示，已知高程点 A 的高程为 H_A，欲求待定点 B 的高程 H_B。在 A、B 两点之间安置一台水准仪，在 A、B 两点分别竖立水准尺，利用水准仪提供的水平视线在两尺上分别读得视线读数 a 和 b，则 A、B 两点间的高差为

$$h_{AB} = a - b \tag{3.1}$$

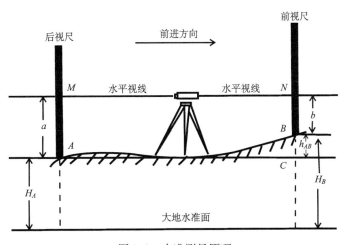

图 3.1　水准测量原理

式中，h_{AB} 为 A、B 两点间的高差；a 为 A 点水准尺读数；b 为 B 点水准尺读数。

设水准测量的前进方向为 $A \rightarrow B$，则称 A 点为后视点，其水准尺读数 a 为后视读数；称 B 点为前视点，其水准尺读数 b 为前视读数；两点间的高差为"后视读数"－"前视读数"。

高差有正负之分，高差为正 $(a > b)$，即前视读数小，表示前视点比后视点高；高差为负 $(a < b)$，即前视读数大，表示前视点比后视点低。

3.1.2　高程计算

根据已知点 A 的高程 H_A 和测定的高差 h_{AB}，便可计算出待定点 B 的高程 H_B 为

$$H_B = H_A + h_{AB} \tag{3.2}$$

或
$$H_B = H_A + (a - b) \tag{3.3}$$

如果两点相距较远或高差较大，安置一次仪器无法测得其高差时，需要在两点间增设若干个作为传递高程的临时立尺点，称为转点（turning point，TP），如图 3.2 中的 TP_1，TP_2，$\cdots$，TP_n 点，并依次连续设站观测，假设测出的各站高差为

$$\left.\begin{aligned} h_{A1} &= h_1 = a_1 - b_1 \\ h_{12} &= h_2 = a_2 - b_2 \\ &\cdots \\ h_{nB} &= h_n = a_n - b_n \end{aligned}\right\} \tag{3.4}$$

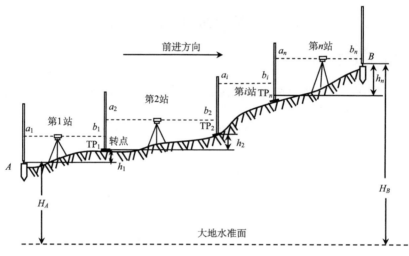

图 3.2　连续设站水准测量

则 A、B 两点间高差的计算公式为

$$h_{AB} = \sum_{i=1}^{n} h_i = \sum_{i=1}^{n} a_i - \sum_{i=1}^{n} b_i \tag{3.5}$$

3.2　水准测量仪器与工具

水准测量是精度最高和应用最为普遍的一种高程测量方法。进行水准测量所用的仪器为水准仪，工具有水准尺、尺垫及三脚架。

3.2.1　水准仪

1. 水准仪的分类

水准仪的种类很多，我国生产的水准仪可按其精度和性能两种方式进行分类。

（1）按精度分类。我国生产的水准仪可以分为 DS05、DS01、DS03、DS10 和 DS20 五个等级，其中"D"和"S"分别为"大地测量"和"水准仪"的汉语拼音第一个字母，"05""01""03""10"和"20"表示仪器的精度等级，即每千米往返测量高差中数的中误差（单位：mm）。"DS"常简写为"S"。通常称 DS05、DS01 为精密水准仪，主要用于国家一、二等水准测量和精密工程测量；DS03、DS10 为普通水准仪，主要用于国家三、四等水准测量和常规工程测量。

（2）按性能分类。可分为微倾式水准仪、自动安平水准仪、精密水准仪和电子水准仪四种类型。

2. 微倾式水准仪的构造

DS03 微倾式水准仪主要由望远镜、水准器和基座组成。如图 3.3 所示。

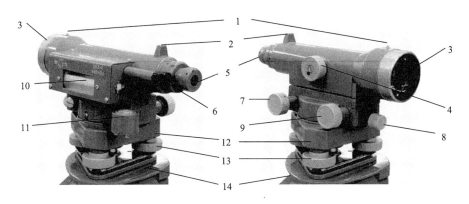

图 3.3　DS03 微倾式水准仪

1. 准星；2. 照门（缺口）；3. 物镜；4. 物镜调焦螺旋；5. 目镜；6. 管水准气泡观察窗；7. 水平微动螺旋；
8. 水平制动螺旋；9. 微倾螺旋；10. 管水准器；11. 圆水准器；12. 基座；13. 基座脚螺旋；14. 脚架

1）望远镜

望远镜的作用是提供一条清晰的视线，以便于瞄准和读数。依据在目镜端观察到的物体成像情况，望远镜可分为正像望远镜和倒像望远镜。它主要由物镜、十字丝分划板、调焦透镜和目镜等部分组成（图 3.4）。

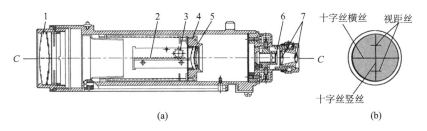

图 3.4　望远镜的结构

1. 物镜；2. 齿条；3. 调焦齿轮；4. 调焦镜座；5. 调焦凹透镜；6. 十字丝分划板；7. 目镜组

根据几何光学原理，目标经过物镜及调焦透镜的作用，在十字丝附近成一倒立实像，目标距离望远镜的远近不同，这一倒立的实像距离十字丝的远近也有差异，通过转动调焦螺旋，使调焦镜头在镜筒内前后移动，让实像恰好落在十字丝分划板上，再通过目镜将倒立的实像与十字丝同时放大，这时倒立的实像成为倒立而放大的虚像（图 3.5）。通常定义 $V=\beta/\alpha$ 为望远镜的放大倍数。

十字丝分划板的结构如图 3.4(b)所示。十字丝分划板是一直径约为 10mm 的光学玻璃圆片，在其上刻划了三根横丝和一根竖丝。中间长横丝为中丝，用于读取水准尺分划的读数；上下两根短的横丝为上丝和下丝，上丝和下丝总称为视距丝，用来测定水准仪至水准尺之间的距离。通常把用视距丝测量的距离称为视距。

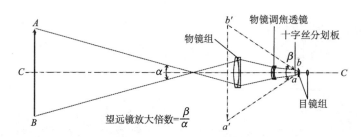

图 3.5　望远镜的成像原理

由于十字丝分划板与物镜之间的距离是固定不变的，而望远镜所瞄准的目标有远有近，这造成目标通过物镜成像不一定落在十字丝分划板上，我们称之为视差。当有视差时，观测者的眼睛在目镜端上下微动时，会看到目标像与十字丝也会发生相对移动[图 3.6(b)]；当没有视差时，观测者的眼睛在目镜端上下微动时，会看到目标像与十字丝不会发生相对移动[图 3.6(a)]。

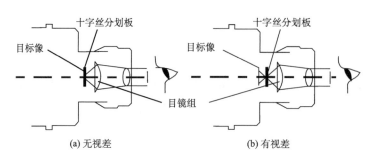

(a) 无视差　　　　　　　　　　　(b) 有视差

图 3.6　视差

视差会影响读数的正确性，读数前应消除视差。消除视差的方法：将望远镜对准明亮的背景，旋转目镜调焦螺旋，使十字丝达到最清晰；然后将望远镜对准水准标尺，旋转物镜调焦螺旋，使标尺成像达到最清晰。

2) 水准器

水准器是用以整平仪器的器具，分为圆水准器和管水准器两种。

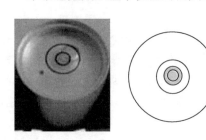

图 3.7　圆水准器

圆水准器是用一个玻璃圆柱制成，装在金属外壳内(图 3.7)。玻璃的内表面磨成球面，中央刻有一小圆圈，圆圈中央与球心的连线称为圆水准轴。当气泡位于小圆圈中央时，圆水准轴处于铅垂位置。圆水准轴与水准仪的竖轴平行，所以当圆水准气泡居中时，表明水准仪基本水平。圆水准器的精度较低，主要用于水准仪的粗略整平。

管水准器亦称水准管，是用一个内表面磨成圆弧的玻璃管制成(图 3.8)。一般规定以圆弧 2mm 长度所对圆心角 τ ($\tau = \dfrac{2\text{mm}}{R}\rho''$，$R$ 为曲率半径，ρ 为 1 弧度的秒数，$\rho'' = 206265$)表示水准管的分划值。分划值越小，灵敏度越高。

管内圆弧中点处的水平切线称为水准管轴，用 LL 表示。当水准管气泡的中心位于零点时，称气泡居中，水准管轴处于水平位置。由于水准管轴与水准仪望远镜的视准轴平行，所以当气泡居中时，视线也就水平。

为了提高水准气泡居中的精度，在管水准器上方安装有一组符合棱镜(图 3.9)。通过这组棱镜，将气泡两端的影像发射到望远镜旁水准管气泡观察窗内，旋转微倾螺旋，当窗内气泡两端的影像吻合时，表示气泡居中。

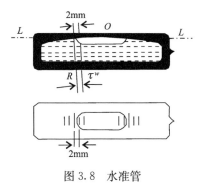

图 3.8　水准管

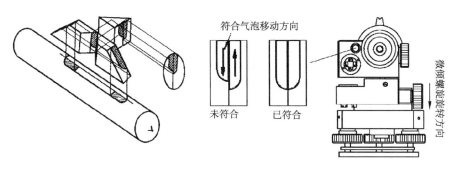

图 3.9　管水准器与符合棱镜

3）基座

基座的主要作用是支承仪器的上部，用中心螺旋可以将基座连接固定到三脚架上。基座由轴座、脚螺旋、底板和三角压板构成。在三脚架面倾斜不是很大的情况下，可以通过旋转基座脚螺旋使圆气泡居中。

3. 其他类型水准仪简介

按性能分类，水准仪除了微倾式水准仪外，还有自动安平水准仪、精密水准仪和电子水准仪等。

1）自动安平水准仪

用微倾式水准仪进行水准测量时，必须通过手动操作使水准管气泡严格居中才能读数。为了提高工效，人们研制出一种自动安平水准仪。自动安平水准仪的特点是有圆水准器，没有管水准器和微倾螺旋，粗平之后，借助自动补偿装置的作用，使水准轴水平，从而提高测量的速度。自动安平水准仪的自动安平原理如图 3.10 所示。

当视准轴水平时，设在水准尺上的正确读数为 a[图 3.10(a)]。当没有管水准器和微倾螺旋，用圆水准器将仪器粗平，视准轴相对于水平面会有微小的倾斜角 α。如果没有补偿器，在水准尺上的读数应为 a'；当在物镜和目镜之间安装补偿器后，进入十字丝分划板的光线将偏转 β 角，从而读出视线水平时的正确读数[图 3.10(b)]。

图 3.11 为苏州一光 NAL232 和 DSZ2 自动安平水准仪。其中，NAL232 自动安平水准仪补偿器的补偿范围为 $\pm15'$，视准轴自动安平精度为 $\pm0.4''$，每千米往返测高差中误差为 ±1.0mm；DSZ2 自动安平水准仪补偿器的补偿范围为 $\pm14'$，视准轴自动安平精度为 $\pm0.3''$，每千米往返测高差中误差为 ±1.5mm。

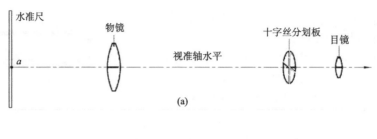

(a)

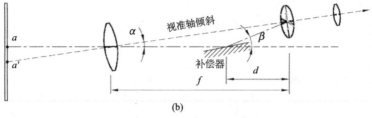

(b)

图 3.10　视线自动安平原理

图 3.11　苏州一光 NAL232 和 DSZ2 自动安平水准仪

2) 精密水准仪

精密水准仪主要用于国家一、二等水准测量和精密工程测量,如高层建筑物的沉降观测,大型桥梁的施工测量和大型精密设备安装的水平基准测量等。

与普通水准仪相比,精密水准仪具有以下六方面的特点:①望远镜的放大倍数大,分辨率高;②管水准器分划值 τ 为($6''\sim10''$)/2mm,精平精度高;③望远镜物镜的有效孔径大,亮度好;④望远镜外表材料采用受温度影响变化小的铟瓦合金钢,以减少温度变化的影响;⑤采用平板玻璃测微器读数,读数误差小;⑥配备精密铟瓦水准尺。

图 3.12 为苏州一光 DS05 和 DS03(自动安平)精密水准仪。其中,DS05 精密水准仪补偿器的补偿范围为 $\pm15'$,视准轴自动安平精度为 $\pm0.3''$,每千米往返测高差中误差小于 ±0.5mm,望远镜的放大倍数为 38 倍,物镜口径 45mm,测微尺格值为 0.1mm,可估读值 0.01mm;DS03 精密水准仪补偿器的补偿范围为 $\pm15'$,视准轴自动安平精度为 $\pm0.2''$,每千米往返测高差中误差小于 ±0.3mm,望远镜的放大倍数为 42 倍,物镜口径 50mm,测微读数精确度 0.01mm。

3) 数字水准仪

数字水准仪是在仪器望远镜光路中增加分光棱镜与电荷耦合器件(charge coupled device,CCD)传感器等部件,采用条码水准尺和图像处理系统构成光、机、电及信息存储与处理的一体化水准测量系统。

数字水准仪与传统水准仪相比具有以下特点:

(1) 读数客观。数字水准仪不存在人为读数误差。

图 3.12　苏州一光 DS05 和 DS03 精密水准仪

（2）精度高。视线高和视距读数都是采用大量条码分划图像经处理后取平均值得出来的，削弱了标尺分划误差的影响。

（3）速度快。省去报数、听记、现场计算的时间及人为出错的重测数量，比传统仪器可以节省 1/3 左右的时间。

（4）效率高。只需整平、瞄准、调焦和按键就可以自动读数、记录、检核和处理，并能输入电子计算机进行进一步处理，实现内外业一体化。

图 3.13 是由威特公司于 1990 年研制成功的世界上第一台数字水准仪 NA2000。该仪器望远镜放大倍数 24 倍，补偿器安平精度为 ±0.8″，每千米往返测高差中误差为 ±1.5mm。可以适用于三等及其以下水准测量。

图 3.13　NA2000 数字水准

图 3.14 为索佳 SDL1X 精密数字水准仪。其主要技术参数：望远镜放大倍数 32 倍，自动调焦 1.6～100m，调焦时间 0.8～4s，液体双轴倾斜传感补偿器——补偿范围为 ±8.5′，磁阻尼摆式补偿器安平视线补偿范围 ±12′，补偿精度 ±0.3″，采用条码分划钢瓦水准尺 BIS30A 测量，1km 往返观测高差中数中误差 ±0.2mm，最大测距 100m，最小显示距离 0.001m。

图 3.14　索佳 SDL1X 精密数字水准仪与 BIS30A 条码分划钢瓦水准尺

3.2.2　水准尺

水准尺是水准测量时使用的标尺（图 3.15）。水准尺一般用优质木材、玻璃钢或铝合金制成，长度从 2～5m 不等。根据构造可以分为直尺、塔尺和折尺。其中直尺又分单面分划和双面分划两种。

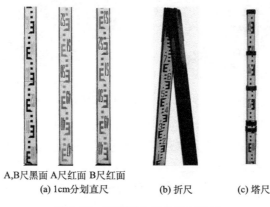

A,B尺黑面 A尺红面 B尺红面
(a) 1cm分划直尺　　　　　(b) 折尺　　　　　(c) 塔尺

图 3.15　普通测量用各类水准尺

双面水准直尺[图 3.15(a)]有 2m 和 3m 两种，且两根尺为一对。尺的双面均有刻划，一面为黑白相间，称为黑面尺(也称主尺)；另一面为红白相间，称为红面尺(也称辅尺)。两面的刻划均为 1cm 或 0.5cm，在分米处注有数字。两根尺的黑面尺尺底均从零开始，而红面尺尺底，一根从 4.687m 开始，另一根从 4.787m 开始。在视线高度不变的情况下，同一根水准尺的红面和黑面读数之差应等于常数 4.687m 或 4.787m，这个常数称为尺常数，用 K 来表示，以此可以检核读数是否正确。双面水准直尺多用于三、四等水准测量。

折尺[图 3.15(b)]是一种可折叠的单面分划尺。尺面上的最小分划为 1cm 或 0.5cm，在米和分米处有注记。折尺多用于图根水准测量和地形图碎部点测量。

图 3.16　徕卡新 N3 精密水准仪及
配套的铟瓦水准尺

塔尺[图 3.15(c)]是一种逐节缩小的组合尺，其长度为 2～5m，两节或三节连接在一起，尺的底部为零点，尺面上黑白格相间，每格宽度为 1cm，有的为 0.5cm，在米和分米处有数字注记。塔尺也多用于图根水准测量和地形图碎部点测量。

在国家一、二等水准测量和精密工程测量中，不仅需要使用精密水准仪，而且要求使用与之配套的精密水准尺。对于数字水准仪，需要使用配套的条码水准尺。

精密水准尺一般是铟瓦水准尺，是在木质尺身的凹槽内引张一根铟瓦合金钢带，零点端固定在尺身上，另一端用弹簧以一定的拉力将其引张在尺身上，使铟瓦合金钢带不受尺身伸缩变形的影响。长度分划在铟瓦合金钢带上，数字注记在木质尺身上。铟瓦水准尺的分划值有 1cm 和 0.5cm 两种。

图 3.16 为徕卡新 N3 精密水准仪及配套的铟瓦水准尺。该水准尺全长 3.2m，在铟瓦合金钢带

上刻有两排分划，右边一排分划为基本分划，数字注记从 0～300cm，左边一排分划为辅助分划，数字注记从 300～600cm，基本分化与辅助分划的零点相差一个常数 301.55cm，称为基辅差或尺常数。一对铟瓦水准尺的尺常数相同，用以进行检核。

用数字水准仪进行水准测量需要使用与之配套的条码分划水准尺。图 3.14 是索佳 SDL1X 精密数字水准仪与 BIS30A 条码分划铟瓦水准尺。

3.2.3 尺垫和三脚架

尺垫由生铁铸成（图 3.17），一般为三角形板座，其下方有三个脚，可以踏入土中；上方有一突起的半球体，水准尺立于半球顶面。尺垫用于转点处。

三脚架是水准仪的附件（图 3.18），用以安置水准仪，由木质（或金属）制成。脚架一般可伸缩，便于携带及调整仪器高度，使用时用中心连接螺旋与仪器固紧。

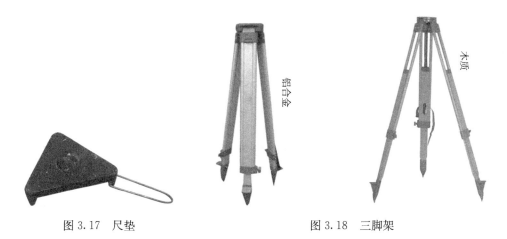

图 3.17 尺垫　　　　　　　图 3.18 三脚架

3.3 水准测量实施

水准测量是按一定的水准路线进行的。现以由一已知高程点测定出另一点的高程为例，说明测定两点间高差，并由该已知点高差求出另一点高程的一般方法。

当两点间的距离较远或高差过大时，需要在两点之间设置若干测站，逐站安置仪器，依次测得各站高差，依据式(3.4)和式(3.5)计算两点间的高差，进而根据已知点高差求出另一点的高程。

以图 3.19 为例，已知 A 点的高程为 1601.534m，欲得到 B 点的高程。以使用微倾式水准仪为例，假设在两点间设置三个转点，经过四个测站的观测，测得各测站的高差。

水准测量实施一般分为两个阶段：外业阶段和内业阶段。外业阶段主要是测站观测和检核工作；内业阶段主要是各点高差、闭合差、高差平差和高程计算工作。

3.3.1 水准测量外业工作

1. 测站观测

将一水准尺立于已知 A 点上作为后视，在水准测量等级所规定的标准视线长度内，根据地面实际高低起伏情况，在施测路线合适的位置安置水准仪，沿前进方向，取仪器至与后

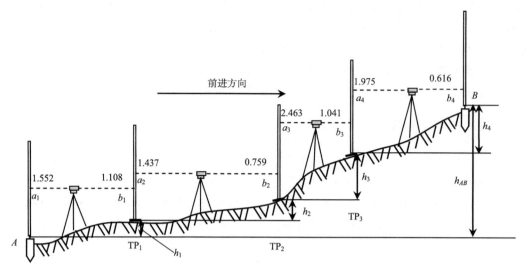

图 3.19　水准测量施测

视尺大致相等的距离处设置转点 TP_1，放置尺垫，尺垫上立另一水准尺作为前视尺。整个观测过程大致分为安置水准仪、粗略整平、照准目标、精确整平和读数五个步骤。

　　1) 水准仪的安置

　　打开三脚架，使其高度适中(架头与肩大致平齐)，架头大致水平，三条腿斜度要合适，不得过陡或过缓，稳固地安置在地面上。在斜坡地段安置仪器时，应注意使三脚架的两个架腿放在下坡一侧，另一架腿放在上坡一侧，将脚尖踩入土中固定，这样才能使仪器比较稳定。打开仪器箱，看清楚仪器在箱中位置，用双手握住仪器的支架和基座部分，取出仪器，安放在架头上，一手握住仪器，另一只手立刻拧紧连接螺旋，确认仪器已与三脚架牢接才可松手。随即锁闭仪器箱。

　　2) 粗略整平

　　粗略整平简称粗平。粗平的目的是使圆水准气泡居中，仪器竖轴大致铅垂。如图3.20所示，先用两手同时反向转动任意两个脚螺旋①、②，使气泡沿着与这两个脚螺旋连线的方向移动到过水准器零点且垂直这两个脚螺旋连线的直线方向上[图 3.20(a)]。再单独转动脚螺旋③[图 3.20(b)]，使气泡居中[图 3.20(c)]。应注意由于重力作用气泡始终处于最高位置，而脚螺旋顺时针升高，逆时针降低，调节时首先应判断转动某个螺旋及气泡移动方向。为了有效使用螺旋升降高度，应同时先相对转动两个脚螺旋，再转动另一个脚螺旋。

　　3) 照准目标

　　调节目镜对光螺旋，使十字丝清晰；松开水平制动螺旋、水平转动望远镜，利用镜筒上的照门(缺口)和准星，使其三点成一线粗略照准目标，旋紧水平制动螺旋；转动物镜对光螺旋，使标尺在望远镜内成像清晰；消除视差；转动微动螺旋，使尺像向一边和十字丝纵丝重合或纵丝平分标尺。

　　4) 精确整平

　　精确整平的目的是：使管水准器气泡居中，水准管轴水平。精确整平方法：如图 3.20所示，缓慢转动微倾螺旋，使观察窗内气泡的两个半影像严格吻合。顺时针转动左上右下，

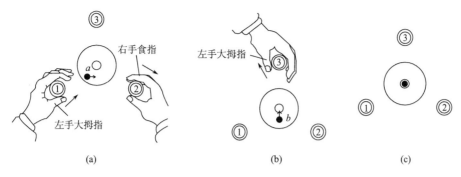

图 3.20　粗略整平

否则反之。

5）读数

精确整平后应立即读数，读数应以十字丝横丝为准，应先估读毫米数，然后依次读出米、分米、厘米，再加上估读毫米。每次要记录四位数，即若某一位为零，也必须读出并记录，不可省略。如 0.082，1.580 等。

图 3.21 是水准尺读数示例。图 3.21(a) 是 0.5cm 分划直尺的读数示例，其黑面读数为 1.608，红面读数为 6.295，红黑面读数差 4.687；图 3.21(b) 是 1cm 分划直尺的读数示例，其黑面和红面读数也分别是 1.608 和 6.295。

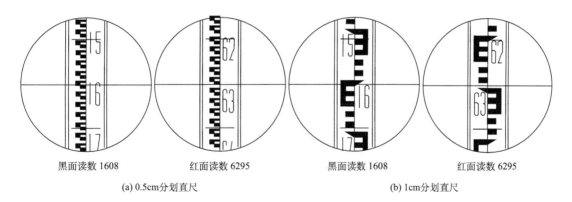

图 3.21　水准尺读数示例

读数时应注意两点：一是读数前和读数后都要检查精平；二是由于圆水准气泡居中精度低，所以望远镜每转向一个方向，符合气泡不再符合，必须再精平一次后，才能读数。

安置好仪器并粗平后，瞄准 A 点上的水准尺，再精平，读得后视读数 a_1，记入表 3.1 中的后视读数栏内。旋转仪器，瞄准前视转点 TP_1 上的水准尺，同样读得前视读数 b_1，记入前视读数栏内。后视读数减前视读数得到高差 h_1，记入高差栏内，此为一个测站上的观测工作，然后把仪器安置到下一站，同上法直至 B 点。各测站高差之和即为 AB 间的高差。由已知 A 点高程 $H_A = 1601.534\text{m}$ 和 AB 间高差 $h_{AB} = 3.903\text{m}$，可以计算出 B 点高程 $H_B = 1605.437\text{m}$。

表 3.1 水准测量手簿

观测日期：2008.10.15   天气：晴   仪器：DS03
观测者：张三   记录者：李四

测站	测点	后视读数/m	前视读数/m	高差/m	备注
I	A	1.552			
	TP_1		1.108	0.444	
II	TP_1	1.437			
	TP_2		0.759	0.678	
III	TP_2	2.463			
	TP_3		1.041	1.422	
IV	TP_3	1.975			
	B		0.616	1.359	
计算检核		$\sum a - \sum b = 3.903$		$\sum h = 3.903$	

2. 水准测量的检核

水准测量的检核分为测站检核和路线检核。

1）测站检核

表 3.1 记录的计算校核中，$\sum a - \sum b = \sum h$ 可作为计算中的校核，可以检查计算是否正确，但不能检核读数和记录是否有错误。在进行连续水准测量时，其中任何一个后视或前视读数有错误，都会影响高差的正确性。对于每一测站而言，为了校核每次水准尺读数有无差错，可采用改变仪器高的方法或双面尺法进行检核。

（1）改变仪器高的方法。在每一测站测得高差后，改变仪器高度（即重新安置与整平仪器）在 0.1m 以上再测一次高差；或者用两台水准仪同时观测，当两次测得高差的差值在各等级所规定的限差范围内，则取两次高差平均值作为该站测得的高差值。否则需要检查原因，重新观测。

（2）双面尺法。仪器高度不变，读取每一根双面尺的黑面与红面的读数，分别计算双面尺的黑面与红面读数之差及黑面尺的高差 $h_黑$ 与红面尺的高差 $h_红$。若同一水准尺红面与黑面（加常数后）之差在各等级规定范围以内，则取黑、红面高差平均值作为该站测得的高差值。当两根尺子的红黑面零点差相差 100mm 时，两个高差也应相差 100mm，此时应在红面高差中加或减 100mm 后再与黑面高差相比较。

2）路线检核

测站检核只能检查每一个测站所测高差是否正确，而对于整条水准路线来说，还不能说明它的精度是否符合要求。例如温度、风力、大气折光以及在仪器搬站期间转点的尺垫被碰动、下沉等引起的误差，在测站校核中无法被发现，而水准路线的闭合差却能反映出来。因此，普通水准测量外业观测结束后，首先应复查与检核记录手簿，并按水准路线布设形式进行路线检核。常见的水准路线检核方法有以下几种。

（1）附合水准路线检核。从某个已知高程的水准点出发，沿路线进行水准测量，最后连测到另一个已知高程的水准点上，这样的水准路线称为附合水准路线（梁盛智等，2005），如图 3.22 所示。

在理论上，各点之间的高差之和 $\sum h$，应该等于两个已知水准点的高差（$H_终 - H_始$）。但是，由于水准测量中仪器误差、观测误差以及外界的影响，水准测量中不可避免地存在着误差，一般来说 $\sum h$ 和（$H_终 - H_始$）不相等，两者之差称为高差闭合差 f_h。即

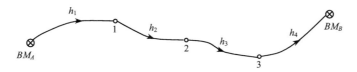

图 3.22 符合水准路线

$$f_h = \sum h - (H_{终} - H_{始}) \qquad (3.6)$$

（2）闭合水准路线检核。从某个已知高程的水准点出发，沿水准路线进行水准测量，最后又回到原水准点上，这样的水准路线称为闭合水准路线（梁盛智等，2005）。如图 3.23 所示。

在理论上，闭合水准路线的各点高差之和为零。实测高差的和不等于零，其差值为闭合水准路线的高差闭合差。即

$$f_h = \sum h \qquad (3.7)$$

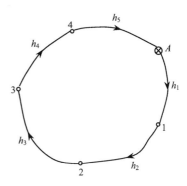

图 3.23 闭合水准路线

（3）支水准路线。从某个已知水准点出发，经过若干站水准测量，既不附合到另一个已知水准点上，也不闭合到原来的已知水准点上，这样的水准路线称为支水准路线（梁盛智等，2005）。如图 3.24 所示。

图 3.24 支水准路线

在理论上，支水准路线的往测高差的绝对值应该与返测高差的绝对值相等。实测往、返高差的绝对值之差称为支水准路线的高差闭合差。即

$$f_h = |h_{往}| - |h_{返}| \qquad (3.8)$$

为了保证观测精度，对高差闭合差应作出一定的限制，即计算得高差闭合差 f_h 应在规定的容许范围内。当计算的高差闭合差 f_h 不超过容许值（即 $f_h \leqslant f_{h容}$）时，认为外业观测合格，否则应查明原因返工重测，直至符合要求为止。对于普通水准测量，规定容许高差闭合差 $f_{h容}$ 为

$$f_{h容} = \pm 40\sqrt{L} \text{ (mm)} \qquad (3.9)$$

式中，L 为水准路线总长度，km。

在山丘地区，当每千米水准路线的测站数超过 16 站时，容许高差闭合差可用式（3.10）计算：

$$h_{容} = \pm 12\sqrt{n} \text{ (mm)} \qquad (3.10)$$

式中，n 为水准路线的测站数。

3.3.2 水准测量内业工作

水准测量外业工作结束后，要检查记录手簿，手簿记录和计算无误后，计算各点的高差，检核水准路线闭合差，调整路线闭合差，最后计算各点的高程，以上工作称为水准测量的内业。

1. 附合水准路线的内业计算

如图 3.25 所示的附合水准路线，$BM.A$ 和 $BM.B$ 为已知水准点，按普通水准测量的方法测得各测站高差，经观测记录手簿检查无误，其内业工作步骤分述如下。

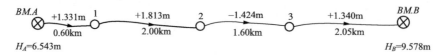

图 3.25　附合水准路线观测数据

1）各点间高差计算

依据观测记录手簿上各测站的高差，分段加总求和得出各测站的高差。如起始点 $BM.A$ 和 1 点间经过 12 个测站的测量，加总求和这 12 个测站的高差，得出 A 点和 1 点间高差 +1.331m。依次类推，分别计算出 1 点和 2 点、2 点和 3 点、3 点和 B 点间的高差。

2）差闭合差计算和检核

依据式(3.6)计算该附合线路高差闭合差：

$$f_h = \sum h - (H_{终} - H_{始}) = (1.331 + 1.813 - 1.424 + 1.340) - (9.578 - 6.543) = 0.025(\text{m})$$

$$f_{h容} = \pm 40\sqrt{L} = \pm 100\text{mm}$$

$|f_h| < |f_{h容}|$，说明成果符合精度要求，可以进行闭合差调整。

3）闭合差调整

闭合差调整按与路线长度 L 或与路线测站数 n 成正比的原则，将高差闭合差反其符号进行分配。用数学公式表示为

$$\nu_{h_i} = -\frac{f_h}{\sum L} \times L_i \tag{3.11}$$

或

$$\nu_{h_i} = -\frac{f_h}{\sum n} \times n_i \tag{3.12}$$

式中，$\sum L$ 为水准路线总长度；L_i 为第 i 测段的路线长；$\sum n$ 为水准路线总测站数；n_i 为第 i 测段路线站数；ν_{h_i} 为分配给第 i 测段观测高差 h_i 上的改正数；f_h 为水准路线高差闭合差。

表 3.2 为附合水准路线测量成果计算表。

高差改正数计算校核式为 $\sum \nu_{h_i} = -f_h$，若满足则说明计算无误。

4）高程计算

根据已知水准点高程和各点间改正后的高差 $\hat{h}$，依次逐点推求各点改正后的高程，作为普通水准测量高程的最后成果。推求到最后一点的高程值应与附合水准路线的已知水准点高程值完全一致。

2. 闭合水准路线的内业计算

闭合水准路线各点间高差的计算同附合水准路线，高差闭合差按式(3.7)计算，如闭合差在容许范围内，按上述附合水准路线相同的方法进行调整，并计算各点高程。

3. 支水准路线内业计算

支水准路线高差闭合差按式(3.8)计算，如闭合差在容许范围内，取往、返高差绝对值

表 3.2 附合水准路线测量成果计算表

点号	路线长度 L/km	观测高差 h_i/m	高差改正数 ν_{h_i}/m	改正后高差 $\hat{h}_i/\text{m}$	高程 H/m	备注
BM.A					6.543	已知
	0.60	+1.331	−0.002	+1.329		
1					7.872	
	2.00	+1.813	−0.008	+1.805		
2					9.667	
	1.60	−1.424	−0.007	−1.431		
3					8.246	
	2.05	+1.340	−0.008	+1.332		
BM.B					9.578	已知
$\sum$	6.25	+3.060	−0.025	+3.035		

$$f_h = \sum h_{测} - (H_B - H_A) = 25\text{mm} \qquad f_{h容} = \pm 40\sqrt{L} = \pm 100\text{mm}$$

$$\nu_{h_i} = -\frac{f_h}{\sum L} = -\frac{25}{6.25} = -4\text{mm/km} \qquad \sum \nu_{h_i} = -25\text{mm} = -f_h$$

的平均值作为两点间高差，其正负号与往测的符号一致。

3.4 水准测量的误差分析

水准测量的误差主要来源于仪器误差、观测误差和外界条件影响三个方面。

3.4.1 仪器误差

水准仪使用前，应按规定进行水准仪的检验与校正，以保证各轴线满足条件。但由于仪器检验与校正不甚完善以及其他方面的影响，仪器尚存在一些残余误差，其中最主要的是水准管轴不完全平行于视准轴的误差（又称为角残余误差），如图 3.26 所示。

i 角残余误差对高差的影响为 Δh，即

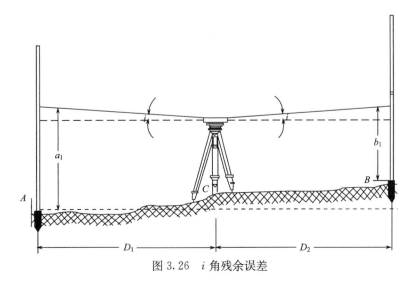

图 3.26 i 角残余误差

$$\Delta h = x_1 - x_2 = \frac{i}{\rho}D_1 - \frac{i}{\rho}D_2 = \frac{i}{\rho}(D_1 - D_2) \qquad (3.13)$$

式中，D_1 为前视距离；D_2 为后视距离；$D_1 - D_2$ 为前后视距之差。

若保持一测站上前后视距相等（$D_1 = D_2$），即可消除 i 角残余误差对高差的影响。对于一条水准路线而言，也应保持前视视距总和与后视视距总和相等，同样可消除 i 角误差对路线高差总和的影响。

水准尺是水准测量的重要工具，它的误差（分划误差及尺长误差等）也影响着水准尺的读数及高差的精度。因此，水准尺尺面应分划准确、清晰与平直。有的水准尺上安装有圆水准器，便于尺子竖直，但还应注意水准尺零点差。所以对于精度要求较高的水准测量，也应对水准尺进行检定。

3.4.2　观测误差

1）水准管气泡的居中误差

由于气泡居中存在误差，致使视线偏离水平位置，从而带来读数误差。为减小此误差的影响，每次读数时，都要使水准管气泡严格居中。

2）估读水准尺的误差

水准尺估读毫米数的误差大小与望远镜的放大倍率以及视线长度有关。在测量作业中，应遵循不同等级的水准测量对望远镜放大倍率和最大视线长度的规定，以保证估读精度。

3）视差的影响误差

当存在视差时，由于十字丝平面与水准尺影像不重合，若眼睛的位置不同，便读出不同的读数，从而产生读数误差。因此，观测时要仔细调焦，严格消除视差。

4）水准尺倾斜的影响误差

水准尺倾斜，将使尺上读数增大，从而带来误差。如水准尺倾斜 $3°30'$，在水准尺上 1m 处读数时，将产生 2mm 的误差。为了减少这种误差的影响，水准尺必须扶直。

3.4.3　外界条件影响

1）地球曲率和大气折光的影响

如图 3.27 所示，A、B 为地面上两点，大地水准面是一个曲面，如果水准仪的视线 $a'b'$ 平行于大地水准面，则 A、B 两点的正确高差为：$h_{AB} = a' - b'$。但是，水准仪提供的是一条水平视线，其在水准尺上的读数为 a'' 和 b''。a' 与 a'' 之差和 b' 与 b'' 之差，就是地球曲率对读数的影响，用 c 表示。

$$c = D^2/2R \qquad (3.14)$$

式中，D 为水准仪到水准尺的距离，km；R 为地球的平均半径，$R = 6371$km。

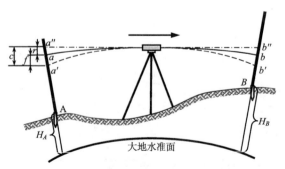

图 3.27　地球曲率及大气折光的影响

由于大气折光的影响，视线是一条曲线，在水准尺上的读数分别为 a 和 b。a 与 a'' 之差和 b 与 b'' 之差，就是大气折光对读数的影响，用 r 表示。在稳定的气象条件下，r 约为 c 的 1/7，即

$$r = c/7 = D^2/14R \tag{3.15}$$

地球曲率和大气折光的共同影响为

$$f = c - r = D^2/2R - D^2/14R = 0.43D^2/R \tag{3.16}$$

地球曲率和大气折光的影响，可采用使前、后视距离相等的方法来消除。

2）大气温度（日光）和风力的影响

当大气温度变化或日光直射水准仪时，由于仪器受热不均匀，会影响仪器轴线间的正常几何关系，如水准仪气泡偏离中心或三脚架扭转等现象。所以在水准测量时水准仪在阳光下应打伞防晒，风力较大时应暂停水准测量。

3）仪器和尺垫下沉影响

在松软地面安置仪器读取后视读数后，仪器存在微小的下沉，使前后视线的读数不在同一水平线上，而使后读取的前视读数偏小。当转站至下一个测站时，尺垫下沉，使后视读数偏大。测量中安置仪器要稳，将脚架、尺垫踩实，尺子从尺垫上要轻拿轻放，防止碰动尺垫。采用"后（黑）、前（黑）、前（红）、后（红）"的观测程序，可减弱其在观测过程中影响。不要手扶脚架或骑跨脚架，要加快观测速度，尽量缩短置镜及前后视读尺之间的时间。

思　考　题

1. 用水准仪测定 A、B 两点间高差，已知 A 点高程为 $H_A = 12.658\text{m}$，A 尺上读数为 1.526mm，B 尺上读数为 1.182mm，A、B 两点间高差 h_{AB} 为多少？B 点高程 H_B 为多少？绘图说明。

2. 何谓水准管轴？圆水准轴？水准管分划值？

3. 何谓视准轴？视差应如何消除？

4. 水准测量中为什么要求前后视距相等？

5. DS03 型水准仪有哪几条主要轴线？它们之间应满足哪些几何条件？为什么？哪个是主要条件？

6. 水准测量中，怎样进行记录计算校核和外业成果校核？

7. 在表 3.3 中进行附合水准测量成果整理，计算高差改正数、改正后高差和高程。

表 3.3　附合水准路线测量成果计算表

点号	路线长 L/km	观测高差 h_i/m	高差改正数 ν_{h_i}/m	改正后高差 $\widehat{h}_i/\text{m}$	高程 H/m	备注
BM.A					7.967	已知
	1.5	+4.362				
1						
	0.6	+2.413				
2						
	0.8	−3.121				
3						
	1.0	+1.263				
4						
	1.2	+2.716				
5						
	1.6	−3.715				
BM.B					11.819	已知
$\sum$						

$$f_h = \sum h_{测} - (H_B - H_A) = \qquad\qquad f_{h容} = \pm 40\sqrt{L} =$$

$$\nu_{1\text{km}} = -\frac{f_h}{\sum L} = \qquad\qquad \sum \nu_{h_i} =$$

第 4 章　角度、距离测量与全站仪

　　角度测量和距离测量是确定地面点位的基本测量工作之一。在确定地面点的平面坐标 $(X，Y)$ 时，通常就是通过角度测量和距离测量来求得的。常用的角度测量仪器是光学经纬仪和全站仪，它们既能测量水平角，又能测量竖直角。水平角用于求算地面点的坐标和两点间的坐标方位角，竖直角用于求算高差或将倾斜距离换算成水平距离。距离测量常用的仪器是钢尺、经纬仪、测距仪和全站仪。

4.1　角度测量原理

4.1.1　水平角测量原理

　　地面一点到两目标点连线在水平面上投影的夹角称为水平角，它也是过两条方向线的铅垂面所夹的两面角(覃辉，2011)。如图 4.1 所示，地面上 A、B、C 三点沿铅垂线方向投影到同一水平面上，得 A_1、B_1、C_1 三点，则 B_1A_1 与 B_1C_1 之间的夹角 β，就是地面上 BA 与 BC 两条方向线间的水平角。其水平角的取值范围为 $0°\sim360°$。

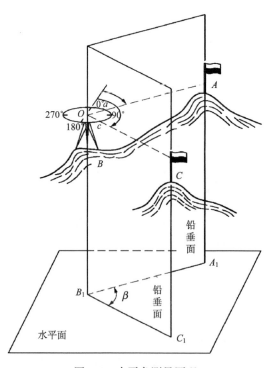

为了观测水平角 β，经纬仪上应水平地安置一个有刻度的圆盘，称为水平度盘，度盘中心 O 点位于 B 点的铅垂线上，过 BA、BC 竖直面与水平度盘交线为 Oa、Oc，在水平度盘上读数为 a、c。$\angle aOc$ 为所测得的水平角。一般水平度盘是顺时针刻划，则

$$\angle aOc = c - a = \beta \tag{4.1}$$

4.1.2　竖直角测量原理

　　在同一竖直面内，视线与水平线的夹角称为竖直角(覃辉，2011)。竖直角的角值范围为 $0°\sim\pm90°$。视线在水平线上方时称为仰角，角值为正；视线在水平线下方时称为俯角，角值为负。如图 4.2 所示。

　　为了测量竖直角，经纬仪应在铅垂面安置一个有刻度的圆盘，称为竖盘。竖直角也是两个方向在竖盘上的读数之差。与水平角不同的是，其中一个方向为水平方向。视线水平时，竖盘读数为 M(一般为 $90°$)。在测量竖直角时，只要照准目标，用 $90°$ 减去视线照准目标时竖盘读数 L 即为视线方向的竖直角。

$$\alpha = M - L \tag{4.2}$$

图 4.1　水平角测量原理

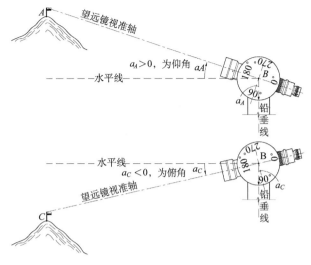

图 4.2　竖直角测量原理

4.2　光学经纬仪

我国光学经纬仪按其精度等级划分有 DJ_{07}、DJ_1、DJ_2、DJ_6 等几种，DJ 分别为"大地测量"和"经纬仪"的汉字拼音第一个字母，其下标数字 07、1、2、6 分别为该仪器一测回方向观测中误差的秒数。DJ_{07}、DJ_1 及 DJ_2 型光学经纬仪属于精密光学经纬仪，DJ_6 型光学经纬仪属于普通光学经纬仪。尽管仪器的精度等级或生产厂家不同，但它们的基本结构是大致相同的。本节介绍最常用的 DJ_6 型光学经纬仪的基本构造及操作。

4.2.1　光学经纬仪基本构造

各种型号 DJ_6 型（简称 J_6 型）光学经纬仪的基本构造是大致相同的，图 4.3 为国产 J_6 型光学经纬仪外貌图，其外部结构件名称如图上所注，它主要由照准部、水平度盘和基座三部分组成（图 4.4）。

1. 基座

基座是支承整个仪器的底座，并借助基座的中心螺母和三脚架上的中心连接螺旋，将仪器与三脚架固连在一起。基座上有三个脚螺旋，用来整平仪器。水平度盘的旋转轴套在竖轴轴套外面，拧紧轴套固定螺旋，可将仪器固定在基座上，松开该固定螺旋，可将仪器从基座中提出，便于置换照准标牌，但平时或作业时务必将基座上的固定螺旋拧紧，不得随意松动。

2. 水平度盘

水平度盘是由光学玻璃制成的圆环，圆环上刻有从 $0° \sim 360°$ 的等间隔分划线，并按顺时针方向加以注记。水平度盘通过外轴装在基座中心的套轴内，并用中心锁紧螺旋使之固紧。

当照准部转动时，水平度盘并不随之转动。若需要将水平度盘安置在某一读数的位置，可拨动度盘变换手轮：先按下度盘变换手轮下的保险手柄，将手轮推压进去并转动，就可将水平度盘转到需要的读数位置上。此时，将手松开手轮退出，注意把保险手柄倒回。有的经

图 4.3 J₆ 型光学经纬仪

1. 竖盘指标管水准管观察反射镜；2. 望远镜；3. 竖盘指标管水准管；4. 度盘照明反光镜；5. 度盘读数显微镜；6. 竖盘水准管微动螺旋；7. 望远镜制动螺旋；8. 望远镜微动螺旋；9. 光学对中器；10. 水平方向制动螺旋；11. 水平方向微动螺旋；12. 基座；13. 基座圆水准器；14. 脚螺旋；15. 粗瞄准器；16. 照准部水准管；17. 轴套制动螺旋

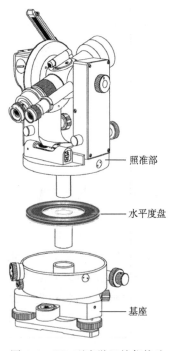

图 4.4　DJ₆ 型光学经纬仪构造

纬仪装有一小轮使位置轮与水平度盘相连，使用时先打开位置轮护盖，转动位置轮，度盘也随之转动（照准部不动），转到需要的水平度盘读数位置为止，最后盖上护盖。

3. 照准部

照准部主要由望远镜、竖直度盘、照准部水准管、读数设备及支架等组成。望远镜由物镜、目镜、十字丝分划板及调焦透镜组成，其作用与水准仪的望远镜相同。望远镜的旋转轴称为横轴。望远镜通过横轴安装在支架上，通过调节望远镜制动螺旋和微动螺旋使它绕横轴在竖直面内上下转动。

竖直度盘固定在横轴的一端，随望远镜一起转动，与竖盘配套的有竖盘水准管和竖盘水准管微动螺旋。

照准部水准管用来精确整平仪器，使水平度盘处于水平位置（同时也使仪器竖轴铅垂）。有的仪器，除照准部水准管外，还装有圆水准器，用来粗略整平仪器。

照准部的旋转轴称为竖轴，竖轴插入基座内的竖轴套中，照准部的旋转是其绕竖轴在水平方向上旋转，为了控制照准部的旋转，在其下部设有照准部水平制动螺旋和微动螺旋。

4.2.2　读数设备和读数方法

DJ₆ 型光学经纬仪的读数设备包括：度盘、光路系统及测微器。当光线通过一组棱镜和透镜作用后，将光学玻璃度盘上的分划成像放大，反映到望远镜旁的读数显微镜内，利用光学测微器进行读数。各种 DJ₆ 型光学经纬仪的读数装置不完全相同，其相应读数方法也有所不同，可归纳为两大类。

1. 分微尺读数装置及其读数方法

分微尺读数装置是显微镜读数窗与物镜上设置一个带有分微尺的分划板，度盘上的分划线经读数显微镜水平物镜放大后成像于分微尺上。分微尺 $1°$ 的分划间隔长度正好等于度盘的一格，即 $1°$ 的宽度。如图 4.5 所示是读数显微镜内看到的度盘和分微尺的影像，上面注有"水平"（或 H）的窗口为水平度盘读数窗，下面注有"竖直"（或 V）的窗口为竖直度盘读数窗，其中长线和大号数字为度盘上分划线影像及其注记，短线和小号数字为分微尺上的分划线及其注记。

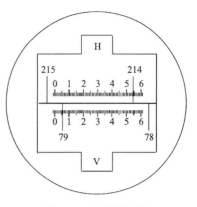

图 4.5　分微尺读数

读数窗内的分微尺分成 60 小格，每小格代表 $1'$，每 10 小格注有小号数字，表示 $10'$ 的倍数。因此，分微尺可直接读到 $1'$，估读到 $0.1'$。读数时，读取度盘刻划线在分微尺内的度盘读数，不足 $1°$ 的读数，在分微尺上读取，从 $0'$ 开始由小到大读至该度盘刻划线，并估读到 $0.1'$。如图 4.5 所示，水平度盘读数窗中，$214°$ 的度盘刻划线在分微尺内，且其刻划线落在分微尺 $55'$ 附近，估读数值为 $54.7'$，水平度盘整个读数为 $214° + 54.7' = 214°54'42''$。同理，图 4.5 中竖直度盘整个读数为 $79° + 05.5' = 79°05'30''$。

2. 单平板玻璃测微器装置及其读数方法

单平板玻璃测微器装置主要由平板玻璃、测微尺、测微轮及传动装置组成。

单平板玻璃与测微尺用金属机构连在一起，当转动测微轮时，单平板玻璃与测微尺一起绕同一轴转动。从读数显微镜中看到，当平板玻璃转动时，度盘分划线的影像也随之移动，当读数窗上的双指标线精确地夹准度盘某分划线像时，其分划线移动的角值可在测微尺上根据单指标读出。

如图 4.6 所示的读数窗，上部窗为测微尺像，中部窗为竖直度盘分划像，下部窗为水平度盘分划像。读数窗中单指标线为测微器指标线，双指标线为度盘指标线。度盘最小分划值为 30，测微尺共有 30 大格，一大格分划值为 $1'$，一大格又分为 3 小分格，则一小格分划值为 $20''$。

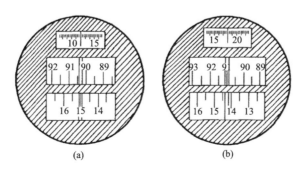

图 4.6　单平板玻璃测微器读数

读数前，应先转动测微轮，使度盘双指标线夹准（平分）某一度盘分划线像，读出度数和 $30'$ 的整分数。如在图 4.6(a) 中，双指标线夹准水平度盘 $15°$ 分划线像，读出 $15°$，再读出测微尺窗中单指标线所指出的测微尺上的读数为 $12'00''$，两者合起来就是整个水平度盘读数为 $15°+12'00''=15°12'00''$。同理，在图 4.6(b)中，读出竖直度盘读数为 $91°+18'00''=91°18'00''$。

4.2.3 光学经纬仪水平角观测

图 4.7 水平角观测(测回法)

水平角观测的方法，一般根据目标的多少和精度要求而定，常用的水平角观测方法有测回法和方向观测法。

1. 测回法

测回法是测角的基本方法，用于两个目标方向之间的水平角观测。

如图 4.7 所示，设 O 为测站点，A、B 为观测目标，用测回法观测 OA 与 OB 两个方向之间的水平角 β，具体步骤如下：

1) 安置仪器于测站 O 点，对中、整平，在 A、B 两点设置目标标志(如竖立测钎、花杆或觇牌等)

(1) 对中粗平。先打开三脚架，安在测站点上，使架头大致水平，架头的中心大致对准测站标志，并注意脚架高度适中。装上仪器，旋紧中心连接螺旋。旋转光学对中器的目镜调焦螺旋和物镜调焦螺旋，使对中器十字丝分划板上的中心圆圈和地面物成像清晰。查看对中器十字丝分划板上的中心圆圈是否对中目标，如果偏离较远，移动三脚架，使对中器的中心圆圈在目标附近，踩紧三脚架，调节经纬仪基座的脚螺旋使其完全对中目标。此时经纬仪圆水准器已严重倾斜，调整三脚架的脚腿长度，让水准气泡偏向的一方脚腿下降，或者相反一方升高，使圆水准泡居中。此时的对中器可能已偏离目标，重调基座脚螺旋对中，再调整三脚架脚腿整平，如此反复多次，可使对中器基本对中，圆水准器基本居中。松开中心连接螺旋，平行轻微移动经纬仪，使对中器精确对中，然后拧紧中心连接螺旋。

(2) 精平。先松开照准部水平制动螺旋，使照准部水准管大致平行于基座上任意两个脚螺旋连线方向，如图 4.8(a) 所示，两手同时转动这两个脚螺旋，使水准管气泡居中(注意水准管气泡移动方向与左手大拇指移动方向一致)。然后将照准部转动 $90°$，如图 4.8(b)所示，此时只能转动第三个脚螺旋，使水准管气泡居中。如果水准管位置正确，重复上述操作 2~3 次，使经纬仪精确水平。当仪器精确整平后，照准部转到任何位置，水准管气泡总是居中的(可允许水准管气泡偏离零点不超过一格)。

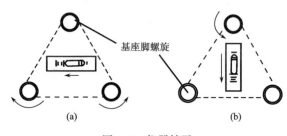

图 4.8 仪器精平

2) 瞄准目标 A

将竖直度盘位于观测者左侧(称为盘左位置，或称正镜)，先瞄准左目标 A，要用望远镜十字丝分划板的竖丝对准它，操作程序如下：

松开望远镜和照准部的制动螺旋，将望远镜对向明亮背景，进行目镜调焦，使十字丝清晰；

通过望远镜镜筒上方的缺口和准星粗略对准目标，拧紧制动螺旋；

进行物镜调焦，在望远镜内能最清晰地看清目标，注意消除视差，如图 4.9（a）所示；

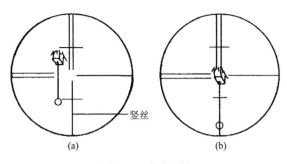

图 4.9　瞄准目标

转动望远镜和照准部的微动螺旋，使十字丝分划板的竖丝精确地瞄准（夹准）目标，如图 4.9(b) 所示。注意尽可能瞄准目标的下部。

3）设置水平度盘、读数

设置水平度盘前，先将反光照明镜张开到适当位置，调节镜面朝向光源，使读数窗亮度均匀，调节读数显微镜目镜对光螺旋，使读数窗内分划线清晰，拨动度盘变换手轮或复测机钮，将水平度盘拨到 $0°00'$ 附近，然后按前述的 DJ_6 型光学经纬仪读数方法进行读数（如 $L_A = 0°01'48''$），记入记录表相应栏内（表 4.1）。

4）瞄准目标 B、读数

接着松开照准部水平制动螺旋，顺时针旋转照准部瞄准右目标 B，读取水平度盘读数（如 $L_B = 86°42'36''$），记入记录表相应栏内（表 4.1）。

表 4.1　测回法观测水平角记录手簿

时　间：2008.10.21　　　　　　天　气：晴　　　　　　　　仪器型号：DJ_6

观测者：张　三　　　　　　　　　　　　　　　　　　　　记录者：李四

测站	目标	竖盘位置	水平度盘读数 /(° ′ ″)	半测回角值 /(° ′ ″)	一测回平均角值 /(° ′ ″)	各测回平均值 /(° ′ ″)
O（第一测回）	A	左	0　01　48	86　40　48	86　41　00	86　41　04
	B		86　42　36			
	A	右	180　01　36	86　41　12		
	B		266　42　48			
O（第二测回）	A	左	90　02　12	86　41　12	86　41　09	
	B		176　43　24			
	A	右	270　02　36	86　41　06		
	B		356　43　42			

以上称为上半测回，其盘左位置角值 $\beta_左$ 为：$\beta_左 = L_B - L_A = 86°42'36'' - 0°01'48'' = 86°40'48''$。

5）盘右瞄准目标 B、读数

纵转望远镜，使竖直度盘位于观测者右侧（称为盘右位置，或称倒镜），瞄准右目标 B，读取水平度盘读数（$R_B = 266°42'48''$），记入记录表相应栏内（表 4.1）。

6）盘右瞄准目标 A、读数

松开照准部水平制动螺旋，逆时针转动照准部，瞄准左目标 A，读取水平度盘读数

$(R_A=180°01'36'')$，记入记录表相应栏内（表 4.1）。

以上称为下半测回，其盘右位置角值 $\beta_右$ 为：$\beta_右 = R_B - R_A = 266°42'48'' - 180°01'36'' = 86°41'12''$。

上述上半测回和下半测回构成一测回。

对于 DJ$_6$ 型光学经纬仪，根据图根测量要求，若两个半测回角值之差不大于 $\pm40''$（即 $\leqslant 40''$），认为观测合格。此时可取两个半测回角值的平均值作为一测回的角值 β，即

$$\beta=\frac{1}{2}(\beta_左+\beta_右) \tag{4.3}$$

表 4.1 为测回法观测水平角记录，在记录计算中应注意由于水平度盘是顺时针刻划和注记，故计算水平角总是以右目标的读数减去左目标的读数，如遇到不够减，则应在右目标的读数上加上 360°，再减去左目标的读数，决不可倒过来减。

当测角精度要求较高需要对一个角度观测若干个测回时，为了减弱度盘分划不均匀误差的影响，在各测回之间，应使用度盘变换手轮或复测机钮，按测回数 n，将水平度盘位置依次变换 $180°/n$。例如某角要求观测两个测回，第一测回起始方向（左目标）的水平度盘位置应配置在 $0°00'$ 处附近；第二测回起始方向的水平度盘位置应配置在 $180°/2 = 90°00'$ 处附近。

测回法采用盘左、盘右两个位置观测水平角取平均值，可以消除仪器误差（如视准轴误差、横轴不水平误差）对测角的影响，提高了测角精度，同时也可作为观测中有无错误的检核。

2. 方向观测法

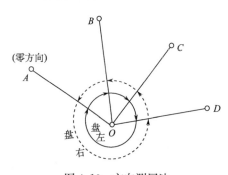

图 4.10 方向测回法

方向观测法又称全圆测回法，用于三个以上目标方向的水平角观测。如图 4.10 所示，设 O 为测站点，A、B、C、D 为观测目标，用方向观测法观测各方向间的水平角，其操作步骤如下：

（1）将经纬仪安置于测站 O 点，对中、整平，在 A、B、C、D 观测目标处竖立标志（如竖立测钎、花杆或觇牌等）。

（2）上半测回（盘左）操作：先将水平度盘读数配置在稍大于 $0°00'00''$ 处，选取远近合适、目标清晰的方向作为起始方向（称为零方向，本例选取 A 方向作为零方向）。瞄准零方向 A，水平度盘读数为 $0°00'06''$，记入表 4.2 方向观测法记录手簿第 4 栏。

松开照准部水平制动螺旋，按顺时针旋转照准部，依次照准 B、C、D 各目标方向，分别读取水平度盘读数，记入表 4.2 第 4 栏，为了检查观测过程中度盘位置有无变动，最后再观测零方向 A，称为上半测回归零，其水平度盘读数为 $0°00'18''$，记入表 4.2 第 4 栏，以上称为上半测回。

（3）下半测回（盘右）操作：先照准零方向 A，读取水平度盘读数为 $180°00'12''$，接着松开照准部水平制动螺旋，按逆时针方向依次照准 D、C、B 各目标方向，分别读取水平度盘读数，由下向上记入表 4.2 第 5 栏。同样最后再照准零方向 A，称为下半测回归零，其水平度盘读数为 $180°00'18''$，记入表 4.2 第 5 栏，此为下半测回。

表 4.2　方向观测法记录手簿

时　　间：2008.10.21　　　　　　　天　气：晴　　　　　　　仪器型号：DJ$_6$

观测者：张　三　　　　　　　　　　　　　　　　　　　　　记 录 者：李四

| 测站 | 测回 | 目标 | 水平度盘读数 | | 2C=左－(右±180)/(″) | 平均读数＝[左+(右±180)]/2 /(° ′ ″) | 归零后方向值 /(° ′ ″) | 各测回归零方向值平均值 /(° ′ ″) |
			盘左 /(° ′ ″)	盘右 /(° ′ ″)				
1	2	3	4	5	6	7	8	9
O	1	A	0 00 06	180 00 18	－12	(0　00　14) 0　00　12	0 00 00	0 00 00
		B	31 45 18	211 45 06	＋12	31　45　12	31 44 58	31 45 02
		C	92 26 12	272 26 06	＋6	92　26　09	92 25 55	92 25 56
		D	145 17 42	325 17 36	＋6	145　17　39	145 17 25	145 17 28
		A	0 00 18	180 00 12	＋6	0　00　15		
	2	A	90 02 30	270 02 24	＋6	(90　02　24) 90　02　27	0 00 00	
		B	121 47 36	301 47 24	＋12	121　47　30	31 45 06	
		C	182 28 24	2 28 18	＋6	182　28　21	92 25 57	
		D	235 20 00	55 19 48	＋12	235　19　54	145 17 30	
		A	90 02 24	270 02 18	＋6	90　02　21		

上、下半测回合称一测回。为了提高精度，有时需要观测 n 个测回，则各测回间起始方向(零方向)水平度盘读数应变换同测回法。

(4)方向观测法的计算。现以表 4.2 为例，说明方向观测法记录计算及其限差：

计算上下半测回归零差(即两次瞄准零方向 A 的读数之差)。本例第 1 测回上、下半测回归零差分别为 12″和 6″，对于用 DJ$_6$ 型仪器观测，通常归零的限差为±18″，本例归零差均满足限差要求。

计算两倍视准轴误差 2c 值：

$$2c = L - (R \pm 180°) \qquad (4.4)$$

式中，L 为盘左读数；R 为盘右读数。

当盘右读数大于180°时取"－"号，反之取"＋"号。2c 值的变化范围(同测回各方向的 2c 最大值与最小值之差)是衡量观测质量的一个重要指标。如表 4.2 所示第 1 测回 B 方向 2c ＝31°45′18″－(211°45′06″－180°)＝＋12″。由此可以计算各测回内 2c 各方向值的变化范围，如第 1 测回 2c 值变化范围为－12″－12″＝－24″，第 2 测回 2c 值变化范围为12″－ 6″＝＋6″。对于用 DJ$_6$ 型仪器观测，对 2c 值的变化范围不作规定，但对于用 DJ$_2$ 型以上仪器精密测角时，2c 值的变化范围均有相应的限差。

计算各方向的平均读数：

$$平均读数 ＝[盘左读数＋(盘右读数 \pm 180°)]/2$$
$$＝[L+(R \pm 180°)]/2 \qquad (4.5)$$

由于零方向 A 有两个平均读数，故应再取平均值，填入表 4.2 第 7 栏上方小括号内，如第 1 测回括号内数值(0°00′14″)＝(0°00′12″＋0°00′15″)/2。各方向的平均读数填入第 7 栏。

　　计算各方面归零后的方向值：将各方向的平均读数减去零方向最后平均值（括号内数值），即得各方向归零后的方向值，填入表 4.2 第 8 栏，注意零方向归零后的方向值为 $0°00'00''$。

　　计算各测回归零方向值的平均值：本例表 4.2 记录了两个测回的测角数据，故取两个测回归零后方向值的平均值作为各方向最后成果，填入表 4.2 第 9 栏。在填入此栏之前应先计算各测回同方向归零后的方向值之差，称为各测回方向差。对于用 DJ_6 型仪器观测，各测回方向差的限差为 $±24''$。本例两测回方向差均满足限差要求。

4.2.4　光学经纬仪竖直角观测

1. 竖直角的用途

竖直角主要用于将观测的倾斜距离换算为水平距离或三角高程测量与计算工作。

1）倾斜距离换算为水平距离

　　如图 4.11(a)所示，测得 A、B 两点间的斜距 S 及竖直角 α，其水平距离 D 的计算公式为

$$D = S\cos\alpha \tag{4.6}$$

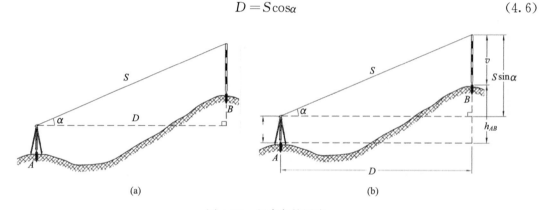

(a)　　　　　　　　　　　　　　(b)

图 4.11　竖直角的用途

2）三角高程计算

　　如图 4.11(b)所示，当用水准测量方法测定 A、B 两点间高差 h_{AB} 有困难时，可以采用三角高程测量方法，即通过测定斜距 S、竖直角 α、仪器高 i 和标杆高 v，计算这两点的高差。计算公式为

$$h_{AB} = S\sin\alpha + i - v \tag{4.7}$$

2. 竖直度盘及读数系统

　　图 4.12 为 DJ_6 型光学经纬仪竖直度盘的构造示意图。它固定在望远镜横轴的一端，望远镜在铅直面内转动而带动竖盘一起转动。竖盘指标是同竖盘水准管连接在一起的，不随望远镜转动而转动，只有通过调节竖盘水准管微动螺旋，才能使竖盘指标与竖盘水准管（气泡）一起做微小移动。在正常情况下，当竖盘水准管气泡居中时，竖盘指标就处于正确的位置。所以每次竖盘读数前，均应先调节竖盘水准管使气泡居中。

　　竖直度盘亦是玻璃圆盘，分划与水平度盘相似，但其注记型式较多，对于 DJ_6 型光学经纬仪，竖盘刻度通常有 $0°\sim360°$ 顺时针和逆时针注记两种型式，如图 4.13 所示。

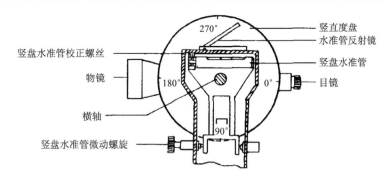

图 4.12 竖直度盘的构造

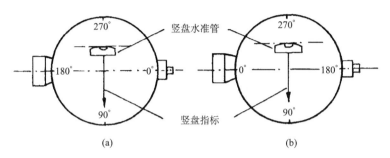

图 4.13 竖盘刻度注记(盘左位置)

当视线水平(视准轴水平),竖盘水准管气泡居中时,竖盘盘左位置竖盘指标正确读数为 90°;同理,当视线水平且竖盘水准管气泡居中时,竖盘盘右位置竖盘指标正确读数为 270°。

有些 DJ₆ 型光学经纬仪当视线水平且竖盘水准管气泡居中时,盘左位置竖盘指标正确读数为 0°,盘右位置竖盘指标正确读数为 180°。因此在使用前应仔细阅读仪器使用说明书。

目前新型的光学经纬仪多采用自动归零装置取代竖盘水准管结构与功能,它能自动调整光路,使竖盘及其指标满足正确关系,仪器整平后照准目标可立即读取竖盘读数。

3. 垂直角计算

竖盘注记型式不同,则根据竖盘读数计算垂直角的公式也不同。本节仅以图 4.13(a)所示的顺时针注记的竖盘形式为例,加以说明。

盘左位置时,望远镜视线向上(仰角)瞄准目标,竖盘水准管气泡居中,其竖盘正确读数为 L,根据垂直角测量原理,则盘左位置时垂直角为

$$\alpha_左 = 90° - L \tag{4.8}$$

同理,盘右位置时,竖盘水准管气泡居中,竖盘正确读数为 R,则盘右位置时垂直角为

$$\alpha_右 = R - 270° \tag{4.9}$$

将盘左、盘右位置的两个垂直角取平均,即得垂直角 α 计算公式为

$$\alpha = \frac{1}{2}(\alpha_左 + \alpha_右) = \frac{1}{2}[(R - L) - 180°] \tag{4.10}$$

式(4.8)、式(4.9)和式(4.10)同样适用于视线向下(俯角)时的情况,此时 α 为负。

4. 竖盘指标差

由上述可知,望远镜视线水平且竖盘水准管气泡居中时,竖盘指标的正确读数应是 90°

的整倍数。但是由于竖盘水准管与竖盘读数指标的关系难以完全正确，当视线水平且竖盘水准管气泡居中时的竖盘读数与应有的竖盘指标正确读数（即 90°的整倍数）有一个小的角度差 x，称为竖盘指标差，即竖盘指标偏离正确位置引起的差值。竖盘指标差 x 本身有正负号，一般规定当竖盘读数指标偏移方向与竖盘注记方向一致时，x 取正号，反之 x 取负号。如图 4.14 所示的竖盘注记与指标偏移方向一致，竖盘指标差 x 取正号。

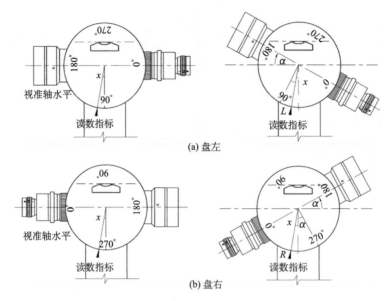

图 4.14　竖盘指标差

由于图 4.14 竖盘是顺时针方向注记，按照上述规则并顾及竖盘指标差 x，得到

$$\alpha = 90° - L + x = \alpha_左 + x \tag{4.11}$$

$$\alpha = R - 270° - x = \alpha_右 - x \tag{4.12}$$

式(4.11)减去式(4.12)求出指标差 x 为

$$x = \frac{1}{2}(\alpha_右 - \alpha_左) \tag{4.13}$$

两者取平均得垂直角 α 为

$$\alpha = \frac{1}{2}(\alpha_左 + \alpha_右) \tag{4.14}$$

采用盘左、盘右位置观测取平均计算得垂直角，其角值可以消除竖盘指标差的影响。

5. 垂直角观测的方法

（1）在测站点 P 安置仪器，对中、整平，用小钢尺量出仪器高 i。仪器高是测站点标志顶部到经纬仪横轴中心的垂直距离。

（2）盘左瞄准目标，使望远镜十字丝的中丝切于目标 A 某一位置（如测钎或花杆顶部，或水准尺某一分划，或觇牌中心），转动竖盘水准管微动螺旋使竖盘水准管气泡居中，读取竖盘读数 L（$L = 85°43'42''$），记入表 4.3 垂直角观测记录手簿第 4 列。

表 4.3　垂直角观测记录手簿

测站	目标	竖盘位置	竖盘读数/(° ′ ″)	半测回竖直角/(° ′ ″)	指标差/(″)	一测回竖直角/(° ′ ″)
1	2	3	4	5	6	7
P	A	左	85　43　42	＋4　15　18	＋6	＋4　15　24
		右	274　15　48	＋4　15　30		
	B	左	96　35　48	－6　35　48	－6	－6　35　42
		右	263　24　24	－6　35　36		

(3) 盘右瞄准目标，使望远镜十字丝的中丝切于目标 A 的同一位置，转动竖盘水准管微动螺旋使竖盘水准管气泡居中，读取竖盘读数 $R(R=274°15′48″)$，记入表 4.3 第 4 列。

竖直角的记录和计算见表 4.3。

4.3　水平角观测的误差分析

水平角测量误差主要来源于仪器误差、观测误差、对中与目标偏心误差及外界影响。为了得到符合规定要求的角度测量成果，必须分析这些误差的影响，采取相应的措施，将其消除或控制在容许的范围内。

4.3.1　仪器误差

仪器误差主要包括两个方面：一是由于仪器制造与加工不完善而引起的误差，如照准部偏心差、度盘刻划误差等。二是由于仪器的几何轴线检校不完善(残余误差)而引起的误差，如视准轴误差、横轴误差、竖轴误差等。这些误差影响可以通过适当的观测方法和相应的措施加以消除或减弱。

照准部偏心差是照准部中心与水平度盘中心不重合所引起的水平方向的读数误差(梁盛智等，2005)。照准部偏心差可以采用同一方向盘左、盘右读数取平均值的方法予以消除。度盘刻划误差是度盘刻划线不均匀引起的读数误差，可以通过配置度盘位置进行观测加以消除。

视准轴不垂直于横轴的误差称为视准轴误差。横轴不垂直于竖轴的误差称为横轴误差。视准轴误差和横轴误差均可以通过同一方向盘左、盘右读数取平均值的方法予以消除。竖轴与照准部水准管轴不垂直的误差称为竖轴误差。由于竖轴误差所引起的水平方向读数误差在盘左与盘右不但数值相等，而且符号也相同，故不能用盘左盘右的观测方法消除。因此在山区或坡度较大的测区进行测量时，必须严格进行检验与校正，同时在测量中要仔细进行整平，以减弱竖轴误差。

4.3.2　观测误差

1. 对中误差

对中误差是测站中心与仪器中心不在同一铅垂线上所引起的测角误差。对中误差对测角的影响大小与测站和目标的距离长短成正比关系，且对中误差不能采用适当的观测方法来消除。因此在边长较短时，要特别注意对中的精度，以减少对中误差的影响。

2. 整平误差

观测时仪器未严格整平，竖轴将处于倾斜位置，这种误差也不能采用适当的观测方法加以消除，观测目标的竖直角越大，其误差影响也越大，故观测目标的高差较大时，应特别注意仪器整平。当有太阳时，必须打伞，避免阳光照射水准管，影响仪器的整平。

3. 目标偏心误差

目标偏心误差的影响是由于目标照准点上所竖立的标志(如测钎、花杆)与地面点的标志中心不在同一铅垂线上所引起的测角误差。目标偏心误差与对中误差的性质相同。为减少目标偏心对水平角观测的影响，作为目标的标杆应竖直，仔细对准地上的标志中心，根据远近选择不同粗细的标杆，尽可能瞄准标杆底部，最好直接瞄准地面上的标志中心。

4. 照准误差

影响照准精度的因素很多，主要因素有：望远镜的放大率、目标和照准标志的形状及大小、目标影像的亮度和清晰度以及人眼的判断能力等。所以，尽管观测者认真仔细地照准目标，但仍不可避免地存在照准误差，故此项误差无法消除，只能注意改善影响照准精度的多项因素，仔细完成照准操作，方可减小此项误差的影响。

5. 读数误差

读数误差主要取决于仪器的读数设备。对于 DJ_6 型光学经纬仪其估读的误差，一般不超过测微器最小格值的 1/10。例如分微尺测微器读数装置的读数误差为 $\pm 0.1'(\pm 6'')$，单平板玻璃测微器的读数误差(综合影响)也大致为 $\pm 6''$，为使读数误差控制在上述范围内，观测中必须仔细操作，照明亮度均匀，读数显微镜仔细调焦，准确估读，否则读数误差将会较大。

4.3.3　外界条件的影响

外界条件的影响因素很多，也比较复杂。外界条件对测角的主要影响有：温度变化会影响仪器(如视准轴位置)的正常状态；大风会影响仪器和目标的稳定；大气折光会导致视线改变方向；大气透明度(如雾气)会影响照准精度；地面的坚实与否、车辆的震动等会影响仪器的稳定。

以上这些因素都会给测角的精度带来影响。要完全避免这些影响是不可能的，但如果选择有利的观测时间和避开不利的外界条件，并采取相应的措施，可以使这些外界条件的影响降低到较小的程度。

4.4　光 电 测 距

在确定地面点的平面坐标$(X，Y)$时，通常就是通过角度测量和距离测量来求得。距离测量常用的仪器是钢尺、经纬仪、测距仪和全站仪，测量的方法通常有钢尺量距、光学经纬仪视距法测距以及测距仪与全站仪的光电测距。

4.4.1　距离测量概述

1. 钢尺量距

1) 钢尺及辅助工具

钢尺是用钢制成的带状尺，尺的宽度为 10～15mm，厚度约为 0.4mm；长度有 20m、30m及 50m 等几种。钢尺卷放在圆形盒内或金属架上(图 4.15)。钢尺的基本分划为毫米，在每厘米、每分米及每米处有数字注记。一般钢尺在起点处一分米内刻有毫米分划；有的钢尺，整个尺长内都刻有毫米分划。

由于零点位置的不同，钢尺有端点尺和刻线尺之分(图 4.16)。端点尺是以尺的最外端作为尺的零点[图 4.16(a)]，当从建筑物墙边开始丈量时使用很方便；刻线尺是以尺前端的一刻线作为尺的零点[图 4.16(b)]。使用钢尺时必须注意钢尺的零点位置，以免发生错误。

丈量距离的工具除钢尺外，还有测钎[图 4.17(a)]、标杆[图 4.17(b)]和垂球[图 4.17(c)]，精密量距时还需要有温度计[图 4.17(d)]和弹簧秤[图 4.17(e)]。测钎用粗铁丝制成，用来标志所量尺段的起、迄点和计算已量过的整尺段数，测钎一组为 6 根或

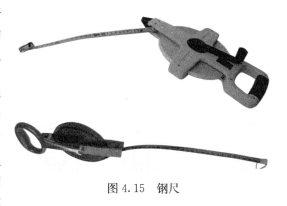

图 4.15　钢尺

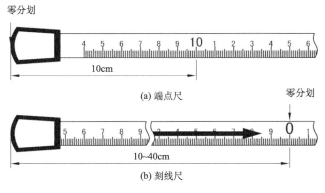

(a) 端点尺

(b) 刻线尺

图 4.16　钢尺零点及分划

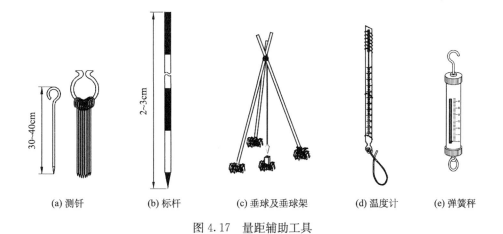

(a) 测钎　　(b) 标杆　　(c) 垂球及垂球架　　(d) 温度计　　(e) 弹簧秤

图 4.17　量距辅助工具

11 根。标杆长 2m 或 3m，直径 3～4cm，杆上涂以 20cm 间隔的红、白漆，用于标定直线。垂球架由三根竹杆和一个垂球组成，是在倾斜地面量距的投点工具。弹簧秤用于对钢尺施加规定的拉力。温度计用于钢尺量距时测定温度，以便对钢尺测量的距离进行温度改正。

2）定点和直线定线

为了测量两点间的水平距离，需要将点的位置用明确的标志固定下来，称为定点。使用时间较短的临时性标志一般用木桩，在钉入地面的木桩顶面钉一个小钉，表示点的精确位

置。需要长期保存的永久性标志用石桩或混凝土桩，在顶面刻十字线，以其交点表示点的精确位置。为了使观测者能从远处看到点位标志，可在桩顶的标志中心上竖立标杆、测钎或悬吊垂球等。

当两个地面点 A、B 之间的距离较长或地势起伏较大时，一般采取分段丈量。为了确保多个尺段的丈量均在 AB 直线上，需要在 AB 直线上再标定一些点位，这一工作称为直线定线。当距离丈量精度不高时，采用标杆目估定线；当精度要求较高时，采用经纬仪定线（图 4.18）。

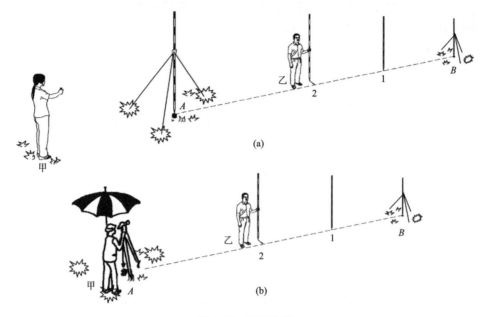

图 4.18　目视定线

目视定线方法如图 4.18(a)所示：A、B 为待测距离的两个端点，先在 A、B 点上竖立标杆，甲立在 A 点后 $1\sim2$m 处，由 A 瞄向 B，使视线与标杆边缘相切，甲指挥乙持标杆左右移动，直到 A、2、B 三标杆在一条直线上，然后将标杆竖直地插下。直线定线一般应由远而近，即先定点 1，再定点 2。

经纬仪定线方法如图 4.18(b)所示：A、B 为地面上互相通视的两点，先在 A 点安置经纬仪并对中整平，在 B 点上竖立标杆，甲用经纬仪的望远镜瞄准 B 点标杆（尽量瞄准底部），制动照准部，上下转动望远镜，指挥乙在点 2 左右移动标杆，直到 A、2、B 三标杆在一条直线上。为了减少照准误差，精密定线时，可以用直径更细的测钎或垂球线代替标杆。

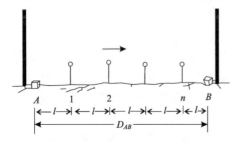

图 4.19　平坦地面量距方法

3) 钢尺量距的一般方法

如果欲测定 A、B 两点的水平距离（地面平坦）（图 4.19），先在 A、B 处竖立标杆，作为丈量时定线的依据；清除直线上的障碍物以后，即可开始丈量。丈量工作一般由两人进行，后尺手持尺的零端位于 A 点，前尺手持尺的末端携带一组测钎，沿 AB 方向前进，行至一尺段处停下。后尺手以尺的零点对准 A 点，当两人同时把钢尺拉紧、拉平和拉稳后，前尺手在尺的末端刻线处垂直地插下一测钎，得到点 1，这样便量完了一个尺段。如此继续丈量下去，直至最后不足一整尺段的长度，称之为余长（图 4.19 中 nB 段）；丈量余长时，前尺手在尺上读出读数，则 A、B 两点之间的水平距离为

$$D_{AB} = n \cdot l + q \tag{4.15}$$

式中，n 为尺段数；l 为尺长；q 为余长。

如果 A、B 两点间有较大的高差，但地面坡度比较均匀，大致成一倾斜面，如图 4.20 所示。则可沿地面丈量倾斜距离 D'，用水准仪测定两点间的高差 h，按式（4.16）即可计算水平距离 D。

$$D = \sqrt{D'^2 - h^2} \tag{4.16}$$

当地面高低不平时，为了能量得水平距离，前、后尺手同时抬高并拉紧钢尺，使尺悬空并大致水平（如为整尺段时则中间有一人托尺），同时用垂球把钢尺两个端点投影到地面上，用测钎等作出标记，如图 4.21 所示。分别量得各段水平距离 l_i，然后取其总和，得到 A、B 两点间的水平距离 D。

为了防止丈量错误和提高量距精度，距离要往、返丈量。上述介绍的方法为往测，返测时要重新进行定线。把往返丈量所得距离的差数除以往、返测距离的平均值，称为距离丈量的相对精度，或称相对误差。

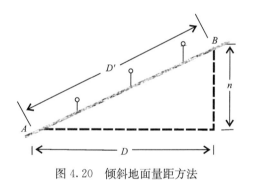

图 4.20　倾斜地面量距方法

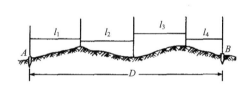

图 4.21　高低不平地面量距方法

$$K = \frac{|D_{往} - D_{返}|}{D_{平均}} \tag{4.17}$$

在计算相对精度时，往、返差数取其绝对值，并化成分子为 1 的分式。相对精度的分母越大，说明量距的精度越高。在平坦地区钢尺量距的相对精度一般为 1/3000；在量距困难地区，其相对精度约为 1/1000。当量距的相对精度未超过规定值时，可取往、返测量结果的平均值作为两点间的水平距离 D。钢尺量距一般方法的记录、计算及精度评定见表 4.4。

表 4.4　钢尺一般量距记录及成果计算

线段	尺段长 /m	往　测			返　测			往返差 /m	相对精度	往返平均 /m
		尺段数	余长数/m	总长/m	尺段数	余长数/m	总长/m			
AB	30	5	27.478	177.478	5	27.452	177.452	0.026	1/6800	177.465
BC	50	2	46.935	146.935	2	46.971	146.971	0.036	1/4080	146.953

　　4）钢尺量距的精密方法

　　钢尺量距的一般方法的精度只能达到 1/3000～1/1000，当量距精度要求较高时，例如要求量距精度达到 1/30000～1/10000，这时应采用精密方法进行丈量。精密量距所采用的工具主要有钢尺、弹簧秤、温度计、尺夹等。钢尺应经过检验，得到检定的尺长方程；温度计用来量取温度，以便计算钢尺的温度改正数。随着全站仪的普及，人们已经很少用钢尺进行精密距离测量。

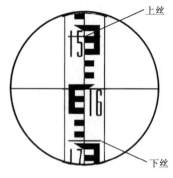

图 4.22　视线水平时视距测距

2. 视距测距

　　视距测量是用经纬仪望远镜内十字丝分划板上的视距丝及刻有厘米分划的视距标尺（一般用地形塔尺或普通水准尺），根据几何光学原理同时测定距离和高差的一种方法（图4.22）。这种方法具有操作方便，速度快，不受地面高低起伏限制等优点。虽然距离测量的相对误差约为 1/300，低于钢尺量距；高差测量精度低于水准测量，但能满足测定碎部点位置的精度要求，因此被广泛应用于碎部测量中。

　　1）视线水平时的距离与高差公式

　　如图 4.23 所示，欲测定 A、B 两点间的水平距离 D 及高差 h，可在点 A 安置经纬仪，B 点立视距尺，设望远镜视线水平，瞄准 B 点视距尺，此时视线与视距尺垂直。读取上、下视距丝读数，计算上、下丝读数之差求得视距间隔或尺间隔。依据几何原理，得出 A、B 两点间的水平距离 D 及高差 h。

$$D = Kl + C \tag{4.18}$$

式中，K、C 为视距乘常数和视距加常数；l 为上下丝读数差（视距间隔）。

　　设计制造仪器时，通常使 $K=100$，C 接近于零，所以式（4.18）可改写为

$$D = Kl \tag{4.19}$$

　　同时，可以得出 A、B 的高差：

$$h = i - v \tag{4.20}$$

式中，i 为仪器高，是桩顶到仪器横轴中心的高度；v 为瞄准高，是十字丝中丝在尺上的读数。

　　2）视线倾斜时的距离与高差公式

　　在地面起伏较大的地区进行视距测量时，必须使视线倾斜才能读取视距间隔，如图 4.23 所示。由于视线不垂直于视距尺，故不能直接应用式（4.20）。如果能将视距间隔 MN 换算为与视线垂直的视距间隔 $M'N'$，这样就可按式（4.19）计算倾斜距离 D'，再根据 D' 和竖直角 α 计算出水平距离 D 及高差 h。

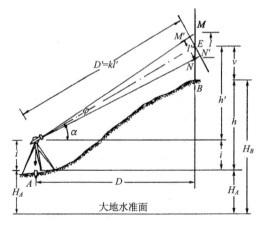

图 4.23　视线水平时的视距测量

$$D' = Kl' = Kl \cos\alpha \tag{4.21}$$

A、B 间的水平距离为

$$D = D'cos\alpha = Kl\cos^2\alpha \tag{4.22}$$

A、B 间的高差 h 为

$$h = \frac{1}{2}Kl\sin2\alpha + i - v \tag{4.23}$$

计算出 A、B 间的水平距离 D 后，高差 h 也可按式(4.24)计算：

$$h = D\tan\alpha + i - v \tag{4.24}$$

4.4.2　光电测距

钢尺量距劳动强度大，且精度与工作效率较低，尤其在山区或沼泽区，丈量工作更是困难；视距测量虽然速度快，但精度低。20 世纪 60 年代以来，随着激光技术、电子技术的飞速发展，电磁波测距方法得到了广泛的应用。电磁波测距具有测程远、精度高、作业速度快等优点。电磁波测距是用电磁波(激光、红外光或微波)作为载波传输测距信号，以测量两点间距离的一种方法(覃辉，2011)。其中，以激光、红外光为载波测定光波在两点间传播的时间来计算距离的测距仪称为光电测距仪；以微波为载波测定微波在两点间传播的时间来计算距离的测距仪称为微波测距仪。按测定传播时间的方式不同，测距仪分为相位式测距仪和脉冲式测距仪；按测程大小可分为远程、中程和短程测距仪三种。

1. 光电测距原理

光电测距仪是通过测量光波在待测距离上往返传播的时间 t，依据光波的传播速度计算待测距离。如图 4.24 所示，欲测定 A、B 两点间的距离 D，安置仪器于 A 点，安置反射棱镜(简称反光镜)于 B 点。仪器发出的光束由 A 到达 B，经反光镜反射后又返回到仪器。通过测定光波在 A、B 两点间往返传播的时间，可以计算出待测距离 D。

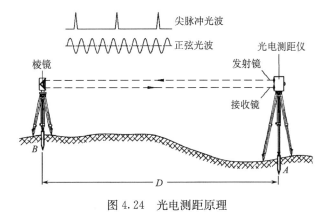

图 4.24　光电测距原理

$$D = \frac{1}{2}Ct_{2D} \tag{4.25}$$

式中，$C = C_0/n$ 为光在大气中传播的速度，$C_0 = 299792458\text{m/s} \pm 1.2\ \text{m/s}$；$n \geqslant 1$，为大气折光率，是光波长 λ、大气温度 t、和气压 P 的函数，即

$$n = f(\lambda, t, P) \tag{4.26}$$

光电测距仪一般采用砷化镓发光二极管发出的红外光作为光源，称为红外测距仪，其 λ

是一个常数，在光电测距作业中需要测定现场的温度和气压进行修正。

根据测量光波在待测距离上往返依次传播时间的方法不同，光电测距仪又分为相位式测距仪和脉冲式测距仪。

1) 脉冲式光电测距仪

由测距仪的发射系统发出光脉冲，经被测目标反射后，再由测距仪的接收系统接收，测出这一光脉冲往返所需时间间隔（t_{2D}）的钟脉冲的个数以求得距离 D。脉冲式测距仪的主要优点是功率大、测程远，但测距的绝对精度比较低，一般只能达到米级。高精度的光电测距仪目前都采用相位法测距。

2) 相位式光电测距仪

为了进一步提高光电测距的精度，必须采用间接测时手段——相位测时法，即把距离和时间的关系改化为距离和相位的关系，通过测定相位来求得距离，即所谓的相位式测距。

相位式光电测距是通过采用周期为 T 的高频电振荡对测距仪的发射光源进行连续的振幅调制，使光强随电振荡的频率而周期性地明暗变化（每周相位 φ 的变化为 $0\sim2\pi$），如图 4.25 所示。调制光波（调制信号）在待测距离上往返传播，使同一瞬间发射光与接收光产生相位移（相位差）$\Delta\varphi$，如图 4.26 所示。根据相位差间接计算出传播时间，从而计算出距离。

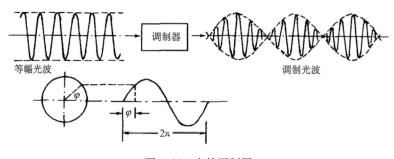

图 4.25　光的调制图

图 4.26 中调制光的波长 λ_s，光强变化一周期的相位差为 2π，调制光在两倍距离上传播的时间为 t_{2D}，每秒钟光强变化的周期数为频率 f，并可表示为 $f=c/\lambda_s$。

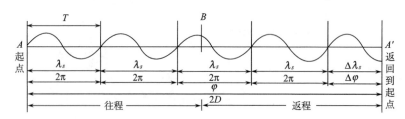

图 4.26　相位式光电测距原理

由图 4.26 可以看出，将接收时的相位与发射时的相位比较，它延迟了 φ 角，又知：

$$\varphi=wt=2\pi f t_{2D} \tag{4.27}$$

则

$$t_{2D}=\frac{\varphi}{2\pi f} \tag{4.28}$$

代入式(4.25)得

$$D = \frac{c}{2f} \cdot \frac{\varphi}{2\pi} \tag{4.29}$$

相位差 φ 又可表示为 $\varphi = 2\pi \cdot N + \Delta\varphi$，代入(4.29)式得

$$D = \frac{c}{2f}(N + \frac{\Delta\varphi}{2\pi}) = \frac{\lambda_s}{2}(N + \Delta N) \tag{4.30}$$

式中，N 为整周期数；ΔN 为不足一个周期的比例数。

式(4.30)为相位法测距的基本公式。由该式可以看出，c、f 为已知值，只要知道相位差的整周期数 N 和不足一个整周期的相位差 $\Delta\varphi$，即可求得距离。

仪器上安装有测相装置(相位计)，只能分辨出 $0 \sim 2\pi$ 的相位变化，故只能测出不足 2π 的相位差 $\Delta\varphi$，相当于不足整"测尺"的距离值，其测相系统的测相精度一般为 1/1000。因此为了兼顾测程与精度两个方面，测距仪上选用两个"测尺"配合测距；用短"测尺"测出距离的尾数，以保证测距的精度；用长测尺测出距离的大数，以满足测程的需要。

2. 光电测距仪的使用

目前光电测距仪型号很多，但其结构和使用方法基本相似。下面以南方测绘仪器公司生产的 ND3000/2000 系列红外测距仪为例简单介绍光电测距仪的使用(图 4.27)。

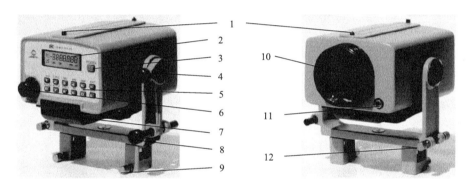

图 4.27　ND3000 红外测距仪

1. 概略瞄准器；2. 显示屏；3. 电源开关；4. 垂直制动螺旋；5. 操作键盘；6. 瞄准望远镜目镜；7. 电池；
8. 垂直微动螺旋；9. 支架固定螺旋；10. 物镜；11. 数据输出插口；12. 水平调整螺旋

1) 仪器结构

ND3000/2000 系列红外测距仪主要包括主机和反射棱镜。主机通过连接器安置在经纬仪上部，经纬仪可以是普通光学经纬仪，也可以是电子经纬仪。利用光轴调节螺旋，可使主机的发射-接受器光轴与经纬仪视准轴位于同一竖直面内。另外，测距仪横轴到经纬仪横轴的高度与觇牌中心到反射棱镜高度一致，从而使经纬仪瞄准觇牌中心的视线与测距仪瞄准反射棱镜中心的视线保持平行。

主机主要由发射、接收物镜、电池、操作面板等部分组成，如图 4.27 和图 4.28 所示。

配合主机测距的反射棱镜，根据距离远近，可选用单棱镜或三棱镜，棱镜安置在三脚架上，根据光学对中器和长水准管进行对中整平，如图 4.28 所示。

2) 仪器主要技术指标

ND3000/2000 系列红外测距仪单棱镜最大测程为 1.8～2.0 km，三棱镜最大测程 2.5～3.0km；测距精度可达 $\pm(3 \sim 5\text{mm} + 2 \sim 3\text{mm} \times D)$(其中 D 为所测距离)；最小读数为

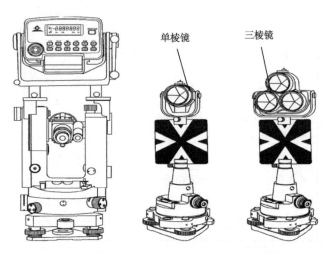

图 4.28　经纬仪、ND3000 红外测距仪及反射棱镜

1mm；可输入温度、气压和棱镜常数自动对结果进行改正；测距方式有单次、连续、平均和跟踪测量，其中单次测量所需时间为 3s，跟踪测量所需时间为 0.8s。

3) 仪器操作与使用

先在测站上安置好经纬仪，对中、整平后，将测距仪主机安装在经纬仪支架上，用连接器固定螺丝锁紧，将电池插入主机底部、扣紧。在目标点安置反射棱镜，对中、整平，并使镜面朝向主机。

用经纬仪十字横丝照准觇牌中心，测出垂直角 α。同时，观测和记录温度和气压计上的读数。观测垂直角、气温和气压，目的是对测距仪测量出的斜距进行倾斜改正、温度改正和气压改正，以得到正确的水平距离。

按电源开关键"Power"开机，主机自检并显示原设定的温度、气压和棱镜常数值，自检通过后将显示"good"。

若修正原设定值，可按"T/P/C"键后输入温度(T)、气压值(P)和棱镜常数(C)（通过按"ENT"键和数字键逐个输入）。一般情况下，只要使用同一类的反光镜，棱镜常数不变，而温度、气压每次观测均可能不同，需要重新设定。

调节主机照准轴水平调整手轮(或经纬仪水平微动螺旋)和主机俯仰微动螺旋，使测距仪望远镜精确瞄准棱镜中心。在显示"good"状态下，精确瞄准也可根据蜂鸣器声音来判断，信号越强声音越大，上下左右微动测距仪，使蜂鸣器的声音最大，便完成了精确瞄准，出现"＊"。

精确瞄准后，按"MSR"键，主机将测定并显示经温度、气压和棱镜常数改正后的斜距。在测量中，若光束受挡或大气抖动等，测量将暂被中断，此时"＊"消失，待光强正常后继续自动测量；若光束中断 30s，须光强恢复后，再按"MSR"键重测。

3. 光电测距误差分析

测距误差的大小与仪器本身的质量，观测时的外界条件以及操作方法有着密切的关系。为了提高测距精度，必须正确地分析测距的误差来源、性质及大小，从而找到消除或削弱其影响的办法，使测距获得最优精度。

1) 固定误差的影响

(1) 对中误差。对于对中或归心误差的限制，在控制测量中，一般要求对中误差在

3mm 以下，归心误差在 5mm 左右。但在精密短程测距时，由于精度要求高，必须采用强制归心方法，最大限度地削弱此项误差影响。

（2）仪器加常数误差。仪器加常数误差包括在已知线上检定时的测定误差和由于机内光电器件的老化变质和变位而产生加常数变更的影响。对于仪器加常数变更的影响，应经常对加常数进行检测，及时发现并改用新的加常数来避免这种影响。同时，要注意仪器的保养和安全运输，以减少仪器光电器件的变质和变位，从而减少仪器加常数可能出现的变更。

（3）测相误差。测相误差是由多种误差综合而成。这些误差有测相设备本身的误差，内外光路光强相差悬殊而产生的幅相误差，发射光照准部位改变所致的照准误差以及仪器信噪比引起的误差。此外，由仪器内部的固定干扰信号而引起的周期误差也会在测相结果中反映出来。

2）周期误差

所谓周期误差，是指按一定距离为周期而重复出现的误差。它是由于机内同频串扰信号的干扰而产生的。这种干扰主要由机内电信号的串扰而产生。如发射信号通过电子开关、电源线等通道或空间渠道的耦合串到接收部分，也可能由光串扰产生，如内光路漏光而串到接收部分。

3）比例误差

光速值 C_0、调制频率 f 和大气折射率 n 的相对误差使测距误差随距离 D 而增加，它们属于比例误差。这类误差对短程测距影响不大，但对中远程精密测距影响十分显著。

（1）光速值 C_0 的误差影响。光速测定误差的相对误差为 1/75 万，这样的精度是极高的，对测距误差的影响甚微，可以忽略不计。

（2）调制频率 f 的误差影响。频率误差影响在精密中远程测距中是不容忽视的，作业前后应及时进行频率检校。

（3）大气折射率 n 的误差影响。大气折光率是大气温度 t 和气压 P 的函数，大气温度测量误差为 1 ℃ 或者大气压力测量误差为 $3mmHg(1mmHg = 1.333 \times 10^2 Pa)$ 时，都将产生 $1ppm(1ppm = 10^{-6}$，后同) 的比例误差。为减少大气折射率误差的影响，选点时应注意地形条件，尽量避免测线两端高差过大的情况，避免视线擦过水域；观测时，应选择在空气能充分调和的有微风的天气或温度比较稳定的阴天；必要时，可加测测线中间点的温度；不同气象条件下的多次观测取平均值，也能进一步地削弱气象代表性的误差影响。

4.5　电子全站仪及其测量功能

4.5.1　电子全站仪

全站仪，即全站型电子速测仪。它是随着计算机和电子测距技术的发展，近代电子科技与光学经纬仪结合的新一代既能测角又能测距的仪器。全站型电子速测仪是由电子测角、电子测距、电子计算和数据存储单元等组成的三维坐标测量系统，测量结果能自动显示，并能与外围设备交换信息的多功能测量仪器。由于全站型电子速测仪较完善地实现了测量和处理过程的电子化和一体化，人们也通常称全站型电子速测仪为全站仪。

全站仪与光学经纬仪区别在于度盘读数及显示系统，电子经纬仪的水平度盘和竖直度盘及其读数装置是分别采用两个相同的光栅度盘（或编码盘）和读数传感器进行角度测量的。根据测角精度可分为 0.5″、1″、2″、3″、5″、10″ 等几个等级。

1. 全站仪分类

依据采用的光电扫描测角系统标准划分，全站仪类型主要有编码盘测角系统、光栅盘测角系统及动态(光栅盘)测角系统三种。

依据全站仪外观结构可分为积木型和整体型两类。积木型又称组合型。早期的全站仪，大都是积木型结构，即电子速测仪、电子经纬仪、电子记录器各是一个整体，可以分离使用，也可以通过电缆或接口把它们组合起来，形成完整的全站仪。整体型全站仪是把测距、测角和记录单元在光学、机械等方面设计成一个不可分割的整体，其中测距仪的发射轴、接收轴和望远镜的视准轴为同轴结构。这对保证较大垂直角条件下的距离测量精度非常有利。

全站仪按测量功能可分成经典型全站仪、机动型全站仪、无合作目标型全站仪和智能型全站仪。经典型全站仪也称为常规全站仪，它具备全站仪电子测角、电子测距和数据自动记录等基本功能，有的还可以运行厂家或用户自主开发的机载测量程序。其经典代表为徕卡公司的TC系列全站仪。机动型全站仪是在经典全站仪的基础上安装轴系步进电机，可自动驱动全站仪照准部和望远镜的旋转。在计算机的在线控制下，机动型系列全站仪可按计算机给定的方向值自动照准目标，并可实现自动正、倒镜测量。徕卡TCM系列全站仪就是典型的机动型全站仪。无合作目标型全站仪是指在无反射棱镜的条件下，可对一般的目标直接测距的全站仪。因此，对不便安置反射棱镜的目标进行测量，无合作目标型全站仪具有明显优势。如徕卡TCR系列全站仪，无合作目标距离测程可达1000m，可广泛用于地籍测量，房产测量和施工测量等。智能型全站仪在机动化全站仪的基础上，仪器安装自动目标识别与照准的新功能，因此在自动化的进程中，全站仪进一步克服了需要人工照准目标的重大缺陷，实现了全站仪的智能化。在相关软件的控制下，智能型全站仪在无人干预的条件下可自动完成多个目标的识别、照准与测量，因此，智能型全站仪又称为"测量机器人"，典型的代表有徕卡的TCA型全站仪等。

全站仪按测距仪测距分类，还可以分为短距离测距全站仪、中测程全站仪和长测程全站仪三类。短距离测距全站仪测程小于3km，一般精度为±(5mm+5ppm)，主要用于普通测量和城市测量。中测程全站仪测程为3～15km，一般精度为±(5mm+2ppm)，±(2mm+2ppm)通常用于一般等级的控制测量。长测程全站仪测程大于15km，一般精度为±(5mm+1ppm)，通常用于国家三角网及特级导线的测量。

2. 全站仪特性

同电子经纬仪、光学经纬仪相比，全站仪增加了许多特殊部件，因此使得全站仪具有比其他测角、测距仪器更多的功能，使用也更方便。这些特殊部件构成了全站仪在结构方面独树一帜的特点。

1) 同轴望远镜

全站仪的望远镜实现了视准轴，测距光波的发射、接收光轴同轴化。同轴化的基本原理是：在望远镜物镜与调焦透镜间设置分光棱镜系统，通过该系统实现望远镜的多功能，既可瞄准目标，使之成像于十字丝分划板，进行角度测量。同时其测距部分的外光路系统又能使测距部分的光敏二极管发的调制红外光在经物镜射向反光棱镜后，经同一路径反射回来，再经分光棱镜作用使回光被光电二极管接收；为测距需要在仪器内部另设一内光路系统，通过分光棱镜系统中的光导纤维将由光敏二极管发射的调制红外光传送给光电二极管接收，进而由内、外光路调制光的相位差间接计算光的传播时间，计算实测距离。

同轴性使得望远镜一次瞄准即可实现同时测定水平角、垂直角和斜距等全部基本测量要素的测定功能。加之全站仪强大、便捷的数据处理功能，使全站仪使用极其方便。

2）双轴自动补偿

在仪器的检验校正中已介绍了双轴自动补偿原理，作业时若全站仪纵轴倾斜，会引起角度观测的误差，盘左、盘右观测取中值不能使之抵消。而全站仪特有的双轴（或单轴）倾斜自动补偿系统，可对纵轴的倾斜进行监测，并在度盘读数中对因纵轴倾斜造成的测角误差自动加以改正（某些全站仪纵轴最大倾斜可允许至±6′）。也可通过将由竖轴倾斜引起的角度误差，用微处理器自动按竖轴倾斜改正计算式计算，并加入度盘读数中加以改正，使度盘显示读数为正确值，即所谓的纵轴倾斜自动补偿。

3）键盘操作

键盘是全站仪在测量时输入操作指令或数据的硬件，全站型仪器的键盘和显示屏均为双面式，便于正、倒镜作业时操作。

4）存储器与通信接口

全站仪存储器的作用是将实时采集的测量数据存储起来，再根据需要传送到其他设备如计算机等设备中，供进一步的处理或利用，全站仪的存储器有内存储器和存储卡两种。全站仪内存储器相当于计算机的内存（RAM），存储卡是一种外存储媒体，又称 PC 卡，作用相当于计算机的磁盘。

全站仪可以通过 RS-232C 通信接口和通信电缆将内存中存储的数据输入计算机，或将计算机中的数据和信息经通信电缆传输给全站仪，实现双向信息传输。

4.5.2 电子全站仪测量功能——以南方测绘 NTS-302B 为例

南方测绘 NTS-310B 系列全站仪有 NTS-302B 、NTS-305B 和 NTS-305S 三种型号，其一测回方向观测中误差分别为±2″、±5″和±5″。在具备常用的基本测量模式（角度测量、距离测量、坐标测量）之外，还具有悬高测量、偏心测量、对边测量、距离放样、坐标放样、道路测量等特殊的测量程序，同时具有数据存储功能、参数设置功能，功能强大，适用于各种专业测量和工程测量。

本节只介绍 NTS-302B（图 4.29）的常用功能与操作方法，详细请参阅其说明书。NTS-302B 带有数字/字符键盘、双轴补偿，一测回方向观测中误差为±2″，分辨率 1″，在良好大

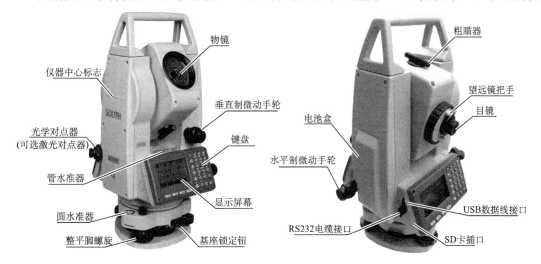

图 4.29　南方测绘 NTS-302B 全站仪

气条件下的最大测程分别为 1.8km(单棱镜)和 2.6km(三棱镜)。NTS-302B 测距专用棱镜如图 4.30 所示。

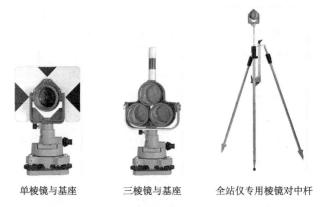

　　　　单棱镜与基座　　　　　　三棱镜与基座　　　　全站仪专用棱镜对中杆

图 4.30　NTS-302B 全站仪专用棱镜、基座与对中杆

短按⊙键为开机,在开机的状态下,长按⊙键为关机。按⊙键开机后,系统会自动进行自检,自检完成后自动进入最近一次关机前的模式界面。

1. 键盘功能和信息显示

NTS-302B 的操作面板和按键功能如图 4.31 所示,操作键功能和显示符号的含义分别见表 4.5 和表 4.6。

图 4.31　NTS-302B 全站仪的操作面板和按键功能

表 4.5　NTS-302B 全站仪按键功能

按键	名称	功能
ANG	角度测量键	进入角度测量模式
◿	距离测量键	进入距离测量模式
◺	坐标测量键	进入坐标测量模式(上移键)
S. O	坐标放样键	进入坐标放样模式(下移键)
K1	快捷键 1	用户自定义快捷键 1(左移键)
K2	快捷键 2	用户自定义快捷键 2(右移键)

续表

按键	名称	功能
ESC	退出键	返回上一级状态或返回测量模式
ENT	回车键	对所做操作进行确认
M	菜单键	进入菜单模式
T	转换键	测距模式转换
*	星键	进入星键模式或直接开启背景光
⏻	电源开关键	电源开关
F1～F4	软键(功能键)	对应于显示的软键信息
0～9	数字字母键	键盘输入数字和字母
—	负号键	输入负号，开启电子气泡功能(仅适用 P 系列)
.	点号键	开启或关闭激光指向功能、输入小数点

表 4.6　NTS-302B 全站仪显示符号

符号	含义	符号	含义
V	垂直角	E	东向坐标
V%	垂直角(坡度显示)	Z	高程
HR	水平角(右角)	*	EDM(电子测距)正在进行
HL	水平角(左角)	m/ft	米与英尺之间的转换
HD	水平距离	m	以米为单位
VD	高差	S/A	气象改正与棱镜常数设置
SD	斜距	PSM	棱镜常数(以 mm 为单位)
N	北向坐标		

2. 角度测量模式

按 ANG 键进入角度测量模式。角度测量模式有三个界面菜单(图 4.32)。

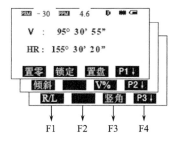

图 4.32　角度测量模式界面

角度测量模式三个界面的各按键功能如表 4.7 所示。

表 4.7　角度测量模式功能

页数	软键	显示符号	功能
第 1 页(P1)	F1	置零	水平角置为 $0°0'0''$
	F2	锁定	水平角读数锁定
	F3	置盘	通过键盘输入设置水平角
	F4	P1↓	显示第 2 页软键功能
第 2 页(P2)	F1	倾斜	设置倾斜改正开或关,若选择开则显示倾斜改正
	F2	········	··························
	F3	V%	垂直角显示格式(绝对值/坡度)的切换
	F4	P2↓	显示第 3 页软键功能
第 3 页(P3)	F1	R/L	水平角(右角/左角)模式之间的转换
	F2	········	··························
	F3	竖角	高度角/天顶距的切换
	F4	P3↓	显示第 1 页软键功能

3. 距离测量模式

按▱键进入距离测量模式。距离测量模式有两个界面菜单(图 4.33)。

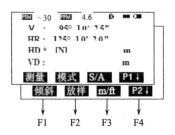

图 4.33　距离测量模式界面

距离测量模式两个界面的各按键功能如表 4.8 所示。

表 4.8　距离测量模式功能

页数	软键	显示符号	功能
第 1 页(P1)	F1	测量	启动测量
	F2	模式	设置测距模式为单次精测/连续精测/连续跟踪
	F3	S/A	温度、气压、棱镜常数等设置
	F4	P1↓	显示第 2 页软键功能

续表

页数	软键	显示符号	功能
第 2 页(P2)	F1	倾斜	设置倾斜改正开或关
	F2	放样	距离放样模式
	F3	m/f	单位米与英尺转换
	F4	P2↓	显示第 3 页软键功能

4. 坐标测量模式

按 ⟁ 键，进入坐标测量模式，坐标测量模式有三个界面菜单(图 4.34)。

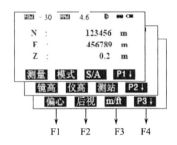

图 4.34　坐标测量模式界面

坐标测量模式两个界面的各按键功能如表 4.9 所示。

表 4.9　坐标测量模式功能

页数	软键	显示符号	功能
第 1 页(P1)	F1	测量	启动测量
	F2	模式	设置测距模式为单次精测/连续精测/连续跟踪
	F3	S/A	温度、气压、棱镜常数等设置
	F4	P1↓	显示第 2 页软键功能
第 2 页(P2)	F1	镜高	设置棱镜高度
	F2	仪高	设置仪器高度
	F3	测站	设置测站坐标
	F4	P2↓	显示第 3 页软键功能
第 3 页(P3)	F1	偏心	进入偏心测量模式
	F2	后视	设置后视点坐标或方位角
	F3	m/f	单位米与英尺转换
	F4	P3↓	显示第 1 页软键功能

思　考　题

1. 分别说明水准仪和经纬仪的安置步骤，并指出它们的区别。

2. 什么是水平角? 经纬仪为何能测水平角?

3. 什么是竖直角? 观测水平角和竖直角有哪些相同点和不同点?

4. 对中、整平的目的是什么? 如何进行? 若用光学对中器应如何对中?

5. 简述测回法观测水平角的操作步骤?

6. 水平角方向观测中的 $2c$ 是何含义? 为何要计算 $2c$,并检核其互差。

7. 何谓竖盘指标差? 如何计算竖盘指标差?

8. 测量水平角时,为什么要用盘左、盘右两个位置观测?

9. 距离测量有哪几种方法? 光电测距仪的测距原理是什么?

10. 何谓全站仪? 它有哪些特性? 一般具有哪些测量功能?

11. 计算表 4.10 中水平角观测数据。

表 4.10　水平角观测数据

测站	竖盘位置	目标	水平盘读数 /(° ′ ″)	半测回角值 /(° ′ ″)	一测回角值 /(° ′ ″)	各测回平均角值 /(° ′ ″)
O 一测回	左	A	0 36 24			
		B	108 12 36			
	右	A	180 37 00			
		B	288 12 54			
O 二测回	左	A	90 10 00			
		B	197 45 42			
	右	A	270 09 48			
		B	17 46 06			

12. 计算表 4.11 中方向观测法水平角观测成果。

表 4.11　数据

测站	测回数	目标	水平度盘读数 盘左读数 /(° ′ ″)	水平度盘读数 盘右读数 /(° ′ ″)	$2c$/(″)	平均读数	归零后方向值 /(° ′ ″)	各测回归零方向平均值 /(° ′ ″)
O	1	A	0 02 36	180 02 36				
		B	70 23 36	250 23 42				
		C	228 19 24	28 19 30				
		D	254 17 54	74 17 54				
		A	0 02 30	180 02 36				
	2	A	90 03 12	270 03 12				
		B	160 24 06	340 23 54				
		C	318 20 00	138 19 54				
		D	344 18 30	164 18 24				
		A	90 03 18	270 03 12				

13. 整理表 4.12 中竖角观测记录。

表 4.12　观测记录

测站	目标	竖盘位置	竖盘读数 /(° ′ ″)	竖直角 /(° ′ ″)	指标差 /(″)	平均竖直角
O	M	左	75　30　04			
		右	284　30　06			
	N	左	101　17　23			
		右	258　42　50			

第 5 章　小区域控制测量

本章主要介绍控制测量基本概念，用导线测量建立小区域平面控制网方法，以及用三、四等水准测量建立小区域高程控制网方法。

5.1　控制测量概述

为了限制误差传递和误差积累，提高测量精度，测量工作一般按"从整体到局部，先控制后碎部"的原则来组织实施，因此需要在测区建立统一的控制网，作为各种细部测量的基准。

5.1.1　控制测量基本概念

1. 控制网

在测区内选择若干有控制意义的点（称为控制点），按一定的规律和要求构成网状几何图形，称为控制网。

控制网分为平面控制网和高程控制网。

2. 控制测量

按一定精度测定平面控制点和高程控制点的工作，称为控制测量，包括平面控制测量和高程控制测量。测定控制点平面位置（x、y）的工作，称为平面控制测量。主要方法有：导线测量、三角测量和 GPS(global positioning system)测量。测定控制点高程（H）的工作，称为高程控制测量。主要方法有：水准测量、三角高程测量。

控制测量的目的在于提供测区统一的基础框架，以便在给定区域内协调各种测量工作。控制网按控制区域可分国家控制网、城市控制网和小区域控制网等。

控制测量的基本原则是：足够的精度、足够的密度，从整体到局部，逐级控制、分级布设。

5.1.2　国家控制网

为各种测绘工作在全国范围内建立的控制网，称为国家控制网，又称大地控制网（简称大地网）。网中的各类控制点包括三角点、导线点、水准点，统称为大地控制点（简称大地点）。国家控制网是全国各种比例尺测图的基本控制，并为确定地球形状和大小提供研究资料。

国家平面控制网主要布设成三角网，采用三角测量的方法，按其精度由高级到低级分一、二、三、四等四个等级。一等三角锁是国家平面控制网的骨干，在全国范围内沿经线和纬线方向布设，作为低级三角网的坚强基础。二等三角网布设在一等三角锁环内，是国家平面控制网的全面基础。国家一、二等平面控制网（局部）见图 5.1。

三、四等三角网是二等三角网的进一步加密，用插点或插网形式布设。

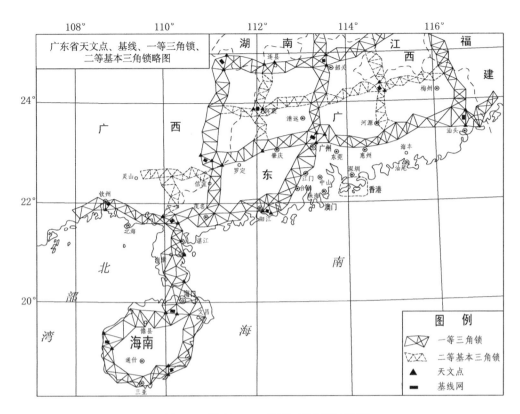

图 5.1　国家一、二等平面控制网(局部)

随着 GPS、北斗等卫星导航定位系统的发展和成熟，卫星定位测量目前已取代了三角测量成为建立平面控制网的主要方法。

国家高程控制网布设成水准网，采用精密水准测量的方法，按其精度由高级到低级分一、二、三、四等四个等级。一等水准测量路线构成的一等水准网是国家高程控制网的骨干，同时也是研究地壳和地面垂直运动以及有关科学问题的主要依据。在一等水准环内布设的二等水准网是国家高程控制的全面基础。一、二等水准测量统称为精密水准测量。国家一、二等水准网(局部)见图 5.2。

三、四等水准测量直接提供地形测图和各种工程建设所必需的高程控制点。三等水准测量路线一般可根据需要在高级水准网内加密，布设附合路线，并尽可能互相交叉，构成闭合环。四等水准测量路线一般以附合路线布设于高级水准点之间。

5.1.3　城市控制网

在城市地区，为测绘大比例尺地形图、进行市政工程和建筑工程放样，在国家控制网的控制下而建立的控制网，称为城市控制网。

城市平面控制网分为二、三、四等和一、二级小三角网，或一、二、三级导线网。最后，再布设直接为测绘大比例尺地形图所用的图根小三角和图根导线。《城市测量规范》规定的光电测距导线的主要技术要求见表 5.1。

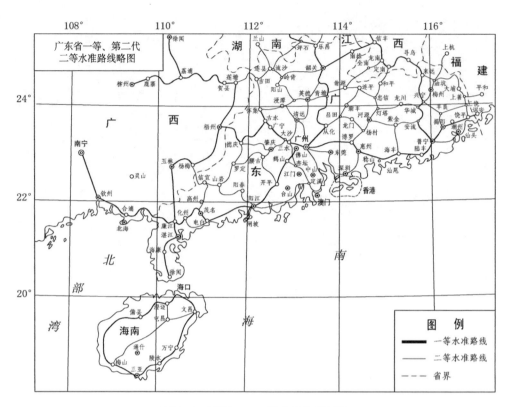

图 5.2 国家一、二等水准网（局部）

表 5.1 城市光电测距导线的主要技术要求

等级	导线长度 /km	平均边长 /km	测角中误差 /(″)	测距中误差 /mm	测回数			方位角闭合差/(″)	导线全长相对闭合差
					DJ$_1$	DJ$_2$	DJ$_6$		
三等	15	3	1.5	±18	8	12	—	$3\sqrt{n}$	1/60000
四等	10	1.6	2.5	±18	4	6	—	$5\sqrt{n}$	1/40000
一级	3.6	0.3	5	±15	—	2	4	$10\sqrt{n}$	1/14000
二级	2.4	0.2	8	±15	—	1	3	$16\sqrt{n}$	1/10000
三级	1.5	0.12	12	±15	—	1	2	$24\sqrt{n}$	1/6000

注：n 为测站数。

城市和工程建设高程控制网一般按水准测量方法建立。考虑到城市和工程建设的特点，《城市测量规范》规定水准测量依次分为二、三、四等三个等级。城市首级高程控制网，不应低于三等水准，一般要求布设成闭合环形，加密时可布设成附合路线和结点图形。各等级水准测量的精度和国家水准测量相应等级的精度一致。《城市测量规范》水准测量主要技术要求见表 5.2。

城市和工程建设水准测量是各种大比例尺测图、城市工程测量和城市地面沉降观测的高程控制基础，又是工程建设施工放样和监测工程建筑物垂直形变的依据。

表 5.2　城市水准测量主要技术要求

等级	每千米高差中误差/mm	路线长度/km	水准仪的型号	水准尺	观测次数		往返较差、附合或环线闭合差	
					与已知点联测	附合路线或环线	平地/mm	山地/mm
二等	2	400	DS01	铟瓦	往返各一次	往返各一次	$4\sqrt{L}$	—
三等	6	≤45	DS01	铟瓦	往返各一次	往一次	$12\sqrt{L}$	$4\sqrt{n}$
			DS03	双面		往返各一次		
四等	10	≤15	DS03	双面	往返各一次	往一次	$20\sqrt{L}$	$6\sqrt{n}$

注：结点之间或结点与高级点之间，其路线的长度不应大于表中规定的 0.7 倍；L 为往返测段，附合或环线的水准路线长度，以 km 为单位；n 为测站数。

　　直接供地形测图使用的控制点，称为图根控制点，简称图根点。测定图根点位置的工作，称为图根控制测量。

　　图根控制点的密度（包括高级控制点），取决于测图比例尺、测图方法和地形的复杂程度。

5.1.4　小区域控制测量

　　在小区域（面积一般小于 $15km^2$）范围内主要为大比例尺测图和工程建设而建立的控制网，称为小区域控制网。

　　建立小区域控制网时，应尽量与国家（或城市）已建立的高级控制网联测，将高级控制点的坐标和高程，作为小区域控制网的起算和校核数据。如果周围没有国家（或城市）控制点，或附近有这种国家控制点但不便联测时，可以建立独立控制网。此时，控制网的起算坐标和高程可自行假定，坐标方位角可用测区中央的磁方位角代替。

　　小区域平面控制网，应根据测区面积的大小按精度要求分级建立。在全测区范围内建立的精度最高的控制网，称为首级控制网；直接为测图而建立的控制网，称为图根控制网。首级控制网和图根控制网的关系见表 5.3。

表 5.3　首级控制网和图根控制网

测区面积/km²	首级控制网	图根控制网
1～10	一级小三角或一级导线	两级图根
0.5～2	二级小三角或二级导线	两级图根
0.5 以下	图根控制	

　　小区域高程控制网，也应根据测区面积大小和工程要求采用分级的方法建立。在全测区范围内建立三、四等水准路线和水准网，再以三、四等水准点为基础，测定图根点的高程。

5.2　导　线　测　量

5.2.1　导线测量的概念

　　将测区内相邻控制点用直线连接而构成的折线图形，称为导线。构成导线的控制点，称为导线点。导线测量就是将一系列测点依相邻次序连成折线形式，并测定各折线边的边长和转折角，再根据起始数据推算各测点平面位置的技术与方法。

导线测量是建立国家大地控制网的一种方法，也是建立小区域平面控制网常用的一种方法，特别是在地物分布复杂的建成区、视线障碍较多的隐蔽区和带状地区，多采用导线测量的方法。

导线测量的测量特点是：布设灵活，推进迅速，受地形限制小，边长精度分布均匀。在平坦、隐蔽、交通不便、气候恶劣地区，采用导线测量法布设大地控制网是有利的，但导线测量控制面积小、检核条件少、方位传递误差大。

按国家大地网的精度要求实施的导线测量，称为精密导线测量，其导线应闭合成环或布设在高级控制点之间以增加检核条件。导线上每隔一定距离测定天文经纬度和方位角，以控制方位误差。

用经纬仪测量转折角，用钢尺测定导线边长的导线，称为经纬仪导线；若用光电测距方法测定导线边长，则称为光电测距导线。光电测距方法测定距离，作业迅速，精度高，因而光电测距导线得到广泛应用。

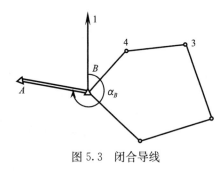

图 5.3　闭合导线

5.2.2　导线的布设形式

1. 闭合导线

导线从一高级控制点（起始点）开始，经过各个导线点，最后又回到原来起始点，形成闭合多边形，这种导线称为闭合导线（图 5.3）。

闭合导线本身存在着严密的几何条件，具有检核作用，常用于开阔的局部地区测量控制。

2. 附合导线

导线从一高级控制点（起始点）和已知方向开始，经过各个导线点，附合到另一高级控制点（终点）和已知方向，形成连续折线，这种导线称为附合导线（图 5.4）。这种布设形式，具有检核观测成果的作用，常用于带状地区的测量控制。

图 5.4　附合导线

3. 支导线

支导线是由一已知点和已知方向出发，既不附合到另一已知点，又不回到原起始点的导线，称为支导线（图 5.5）。支导线无校核条件，不易发现错误，一般不宜采用。当导线点不能满足局部测图时，增设支导线，但支导线的点数不得超过 2～3 个。

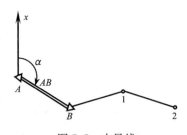

图 5.5　支导线

5.2.3　导线测量的外业工作

1. 踏勘选点

选点就是在测区实地选定控制点的位置。实地选点前，应先收集测区已有地形图和已有高级控制点的成果资料；然后根据测量工作要求，确定导线的等级、形式，在地形图上初步拟定导线布设方案；最后到实地踏勘，根据测区范围、地形条件等核对、修改、落实导线点的位置，并建立标志。

选点时应注意下列事项：

（1）相邻点间应相互通视良好，地势平坦，便于测角和量距。

（2）点位应选在土质坚实，便于安置仪器和保存标志的地方。

（3）导线点应选在视野开阔的地方，便于碎部测量。

（4）导线边长应大致相等，其平均边长应符合规范要求。

（5）导线点应有足够的密度，分布均匀，便于控制整个测区。

（6）采用光电测距导线，导线边应离开强电磁场和发热体的干扰，测线上不应有树枝、电线等障碍物。四等以上的导线，应离开地面或障碍物 1.3m 以上。

2. 建立标志

（1）临时性标志。导线点位置选定后，可在点位上打一木桩，桩顶钉一小钉，作为点的标志（图 5.6）。视情况也可在地面上用红漆划一圆，圆内点一小点，作为临时标志。

（2）永久性标志。需要长期保存的导线点应埋设混凝土桩（图 5.7）。桩顶嵌入带"＋"字的金属标志，作为永久性标志。

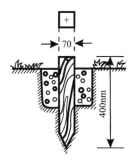

图 5.6　临时性标志

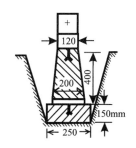

图 5.7　永久性标志

导线点应统一编号。为了便于寻找，应量出导线点与附近明显地物的距离，绘出草图，注明尺寸，称为"点之记"（图 5.8）。

3. 导线边长测量

导线边长是指相邻导线点间的水平距离。导线边长可用钢尺或光电测距仪测定。

普通钢卷尺量距时，必须使用经国家测绘机构鉴定的钢尺，并对丈量长度进行尺长改正、温度改正和倾斜改正。

4. 转折角测量

导线转折角的测量一般采用测回法观测。在附合导线中一般测左角；在闭合导线中，一般测内角；支导线无校核条件，应分别观测左、右角。不同等级城市导线的测角技术要求详见表 5.1。

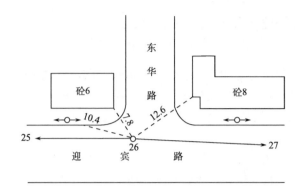

图 5.8　点之记附图

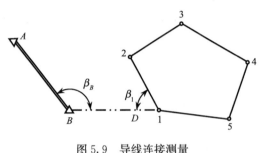

图 5.9　导线连接测量

5. 连接测量

导线与高级控制点进行连接，以取得坐标和坐标方位角的起算数据，称为连接测量。如果附近无高级控制点，则应用罗盘仪施测导线起始边的磁方位角，并假定起始点的坐标作为起算数据。

如图 5.9 所示，A、B 为已知点，$1\sim5$ 为新布设的导线点，连接测量就是观测连接角 β_B、β_1 和连接边 D_{B1}。

5.2.4　导线测量的内业计算

导线测量内业计算的目的是检查导线精度是否满足要求并计算出各导线点的平面坐标。

计算之前，应先全面检查导线测量外业记录、数据是否齐全，有无记错、算错，成果是否符合精度要求，起算数据是否准确。

1. 坐标计算的基本公式

1) 坐标正算

根据直线起点的坐标、直线长度及其坐标方位角计算直线终点的坐标，称为坐标正算。如图 5.10 所示，已知直线 AB 起点 A 的坐标为 $(x_A，y_A)$，AB 边的边长 D_{AB} 及坐标方位角 α_{AB}，计算直线终点 B 的坐标。

直线两端点 A、B 的坐标值之差，称为坐标增量，用 Δx_{AB}、Δy_{AB} 表示。由图 5.10 可知坐标增量的计算公式为

$$\begin{cases}\Delta x_{AB}=x_B-x_A=D_{AB}\cos\alpha_{AB}\\\Delta y_{AB}=y_B-y_A=D_{AB}\sin\alpha_{AB}\end{cases}\quad(5.1)$$

则 B 点坐标的计算公式为

$$\begin{cases}x_B=x_A+\Delta x_{AB}=x_A+D_{AB}\cos\alpha_{AB}\\y_B=y_A+\Delta y_{AB}=y_A+D_{AB}\sin\alpha_{AB}\end{cases}\quad(5.2)$$

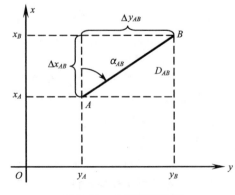

图 5.10　坐标增量计算

2）坐标反算

根据直线起点和终点的坐标，计算直线的边长和坐标方位角，称为坐标反算。如图 5.10 所示，已知直线 AB 两端点的坐标分别为 $(x_A，y_A)$ 和 $(x_B，y_B)$，则直线边长 D_{AB} 和坐标方位角 α_{AB} 的计算公式为

$$D_{AB} = \sqrt{\Delta x_{AB}^2 + \Delta y_{AB}^2} \tag{5.3}$$

$$\alpha_{AB} = \arctan \frac{\Delta y_{AB}}{\Delta x_{AB}} \tag{5.4}$$

应该注意的是坐标方位角的角值范围在 $0° \sim 360°$，而 arctan 函数的角值范围在 $-90° \sim +90°$。按式(5.4)计算出的是象限角，因此，应根据坐标增量 Δx、Δy 的正、负号确定其所在象限，再把象限角换算成相应的坐标方位角。

2. 闭合导线的坐标计算

表 5.4 为某图根导线算例。将观测的内角、边长填入表中的第 2、6 栏，起始边方位角和起点坐标值填入第 5、11、12 栏顶上格(带下划线的值)。对于四等以下导线角值取至秒，边长和坐标取至毫米，图根导线的边长和坐标取至厘米，并绘出导线草图，在表内进行计算。

（1）角度闭合差的计算与调整。n 边形内角和的理论值 $\sum \beta_{理} = (n-2) \times 180°$。由于测角误差，使得实测内角和 $\sum \beta_{测}$ 与理论值不符，其差值称为角度闭合差 f_β：

$$f_\beta = \sum \beta_{测} - \sum \beta_{理} = \sum \beta_{测} - (n-2) \times 180° \tag{5.5}$$

角度闭合差 f_β 不能超过该导线技术等级相应的规范规定的方位角闭合差，即容许值 $f_{\beta容}$，否则导线为不合格。当 $f_\beta \leqslant f_{\beta容}$ 时，可进行角度闭合差调整，将 f_β 以相反的符号平均分配到各观测角 $\beta_{测}$ 中去。各观测角改正数为

$$\nu_\beta = -\frac{f_\beta}{n} \tag{5.6}$$

当 f_β 不能整除时，则将余数凑整到测角的最小位分配到短边大角。改正后的角值 β_i 为

$$\beta_i = \beta_{i测} + \nu_\beta \tag{5.7}$$

调整后的角值(填入表中第 4 栏)必须满足：$\sum \beta = (n-2) \times 180°$，否则表示计算有误。

（2）各边坐标方位角推算。根据起始坐标方位角、改正后的角值，可依次推算各边坐标方位角直至起始边 α_{12}，并填入表中第 5 栏。推算至起始边的方位角角值应和已知值 α_{12} 一致。

（3）坐标增量计算及其闭合差调整。根据各边长及其方位角，可按式(5.1)计算出相邻导线点的坐标增量，分别填入表中第 7、8 栏。闭合导线纵、横坐标增量的总和的理论值应等于零，即

$$\begin{cases} \sum \Delta x_{理} = 0 \\ \sum \Delta y_{理} = 0 \end{cases} \tag{5.8}$$

由于边长测量误差和改正角值的残余误差，计算的坐标增量总和 $\sum \Delta x_{测}$、$\sum \Delta y_{测}$ 均不

表 5.4　闭合导线坐标计算表

点号	观测角 /(° ′ ″)	改正数 /(″)	改正后的角值 /(° ′ ″)	坐标方位角 /(° ′ ″)	边长 /m	坐标增量计算值		改正后的坐标增量值		坐标	
						Δx′/m	Δy′/m	Δx/m	Δy/m	x/m	y/m
1	2	3	4	5	6	7	8	9	10	11	12
1				**124 59 43**						**1500.00**	**1500.00**
	107 48 30	+13	107 48 43		105.22	−0.03 −60.34	+0.02 +86.20	−60.37	+86.22		
2				52 48 26						1439.63	1586.22
	73 00 20	+12	73 00 32		80.18	−0.02 +48.47	+0.02 +63.87	+48.45	+63.89		
3				305 48 58						1488.08	1650.11
	89 33 50	+12	89 34 02		129.34	−0.03 +75.69	+0.02 −104.88	+75.66	−104.86		
4				215 23 00						1563.74	1545.25
	89 36 30	+13	89 36 43		78.16	−0.02 −63.72	+0.01 −45.26	−63.74	−45.25		
1				**124 59 43**						**1500.00**	**1500.00**
2								0.00	0.00		
Σ	359 59 10	50	360 00 00		392.90	+0.10	−0.07	0.00	0.00		

辅助计算

$f_\beta = \sum \beta_i - (4-2) \times 180 = -50''$　　$f_{\beta容} = \pm 40'' \sqrt{n} = \pm 80''$　　$f_x = \sum \Delta x_测 = +0.10\text{m}$　　$f_y = \sum \Delta y_测 = -0.07\text{m}$

$f_D = \sqrt{f_x^2 + f_y^2} = 0.12\text{m}$　　$K = \dfrac{f_D}{\sum D} = \dfrac{1}{3200}$　　小于容许相对闭合差：$\dfrac{1}{2000}$

导线略图

等于零，其与理论值之差，称坐标增量闭合差，即

$$\begin{cases} f_x = \sum \Delta x_{测} - \sum \Delta x_{理} = \sum \Delta x_{测} \\ f_y = \sum \Delta y_{测} - \sum \Delta y_{理} = \sum \Delta y_{测} \end{cases} \tag{5.9}$$

由于 f_x、f_y 的存在，使得导线不闭合而产生导线全长闭合差 f_D，即

$$f_D = \sqrt{f_x^2 + f_y^2} \tag{5.10}$$

f 值与导线长短有关。通常以全长相对闭合差 K 来衡量导线的精度，即

$$K = \frac{f_D}{\sum D} = \frac{1}{\dfrac{\sum D}{f_D}} \tag{5.11}$$

式中，$\sum D$ 为导线全长（即表中第 6 栏总和）。

当 K 在该导线技术等级相应的规范规定的容许值范围内，将 f_x、f_y 以相反符号按边长成正比分配到各坐标增量中去，坐标增量改正数为

$$\begin{cases} \nu_{xi} = -\dfrac{f_x}{\sum D} \times D_i \\ \nu_{yi} = -\dfrac{f_y}{\sum D} \times D_i \end{cases} \tag{5.12}$$

按增量的取位要求，改正数凑整至厘米或毫米（填入表中第 7、8 栏相应坐标增量计算值的上方），凑整后的改正数总和必须与反号的坐标增量闭合差相等。然后将表中第 7、8 栏相应的坐标增量计算值加改正数，计算改正后的坐标增量值，填入表中 9.10 栏。

（4）坐标计算。根据起算点已知坐标和改正后的坐标增量值。按式（5.2）依次计算各导线点 2、3、4 的坐标直至 1 点的坐标（填入表中第 11、12 栏）。

3. 附合导线的坐标计算

计算步骤与闭合导线完全相同，但 f_β、$\sum \Delta x_{理}$、$\sum \Delta y_{理}$ 的计算方法不同。

（1）f_β 的计算。如表 5.5 中某图根导线略图所示，已知始边方位角 $\alpha_{A'A}$、终边方位角 $\alpha_{BB'}$ 和导线各转折角（左角）β_i，终边方位角的推算方法为

$$\alpha_{A2} = \alpha_{A'A} \pm 180° + \beta_1$$

$$\alpha_{23} = \alpha_{A2} \pm 180° + \beta_2$$

$$\cdots$$

可知推算的终边方位角 $\alpha'_{BB'} = \alpha_{A'A} \pm 5 \times 180° + \sum \beta_i$，因此角度闭合差 $f_\beta = \alpha'_{BB'} - \alpha_{BB'}$。

（2）$\sum \Delta x_{理}$、$\sum \Delta y_{理}$ 的计算。如表 5.5 中附合导线略图所示，显然导线纵、横坐标增量的总和的理论值应等于终、始点坐标之差，即

$$\begin{cases} \sum \Delta x_{理} = x_{终} - x_{始} \\ \sum \Delta y_{理} = y_{终} - y_{始} \end{cases} \tag{5.13}$$

表 5.5　附合导线坐标计算表

点号	观测角 /(° ′ ″)	改正数 /(″)	改正后的角值 /(° ′ ″)	坐标方位角 /(° ′ ″)	边长 /m	坐标增量计算值 Δx′/m	Δy′/m	改正后的坐标增量值 Δx/m	Δy/m	坐标 x/m	坐标 y/m
1	2	3	4	5	6	7	8	9	10	11	12
A′				**93 56 15**							
A(P₁)	186 35 22	−3	186 35 19							**1167.81**	**1219.17**
				100 31 34	86.09	0.00 / −15.73	−0.01 / +84.64	−15.73	+84.63		
P₂	163 31 14	−4	163 31 10							1152.08	1303.80
				84 02 44	133.06	0.00 / +13.80	−0.01 / +132.34	+13.80	+132.33		
P₃	184 39 00	−3	184 38 57							1165.88	1436.13
				88 41 41	155.64	−0.01 / +3.55	−0.02 / +155.60	+13.80… +3.54	+155.58		
P₄	194 22 30	−3	194 22 27							1169.42	1591.71
				103 04 08	155.02	0.00 / −35.05	−0.02 / +151.00	−35.05	+150.98		
B(P₅)	163 02 47	−3	163 02 44	**86 06 52**						**1134.37**	**1742.69**
B′											
Σ	892 10 53		982 10 37		529.81	−33.43	+523.58	−33.44	+523.52		

辅助计算

$f_\beta = \alpha_{A'A} + \sum \beta_i + 180°n - \alpha_{BB'} = +16''$　$f_{\beta容} = \pm 40''\sqrt{n} = \pm 89''$　$f_x = \sum \Delta x_测 - \sum \Delta x_理 = +0.01\text{m}$

$f_y = \sum \Delta y_测 - \sum \Delta y_理 = +0.06\text{m}$　$f_D = \sqrt{f_x^2 + f_y^2} = 0.06\text{m}$　$K = \dfrac{f_D}{\sum D} = \dfrac{1}{8800}$　小于容许相对闭合差 $\dfrac{1}{2000}$

导线略图

5.2.5　查找导线测量错误的方法

内业计算时若发现导线方位角闭合差超限，如果仅测错一个角度，则可用以下方法查找该测错的角度。

图解法：若为闭合导线，可按边长和角度，用一定的比例尺绘出导线图，并在闭合差的中点作垂线。如果垂线通过或接近通过某导线点，则该点发生错误的可能性最大。若为附合导线，先将两个端点展绘在图上，然后分别自导线的始、终点按边长和角度绘出两条导线，在两条导线的交点处发生测角错误的可能性最大。

解析法：如果误差较小，用图解法难以显示角度测错的点位。对于附合导线，可从导线的两端开始，根据未经调整的角度分别计算各点的坐标，若某点的两个坐标值最为接近，而其他各点均有较大的差数，则该点测角有误。对闭合导线则从一点开始以顺时针和逆时针方向同法进行检查。

在角度闭合差未超限时，方可进行全长闭合差的计算。全长闭合差超限时错误可能发生于边长或坐标方位角。若错误发生于边长，则闭合差将平行于错误边；若坐标方位角用错，则闭合差将大致垂直于错误方向的导线边。

5.3　交　会　测　量

当测区内已有控制点的密度不能满足测图或工程施工要求，且需要加密的控制点数量又不多时，可以采用交会法加密控制点，称为交会定点。交会定点的方法有前方交会、侧方交会、后方交会和自由设站法等。本节介绍常用的前方交会和测边交会的计算方法。

5.3.1　前方交会

如图 5.11 所示，A、B 为坐标已知的控制点，P 为待定点。在 A、B 点上观测水平角 α、β，根据 A、B 两点的已知坐标和 α、β 角，通过计算可得出 P 点的坐标，这就是角度前方交会。

（1）计算已知边 AB 的边长和方位角。根据 A、B 两点坐标$(x_A，y_A)$、$(x_B，y_B)$，按坐标反算公式计算两点间边长 D_{AB} 和坐标方位角 α_{AB}。

（2）计算待定边 AP、BP 的边长。按三角形正弦定律，得

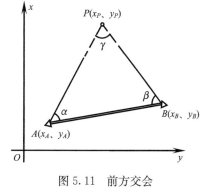

图 5.11　前方交会

$$\begin{cases} D_{AP} = \dfrac{D_{AB}\sin\beta}{\sin\gamma} = \dfrac{D_{AB}\sin\beta}{\sin(\alpha+\beta)} \\ D_{BP} = \dfrac{D_{AB}\sin\alpha}{\sin\gamma} = \dfrac{D_{AB}\sin\alpha}{\sin(\alpha+\beta)} \end{cases} \qquad (5.14)$$

（3）计算待定边 AP、BP 的坐标方位角。

$$\begin{cases} \alpha_{AP} = \alpha_{AB} - \alpha \\ \alpha_{BP} = \alpha_{BA} + \beta = \alpha_{AB} \pm 180° \pm \beta \end{cases} \qquad (5.15)$$

（4）计算待定点 P 的坐标。

$$\begin{cases} x'_P = x_A + D_{AP}\cos\alpha_{AP} \\ y'_P = y_A + D_{AP}\sin\alpha_{AP} \end{cases} \tag{5.16}$$

$$\begin{cases} x''_P = x_B + D_{BP}\cos\alpha_{BP} \\ y''_P = y_B + D_{BP}\sin\alpha_{BP} \end{cases} \tag{5.17}$$

理论上求得的 P 点两组坐标值应相等，但由于计算原因可能相差 2～3mm，实际可取两者平均值作为 P 点坐标。

适用于计算器计算的余切公式（推导略）

$$\begin{cases} x_P = \dfrac{x_A\cot\beta + x_B\cot\alpha + (y_B - y_A)}{\cot\alpha + \cot\beta} \\[3mm] y_P = \dfrac{y_A\cot\beta + y_B\cot\alpha - (x_B - x_A)}{\cot\alpha + \cot\beta} \end{cases} \tag{5.18}$$

在应用式（5.18）时，要注意已知点和待定点必须按 A、B、P 逆时针方向编号，在 A 点观测角编号为 α，在 B 点观测角编号为 β。

前方交会中，由未知点至相邻两起始点方向间的夹角 γ 称为交会角。交会角过大或过小，都会影响 P 点位置测定的精度，交会角一般应大于30°并小于150°。

在实际工作中，为保证交会定点的精度，避免测角错误的发生，一般要求从三个已知点 A、B、C 分别向 P 点观测水平角 α_1、β_1、α_2、β_2，作两组前方交会。可按式（5.18），分别计算出 P 点的两组坐标 $P'(x'_P,\ y'_P)$ 和 $P''(x''_P,\ y''_P)$。当两组坐标较差符合规定要求时，取其平均值作为 P 点的最后坐标。

一般规范规定，两组坐标较差 ΔD 不大于两倍比例尺精度，用公式表示为

$$\Delta D = \sqrt{(x'_P - x''_P)^2 + (y'_P - y''_P)^2} \leqslant 2 \times 0.1 M(\text{mm}) \tag{5.19}$$

式中，M 为比例尺分母。

5.3.2　测边交会

如图 5.12 所示，A、B 为已知控制点，P 为待定点，测量了边长 D_{AP} 和 D_{BP}，根据 A、B 点的已知坐标及边长 D_{AP} 和 D_{BP}，通过计算求出 P 点坐标，这就是测边交会，也称距离交会。随着电磁波测距的普及应用，测边交会也成为加密控制点的一种常用方法。

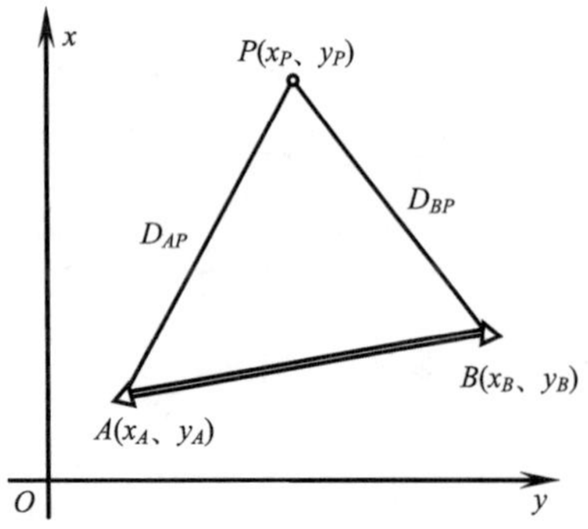

图 5.12　测边交会

（1）计算已知边 AB 的边长和坐标方位角。与角度前方交会相同，根据已知点 A、B 的坐标，按坐标反算公式计算边长 D_{AB} 和坐标方位角 α_{AB}。

（2）计算 $\angle BAP$ 和 $\angle ABP$。按三角形余弦定理，有

$$\begin{cases} \angle BAP = \arccos\dfrac{D_{AB}^2 + D_{AP}^2 - D_{BP}^2}{2D_{AB}D_{AP}} \\[4mm] \angle ABP = \arccos\dfrac{D_{AB}^2 + D_{BP}^2 - D_{AP}^2}{2D_{AB}D_{BP}} \end{cases} \tag{5.20}$$

（3）计算待定边 AP、BP 的坐标方位角。

$$\begin{cases} \alpha_{AB} = \alpha_{AB} - \angle BAP \\ \alpha_{BP} = \alpha_{BA} + \angle ABP = \alpha_{AB} \pm 180° \angle ABP \end{cases} \tag{5.21}$$

（4）计算待定点 P 的坐标。

$$\begin{cases} x'_P = x_A + D_{AP} \cos\alpha_{AP} \\ y'_P = y_A + D_{AP} \sin\alpha_{AP} \end{cases} \tag{5.22}$$

$$\begin{cases} x''_P = x_B + D_{BP} \cos\alpha_{BP} \\ y''_P = y_B + D_{BP} \sin\alpha_{BP} \end{cases} \tag{5.23}$$

以上两组坐标分别由 A、B 点推算，所得结果应相同，可作为计算的检核。

在实际工作中，为了保证定点的精度，避免边长测量错误的发生，一般要求从三个已知点 A、B、C 分别向 P 点测量三段水平距离 D_{AP}、D_{BP}、D_{CP}，作两组距离交会。计算出 P 点的两组坐标，当两组坐标较差满足式(5.19)要求时，取其平均值作为 P 点的最后坐标。

5.4　高程控制测量

为满足各种比例尺的测图和工程建设需要，必须在测区布设一批高程控制点，用一定精度测定它们的高程，建立高程控制网。

5.4.1　高程控制测量概述

小区域高程控制测量常用的方法有水准测量及三角高程测量。小区域一般以三等或四等水准网作为首级高程控制，地形测量时再用图根水准测量或三角高程测量进行加密。

三、四等水准网起算点高程应从附近的一、二等水准点引测，并布设成附合或闭合水准路线，其点位应选在土质坚硬、便于长期保存和使用的地方，并应埋设水准标石。也可以利用埋设了标石的平面控制点作为水准点，埋设的水准点应绘制点之记。

5.4.2　三、四等水准测量

1. 水准点

用水准测量的方法测定的高程控制点，称为水准点，记为 BM(Bench Mark)。水准点有永久性水准点和临时性水准点两种。

（1）永久性水准点。国家等级永久性水准点，如图 5.13 所示。有些永久性水准点的金属标志也可镶嵌在稳定的墙角上，称为墙上水准点，如图 5.14 所示。工程上的永久性水准点，其形式如图 5.15(a)所示。

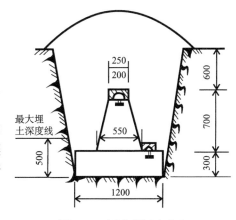

图 5.13　国家等级水准点

（2）临时性水准点。临时性的水准点可用地面上突出的坚硬岩石或用大木桩打入地下，桩顶钉以半球状铁钉，作为水准点的标志，如图 5.15(b)所示。

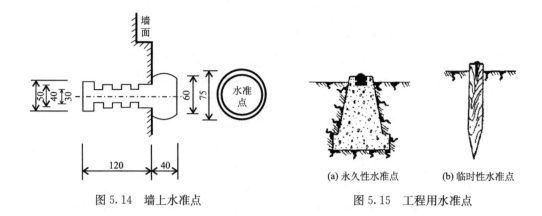

图 5.14　墙上水准点　　　　　　　图 5.15　工程用水准点

2. 水准路线形式

在水准点间进行水准测量所经过的路线，称为水准路线。相邻两水准点间的路线称为测段。

在一般的工程测量中，水准路线布设形式主要有以下三种形式。

1）附合水准路线

如图 5.16 所示，从已知高程的水准点 A 出发，沿待定高程的水准点 1、2、3 进行水准测量，最后附合到另一已知高程的水准点 B 所构成的水准路线，称为附合水准路线。

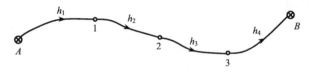

图 5.16　附合水准路线

2）闭合水准路线

如图 5.17 所示，从已知高程的水准点 A 出发，沿各待定高程的水准点 1、2、3、4 进行水准测量，最后又回到原出发点 A 的环形路线，称为闭合水准路线。

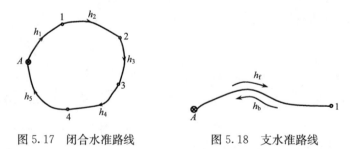

图 5.17　闭合水准路线　　　　　图 5.18　支水准路线

3）支水准路线

如图 5.18 所示，从已知高程的水准点 A 出发，沿待定高程的水准点 1 进行水准测量，这种既不闭合又不附合的水准路线，称为支水准路线。支水准路线缺少检核条件，因此必须进行往返测量。

3. 水准测量的等级及主要技术要求

小区域高程控制的水准测量等级主要采用三、四等水准测量。三、四等水准测量观测的技术要求见表 5.6。

表 5.6　三、四等水准测量观测的技术要求

等级	水准仪	视线长度/m	前后视距差/m	前后视距累积差/m	视线高度	黑面、红面读数之差/mm	黑面、红面所测高差之差/mm
三	DS_{01}	100	3	6	三丝能读数	1.0	1.5
	DS_{03}	75				2.0	3.0
四	DS_{03}	100	5	10	三丝能读数	3.0	5.0

4. 三、四等水准测量外业观测

三、四等水准测量观测应在通视良好、望远镜成像清晰及稳定的情况下进行。

1）一个测站上的观测程序和记录

（1）瞄准后视尺黑面，读取下丝、上丝、中丝读数；

（2）瞄准后视尺红面，读取中丝读数；

（3）瞄准前视尺黑面，读取下丝、上丝、中丝读数；

（4）瞄准前视尺红面，读取中丝读数。

以上四等水准每站观测顺序简称为后—后—前—前。对于三等水准测量，应按后—前—前—后的顺序进行观测。

用双面水准尺进行三、四等水准测量的记录、计算与校核，见表 5.7。

2）一个测站上的计算与检核

（1）视距计算与检核。根据前、后视的上、下丝读数计算前、后视的视距（9）和（10）：

$$后视距离（9）＝（1）－（2），前视距离（10）＝（4）－（5）$$

前、后视距在表内均以 m 为单位，即（下丝－上丝）×100，前、后视距差（11）＝（9）－（10）。

对于三等水准，（11）不超过 3m，对于四等水准，（11）不超过 5m。

前、后视视距累积差（12）＝上站（12）＋本站（11），对于三等水准，（12）不超过 6m，对于四等水准，（12）不超过 10m。

（2）水准尺读数检核。同一水准尺黑面与红面读数差的检核：

$$（13）＝（4）＋K－（7）$$
$$（14）＝（3）＋K－（8）$$

K 为双面水准尺的红面分划与黑面分划的零点差，一对水准尺的常数差 K 分别为 4.687 和 4.787。对于三等水准，（13）、（14）不超过 2mm，对于四等水准，不超过 3mm。

（3）高差计算与检核。按前、后视水准尺红、黑面中丝读数分别计算高差：

$$黑面高差（15）＝（3）－（4），红面高差（16）＝（8）－（7）$$

红黑面高差之差（17）＝（15）－（16）±0.100＝（14）－（13），对于三等水准，（17）不超过 3mm，对于四等水准，（17）不超过 5mm。

红、黑面高差之差在容许范围以内时，取其平均值作为该站的观测高差：(18)＝[(15)＋(16)]/2。

表 5.7 三、四等水准测量外业记录计算表

测站编号	后视尺 下丝 上丝	前视尺 下丝 上丝	方向及尺号	标尺读数/m		黑＋K－红 /mm	高差中数 /m	备注
	后视距	前视距		黑面	红面			
	视距差 d	∑d						
	(1)	(5)	后	(3)	(8)	(14)		$K_6=4.687$
	(2)	(6)	前	(4)	(7)	(13)		$K_7=4.787$
	(9)	(10)	后-前	(15)	(16)	(17)	(18)	
	(11)	(12)						
1	1.891	0.758	后 6	1.708	6.396	－1		
	1.525	0.390	前 7	0.574	5.360	＋1		
	36.6	36.8	后-前	＋1.134	＋1.036	－2	＋1.1350	
	－0.2	－0.2						
2	2.746	0.867	后 7	2.530	7.319	－2		
	2.313	0.425	前 6	0.646	5.333	0		
	43.3	44.2	后-前	＋1.884	＋1.986	－2	＋1.8850	
	－0.9	－1.1						
3	2.043	0.849	后 6	1.773	6.459	＋1		
	1.502	0.318	前 7	0.584	5.372	－1		
	54.1	53.1	后-前	＋1.189	＋1.087	＋2	＋1.1880	
	＋1.0	－0.1						

检核计算：

$\Sigma(9)=134.0$ $\Sigma(10)=134.1$ $\Sigma(9)-\Sigma(10)=-0.1$ 末站$(12)=-0.1$ 总视距$=\Sigma(9)+\Sigma(10)=268.1$

$\Sigma(3)=6.011$ $\Sigma(4)=1.804$ $\Sigma(7)=16.065$ $\Sigma(8)=20.174$

$\Sigma(3)-\Sigma(4)=\Sigma(15)=4.207$ $\Sigma(8)-\Sigma(7)=\Sigma(16)=4.109$

$[\Sigma(15)+\Sigma(16)+0.100]/2=\Sigma(18)=+4.2080$

(4) 页面或测段的计算与检核。视距差检核：

$$\Sigma(9)-\Sigma(10)=本页末站(12)-前页末站(12)$$

$$高差检核：\Sigma(3)-\Sigma(8)=\Sigma(14)$$

$$\Sigma(4)-\Sigma(7)=\Sigma(13)$$

$$\Sigma(15)+\Sigma(16)=2\Sigma(18)$$

5. 水准测量内业计算

图 5.19 是某图根附合水准路线水准测量示意图，A、B 为已知高程的水准点，1、2、3 为待定高程的水准点。已知 $H_A=65.376$m，$H_B=68.623$m，各测段站数、长度及高差见表 5.8。

图 5.19　附合水准路线示意图

表 5.8　水准测量成果计算表

点号	距离/km	测站数	实测高差/m	改正数/mm	改正后高差/m	高程/m	备注
1	2	3	4	5	6	7	8
A						65.376	
	0.8	6	+1.562	−4	+1.558		
1						66.934	
	1.0	10	+2.014	−5	+2.009		
2						68.943	
	0.6	8	−1.726	−3	−1.729		
3						67.214	
	1.2	12	+1.415	−6	+1.409		
B						68.623	
Σ	3.6	36	+3.265	−18	+3.247		

1）计算高差闭合差 W_h

$$W_h = \sum h_i - (H_B - H_A) = 3.265\text{m} - (68.623\text{m} - 65.376\text{m}) = +18(\text{mm})$$

式中，h_i 为第 i 测段的实测高差。

水准测量平地高差闭合差限差 $W_{h限}$ 的计算公式为

$$W_{h限} = \pm 40\sqrt{L} = \pm 40\sqrt{3.6} = \pm 76(\text{mm})$$

因 $W_h < W_{h限}$，说明观测成果精度符合要求，可对高差闭合差进行调整。否则说明观测成果不符合要求。

限差 $W_{h限}$ 也可按测站数计算。

2）调整高差闭合差

高差闭合差调整的原则和方法，是按与测站数或测段长度成正比例的原则，将高差闭合差反号分配到各相应测段的高差上，得改正后高差，即

$$\nu_i = \frac{W_h}{\sum L_i} L_i \ \text{或} \ \nu_i = \frac{W_h}{\sum n_i} n_i \tag{5.24}$$

式中，ν_i 为第 i 测段的高差改正数，mm；L_i、n_i 为第 i 测段的测站数与测段长度。

本例中，各测段改正数为

$$\nu_i = \frac{W_h}{\sum L_i} L_i = -\frac{18\text{mm}}{3.6\text{km}} \times 1.0\text{km} = 5.0(\text{mm})$$

将各测段高差改正数填入表 5.8 中第 5 栏内。计算检核应有：$\sum \nu_i = -W_h$。

3）计算各测段改正后高差

各测段改正后高差$\bar{h}_i$等于各测段实测高差加上相应的改正数，即

$$\bar{h}_i = h_i + \nu_i \qquad (5.25)$$

计算检核应有：$\sum \bar{h}_i = H_B - H_A$。将各测段改正后高差填入表5.8中第6栏内。

4）计算各待定点高程

根据已知水准点A的高程和各测段改正后高差，即可依次推算出各待定点的高程，最后推算出的B点高程应与已知的B点高程相等，以此作为计算检核。将推算出各待定点的高程填入表5.8中第7栏内。

有必要指出的是，上述水准测量成果处理方法是一种近似的成果处理方法。《城市测量规范》规定，各等级高程控制网应采用符合最小二乘原理的条件平差或间接平差方法进行成果计算。如果需要，可以使用专用平差计算软件如武汉大学测绘学院开发的"科傻"软件或南方测绘公司的"平差易"软件进行计算。

5.4.3　三角高程测量

三角高程测量是根据测站与观测目标点的距离和竖直角，运用三角函数公式，计算获取两点间高差的方法。当地形高低起伏较大而不便于实施水准测量时，可采用三角高程测量的方法测定两点间的高差，从而推算各点的高程。

三角高程测量按使用仪器分为经纬仪三角高程测量和光电测距三角高程测量。目前，光电测距三角高程测量已广泛应用于实际生产。

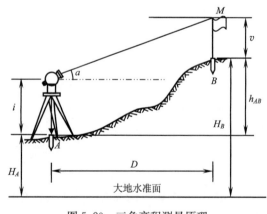

图 5.20　三角高程测量原理

1. 三角高程测量原理

以水平面代替大地水准面时，如图5.20所示，已知A点的高程H_A，欲测定B的高程H_B，可在A点上安置仪器，量取仪器高i（即仪器水平轴至测点的高度），并在B点设置观测标志（称为觇标）。用望远镜中丝瞄准觇标的顶部M点，测出垂直角α，量取觇标高v（即觇标顶部M至目标点的高度），再根据A、B两点间的水平距离D_{AB}，则A、B两点间的高差h_{AB}为

$$h_{AB} = D_{AB} \tan\alpha + i - v \qquad (5.26)$$

B点的高程H_B为

$$H_B = H_A + h_{AB} = H_A + D_{AB} \tan\alpha + i - v \qquad (5.27)$$

2. 球气差改正

若A、B间距离较长，则必须考虑地球曲率和大气折光对高差的影响。地球曲率引起的高差误差p计算式为

$$p = \frac{D^2}{2R} \qquad (5.28)$$

式中，D为两点间水平距离；R为地球半径，可取6371km。

大气折光引起的高差误差 r，计算式为

$$r = \frac{D^2}{14R} \tag{5.29}$$

地球曲率误差和大气折光误差合称球气差 f，计算式为

$$f = p - r \approx 0.43 \frac{D^2}{R} \tag{5.30}$$

则顾及球气差改正后的高差计算式为

$$h_{AB} = D_{AB} \tan\alpha + i - v + f \tag{5.31}$$

3. 三角高程测量对向观测

为尽可能消除地球曲率和大气折光的影响，三角高程测量一般应进行对向观测，亦称直、反觇观测。三角高程测量对向观测，所求得的高差较差若符合规范要求，取两次高差的平均值作为最终高差。

4. 三角高程控制测量

当用三角高程测量方法测定平面控制点的高程时，应组成闭合环线、附合路线或三角高程网。每条边均要进行对向观测。用对向观测所得高差平均值消除地球曲率和大气折光的影响。当仅布设高程导线时，也可采用两标志点中间设站观测的形式。

外业测量时，将仪器安置于测站上，用小钢尺量取仪器高 i，觇标高 v（若用对中杆，可直接设置高度）。用中丝照准，测定斜距，用盘左、盘右观测竖直角。

仪器高度、觇标高，应用小钢尺丈量两次，取其值精确至 1mm，对于四等水准当较差不大于 2mm 时，取用平均值。

光电测距三角高程测量应采用高一级的水准测量联测一定数量的控制点，作为高程起闭数据。四等应起讫于不低于三等水准的高程点上。其边长均不应超过 1km，高程导线最大长度不超过四等水准路线最大长度。

四等光电测距高程导线的边长的测定应采用不低于 Ⅱ 级精度的测距仪往返各一测回；垂直角观测应采用觇牌为目标，用 $2''$ 精度仪器按中丝法观测三测回。对向观测高差较差不大于 $40\sqrt{D}$ mm（D 为边长，单位为 km）。闭合或附合路线闭合差限差同四等水准测量要求。

思　考　题

1. 名词解释：控制测量、坐标正算、坐标反算、坐标增量、导线全长相对闭合差。
2. 为什么要建立控制网？控制网可分为哪几种？
3. 导线测量外业有哪些工作？选择导线点应注意哪些问题？
4. 坐标增量的正负号与坐标象限角和坐标方位角有何关系？
5. 闭合导线与附合导线的内业计算有何异同点？
6. 如表 5.9 所示，已知坐标方位角及边长，试计算各边的坐标增量 ΔX、ΔY。

表 5.9　已知坐标方位角及边长

边号	坐标方位角/(° ′ ″)	边长/m
AB	267　21　44	527.024
BC	94　33　59	523.805

7. 如表 5.10 所示，已知 A 至 D 各点坐标，试计算 AB 和 CD 的坐标方位角与边长。

表 5.10　已知坐标

点号	X/m	Y/m	点号	X/m	Y/m
A	9821.071	4293.387	C	9187.419	2642.792
B	9590.933	4043.074	D	9310.541	2931.040

8. 已知数据如表 5.11 所示，角值为导线观测左角，试求各点坐标。

表 5.11　导线计算表

点号	角值/(° ′ ″)	方位角/(° ′ ″)	边长/m	X/m	Y/m
C		290 21 00			
A	291 07 50			8865.810	5055.330
			388.06		
P_2	174 45 20				
			283.38		
P_3	143 47 40				
			359.89		
P_4	128 53 00				
			161.93		
B	222 53 30			9846.690	554.037
D		351 49 02			

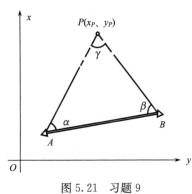

图 5.21　习题 9

9. 已知点 A (3992.54，9674.50)，B (4681.04，9850.00)，角值 $\alpha = 53°07′44″$，$\beta = 56°06′07″$(图 5.21)，试用前方交会公式求 P 点坐标。

10. 四等水准在一个测站上的观测程序是什么？有哪些限差要求？

11. 何谓电磁波测距三角高程？试推导其高差计算公式。

第6章　地形图基本知识

6.1　地形图概述

按一定的数学法则，采用特定的符号系统有选择地在平面上表示地球表面各种自然现象和社会现象的图，通称地图。地图按内容可分为普通地图及专题地图。普通地图是综合反映地面上物体和现象一般特征的地图，不突出表示其中的某一种要素。专题地图是着重表示自然现象或社会现象中的某一种或几种要素的地图，如地质图、旅游图等。

普通地图按比例尺和内容详细程度不同，又分为地形图和地理图。地理图是指概括程度比较高，以反映要素基本分布规律为主的一种普通地图。

对于一个小地区，不考虑地球的曲率，把地球椭球体当成平面，将地面上的图形投影在水平面上，并按一定的比例尺缩小绘在图纸上，这种图称为平面图。

6.1.1　地形图的定义

地形图是指按一定程序和方法，用地形图图式统一规定的符号和注记等表示地物、地貌及其他地理要素平面位置和高程的正射投影图。地面上有明显轮廓的，天然形成或人工建造的各种固定物体，如江河、湖泊、道路、桥梁、房屋和农田等称为地物。地球表面的高低起伏状态，如高山、峡谷、丘陵、平原、洼地等称为地貌。地物和地貌总称为地形。

6.1.2　地形图的比例尺

地形图上任一线段的长度与它所代表的实地水平距离之比，称为地形图比例尺。比如，图上两点间长 1cm，若该两点间实地的水平距离为 50000cm，则该地形图比例尺就是 1:50000。

1. 地形图比例尺的形式

地形图比例尺常见的有数字比例尺和图示比例尺两种表示形式。

1) 数字比例尺

数字比例尺是用分子为 1，分母为整数的分数表示，有分式如 1/5000、1/100000；比式如 1:5 万、1:50000 两种。地形图上比例尺常用比式。数字比例尺的比例尺分母越大，比例尺越小。

2) 图示比例尺

为便于直接在地形图上量测距离，以及减弱由于图纸伸缩而引起的误差，在绘制地形图时，常在图上绘制图示比例尺。地形图上图示比例尺常用直线式(图 6.1)。

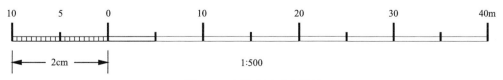

图 6.1　直线式图示比例尺

地形图比例尺越大，表示地物地貌越详尽，图上点位精度越高；但一幅图所代表的实地面积也越小，并且测绘的工作量会成级数增加。

2. 地形图比例尺精度

根据正常人的视力分辨率，规定相当于图上 0.1mm 的实地水平距离，称为比例尺精度。例如 1：1 万比例尺地形图的比例尺精度为 1m；若规定某地形图上应表示出的最短距离为 0.2m，则测图比例尺最小为 1：2000。因此，根据比例尺的精度，可确定测绘地形图时测量距离的精度；另外，如果规定了地形图上要表示的最短长度，根据比例尺的精度，可确定测图的比例尺。

3. 地形图比例尺分类及其主要用途

地形图广泛应用于资源勘查、城乡建设、环境保护等国民经济建设领域，在国防和科研方面也是不可或缺的资料。地形图按比例尺可以分为大比例尺地形图、中比例尺地形图和小比例尺地形图三类。由于不同比例尺地形图以不同的几何精度和地理适应性，反映制图区域的自然地理条件特点和社会经济状况，因此可以满足各种不同的使用要求。

1) 大比例尺地形图

1：10 万～1：1 万地形图为大比例尺地形图。除 1：10 万比例尺地形图是采用编绘成图外，其余比例尺的图都是采用实地测绘方法成图的，能较详细全面地反映各种地理要素的分布，有较多的数量和质量特征标注，如高度、深度、宽度、速度和各种质量、类别的说明等。其中 1：1 万地形图是大型项目建设的主要用图。1：2.5 万、1：5 万、1：10 万地形图是国民经济建设的基本规划、设计用图，可用于较小范围的规划、设计、勘测调查和开发利用等。在军事上是基本战术图，可供各级指挥员在作战现场使用。大比例尺地形图也是编绘 1：25 万、1：50 万地形图或普通地理图的基本资料，也可作为大比例尺专题地形图的工作底图。

2) 中比例尺地形图

1：25 万、1：50 万两种地形图属于中比例尺地形图，它们是根据大比例尺地形图编绘而成的，图上以反映地面要素总体特征为主，可供经济部门进行较大范围的总体规划设计使用，也是军事上的战略用图。它们是编制 1：100 万地形图或普通地理图的基本资料，也是编制中比例尺专题地形图的工作底图。

3) 小比例尺地形图

1：100 万地形图是根据中比例尺地形图编制而成的。由于比例尺较小，地形图概括的内容较大，内容比较简单，主要反映制图区域的地理特征。在国民经济建设中，小比例尺地形图可用于了解和研究广大地区内自然地理的基本条件和社会经济概况，可作为国家或省级领导机关制订总体建设规划、工农业生产布局、资源开发利用的总体规划用，是编制小比例尺普通地理图的基本资料和编制小比例尺专题地形图的工作底图。

工程上通常将 1：25 万、1：50 万、1：100 万比例尺的地形图称为小比例尺地形图；1：2.5 万、1：5 万、1：10 万地形称为中比例尺地形图；1：500、1：1000、1：2000、1：5000、1：10000 地形图为大比例尺地形图。工程上应用最多的是大比例尺地形图。其中 1：5000、1：10000 地形图常用于城市总体规划、厂址选择、区域布置、工程方案比较等，1：2000 地形图常用于工程详细规划及工程项目初步设计，1：500、1：1000 地形图常用于建筑设计、城市详细规划、工程施工设计、竣工图等。

需要指出的是，上述大中小比例尺地形图的划分并不是严格统一的。

6.1.3　地形图符号

为了便于测图和用图，规定在地形图上使用不同的符号来表示地物和地貌的形状和大小，这些符号总称为地形图图式。地形图图式是由国家测绘局统一制定的地物、地貌符号的总称。如《1：500、1：1000、1：2000 地形图图式》、《1：2.5 万、1：5 万、1：10 万地形图图式》等。地形图符号包括地物符号、地貌符号和注记三类。

序号	符号名称	图例	序号	符号名称	图例
1	水准点	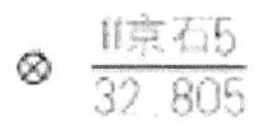 ⊗ 京石5／32.805	11	高速公路	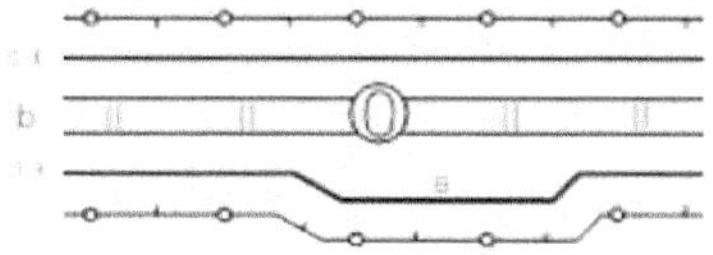
2	卫星定位点	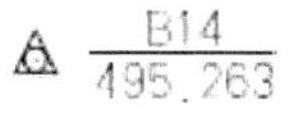 △ B14／495.263	12	乡村路	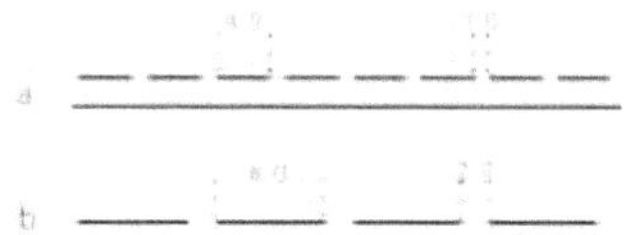
3	房屋	 混3	13	人行桥、时令桥	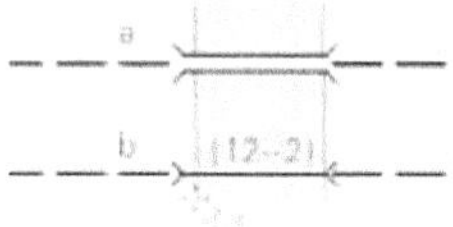
4	棚房		14	高压输电线	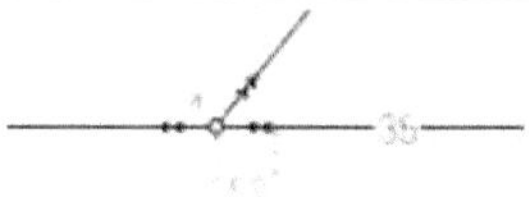
5	廊房	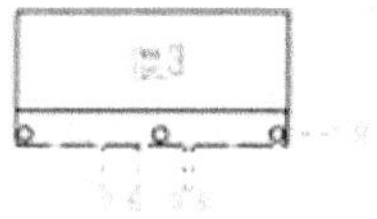	15	县级行政区界线	
6	管道井	 油	16	菜地	
7	水塔	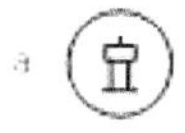	16	水生作物地	
8	露天货栈	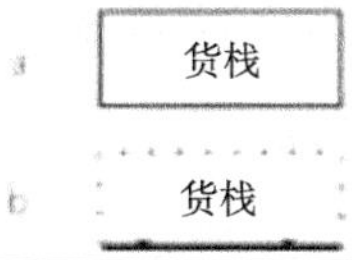 a 货栈　b 货栈	18	果园	
9	栅栏		19	幼林、苗圃	 幼
10	台阶	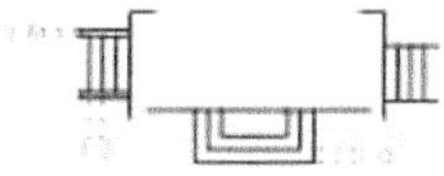	20	花圃	

图 6.2　地物符号

1. 地物符号

地形图上表示地物类别、形状、大小及位置的符号称为地物符号(图 6.2)。地物符号根据地物形状大小和描绘比例关系的不同可分为比例符号、非比例符号和半比例符号。

1) 比例符号

地物依比例尺缩小后，其长度和宽度均能够依比例尺表示的地物符号。如房屋、湖泊、农田、森林等。

依比例符号的边界描述了地物的分布范围及位置；通过加面色，如河流等；或配置说明符号或注记，如经济林或垃圾场，描述地物的性质。

2) 非比例符号

地物依比例尺缩小后，无法将其形状和大小按比例缩绘到图上，而采用相应的规定符号表示，这种符号称为不依比例符号，也称非比例符号。不依比例符号只能表示物体的位置和类别，不能用来确定物体的尺寸，如突出树、亭、塔等。

实际工作中要注意非比例符号的中心位置与地物实际中心位置随地物的不同而异，如水准点、三角点、钻孔等以图形几何中心代表实地地物中心位置；烟囱、水塔等以符号底部中心点作为地物的中心位置；独立树、风车、路标等，以符号的直角顶点代表地物中心位置；气象站、消火栓等，以符号下方图形的几何中心代表地物中心位置；下方没有底线的符号，如亭、窑洞等，则以符号下方两端点连线的中心点代表实地地物的中心位置。

3) 半比例符号

地物依比例尺缩小后，其长度可依比例尺而宽度不能依比例尺表示，这种符号称为半比例符号。如管线、公路、铁路、围墙、通信线路等。这种符号的中心线，一般表示其实地的中心位置，但是城墙和垣栅等，地物中心位置在其符号的底线上。

上述三种符号在使用时不是固定不变的，同一地物，在大比例尺图上采用比例符号，而在中小比例尺上可能采用非比例符号或半比例符号。

2. 地貌符号

地貌的表示方法很多，地形图中用等高线来表示地貌。用等高线表示地貌不仅能真实表示出地面的高低起伏状态，且能依据等高线得到地面点的高程、坡度等信息。

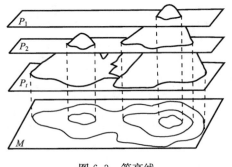

图 6.3　等高线

1) 等高线有关概念

等高线是地面上相邻的同高程点依次连接而成的连续封闭曲线。等高线为一组高度不同的空间平面曲线，地形图上表示的仅仅是它们在大地水准面上的投影(图 6.3)。

等高距是指地形图上相邻两高程不同的等高线之间的高差。等高距越小则图上等高线越密，地貌显示就越详细、确切。等高距越大则图上等高线就越稀，地貌显示就越粗略。但等高距并不是越小越好，如果等高距很小，等高线非常密，不仅影响地形图图面清晰，而且使用也不方便，同时使测绘工作量大大增加。如果等高距过大，则不能正确反映地面的高低起伏状况。所以，基本等高距的大小应根据测图比例尺的大小与测区地形情况来确定。同一幅地形图上一般不能有两种不同的等高距。等高距的选用参见表 6.1。

表 6.1　地形图的基本等高距　　　　　　　　　　　　　　（单位：m）

图比例尺	平地	丘陵地	山地	高山地
1：500	0.5	0.5	0.5(1.0)	1.0
1：1000	0.5	0.5(1.0)	1.0	1.0(2.0)
1：2000	0.5(1.0)	1.0(2.0)	2.0	2.0
1：5000	1.0(2.0)	2.0(5.0)	5.0	5.0

等高线平距是指相邻等高线之间的水平距离。等高距与等高线平距的比值就是地面坡度。

凹地与山头等高线的形状非常相似，为了便于区别，就在某些等高线的斜坡下降方向绘一短线来示坡，称为示坡线(图 6.4)，它与等高线垂直相交。示坡线一般在山头、鞍部、图廓边及斜坡方向不易判读的地方绘出。

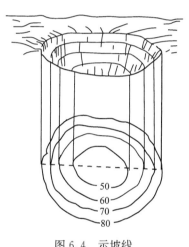

图 6.4　示坡线

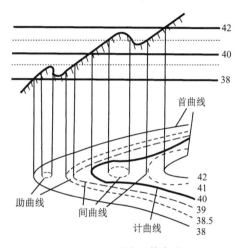

图 6.5　四种类型等高线

2) 等高线的类型

为了更详尽地表示地貌的特征，地形图上常使用下面四种类型的等高线(图 6.5)。

(1) 首曲线。从高程基准面起算，按基本等高距测绘的等高线，也称基本等高线。首曲线用 0.15mm 的细实线描绘。

(2) 计曲线。凡是高程能被 5 倍(基本等高距为 2.5m 的，则为 4 倍)基本等高距整除的等高线称为计曲线。为了计算和读图的方便，计曲线要加粗描绘(因此也称加粗等高线)并注记高程，计曲线用 0.3mm 粗实线绘出。

(3) 间曲线。为了显示首曲线不能表示出的局部地貌，按二分之一基本等高距描绘的等高线称为间曲线，也称半距等高线。间曲线用 0.15mm 的细长虚线表示。

(4) 助曲线。用间曲线还不能表示出的局部地貌，可按四分之一基本等高距描绘的等高线称为助曲线，又称辅助等高线。助曲线用 0.15mm 的细短虚线表示。

3) 等高线的特性

根据前述用等高线表示地貌的情况，可以归纳等高线的特性如下：

(1) 等高性。同一条等高线上各点的高程相同。但要注意，相同高程的点不一定在同一条等高线上。

（2）闭合性。一个无限伸展的水平面和地表面相交，构成的交线必定是闭合曲线。等高线如不在本图幅内闭合，必会跨越一个或多个图幅闭合。绘制等高线时，除遇有房屋、公路及数字注记等为了使图面清晰需要中断外，其他地方不能中断。

（3）非交性。不同高程的水平面显然是不会相交的，所以等高线也不会相交。但一些特殊地貌，如陡坎、陡壁的等高线会重叠在一起，因此加用陡坎、陡壁符号表示；悬崖的等高线可能相交，悬崖下部的等高线用虚线表示(图 6.6)。

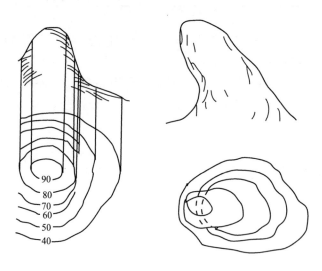

图 6.6　陡崖和悬崖等高线

（4）正交性。等高线通过山脊线时，与山脊线成正交，并凸向低处；等高线通过山谷线时，则应与山谷线成正交，并凸向高处。

（5）密陡稀缓性。等高线平距与地面坡度成反比。在同一等高距的情况下，地面坡度越小，则等高线在图上的平距越大；换言之，坡度陡的地方，等高线就密；坡度缓的地方，等高线就稀；等高线之间平距相等则表示坡度相等。

4）山的各部形态与等高线表示

地面的形状虽然复杂多样，但都可看成是由山头、洼地(盆地)、山脊、山谷、鞍部或陡崖和峭壁等组成的(图 6.7)。

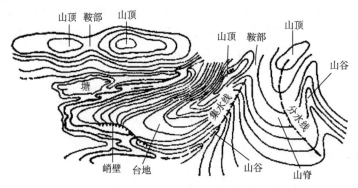

图 6.7　综合地貌

山的最高部分称为山顶。比周围地势凹陷，且经常无水的地区称为凹地。从山顶至山脚的凸起部分称为山背。地形图上表示山背的等高线从山顶起逐渐向外凸出；山背或山脊之间的低凹部分称为山谷。地形图上表示山谷的等高线逐渐向山顶或鞍部方向凹入；相连两个山顶呈马鞍状的部位称为鞍部。地形图上鞍部是由一对表示山谷或山背的等高线形成的；较多的山顶、鞍部相连所形成的棱线称为山脊。在地形图上山脊是由较多表示山顶和鞍部的等高线连贯起来显示的。坡度在 70°以上或为 90°的陡峭崖壁称为陡崖。上部向外突出，中间凹进的陡崖称为悬崖，上部的等高线投影到水平面时与下部的等高线相交，下部凹进的等高线用虚线表示。

由于自然界的影响，局部地貌改变了原来的形态，称为变形地，如滑坡、冲沟等。因为面积较小或较陡，图上不便于用等高线表示，而用专门符号表示。

3. 注记

地形图注记是地形图上用文字、数字或特定的符号对地形、地物的补充说明。注记是地形图的主要内容之一，是判读地形图的直接依据。地形图上的注记可分为文字注记、数字注记和符号注记三种。文字注记用于注明居民地名称、地理名称及说明地物质量特征、性质等，如标注城镇、山脉、河流、道路的名称，说明道路的去向及经济林的类别等。数字注记用来说明地物的数量特征，如河宽、水深、流速、桥梁长度及载重量等。符号注记包括说明符号和配置符号。说明符号是用来说明某种情况的，如江河流向的箭头等，实地并不存在实物；配置符号主要是用来表示植被与土质等面状地物的类别，如疏林、迹地、旱地等，不表示地物的真实位置。

6.1.4 地形图的主要内容

地形图又称全要素地形图，其主要内容包括：

(1) 数学要素。即地形图的数学基础，如地形图投影、比例尺、坐标网、三北方向偏角图（磁北、真北、坐标北）和控制点等。

(2) 图形要素。是地形图表示内容的主体，包括自然地理要素，如地貌、水系、植被和土壤等以及社会经济要素如居民地、道路网、通信设备、工农业设施、经济文化和行政标志等。

(3) 辅助要素。是地形图的重要组成部分，包括各类图外注记、说明资料、辅助图表等，如图名图号、接图表、图廓、三北方向关系、出版单位、测制单位、成图方法、成图时间、坐标系、高程系、比例尺、密级、图例，等等。

6.2 地形图的分幅与编号

为便于测制、使用和保管地形图，地形图应按照规定的大小进行统一分幅和编号。我国对地形图的分幅编号规定主要有《国家基本比例尺地形图分幅和编号》(GB/T 13989—1992)，作业时应依据此规定。

6.2.1 地形图分幅

分幅是指按照特定的图廓线分割图幅，包括按矩形分幅和按经纬线分幅两种形式。

1. 矩形分幅

每幅地形图的图廓是矩形，相邻图幅间的图廓线都是直线，图廓的大小多根据图纸规格、用户需要以及印刷机的规格等综合确定。矩形分幅又可分为拼接和不拼接两种，其主要区别是图幅有无重叠。1∶500、1∶1000、1∶2000地形图一般采用矩形分幅。

2. 经纬线分幅

每幅地形图的图廓由经线和纬线构成，一般表现为上下图廓为曲线的梯形，所以又称梯形分幅。经纬线分幅是当前世界各国地形图、大区域分幅地形图所采用的主要形式，我国国家基本比例尺系列地形图即采用这种分幅方式。

6.2.2 地形图编号

地形图的编号是根据各种比例尺地形图的分幅，对每一幅地形图给予一个固定的号码，这种号码不能重复出现，并要保持一定的系统性、逻辑性。常见的编号方式有自然序数编号法、行列式编号法和行列-自然序数结合编号法等。

6.2.3 国家基本地形图分幅和编号

我国国家基本比例尺地形图有1∶5000、1∶1万、1∶2.5万、1∶5万、1∶10万、1∶20万、1∶50万和1∶100万八种，都是在1∶100万地形图编号的基础上进行的。1∶100万地形图为国际统一分幅编号如图6.8所示。20世纪90年代前后其编号有较大变化。90年代前，1∶100万地形图采用列行式编号，其他各比例尺地形图在1∶100万地形图编号的基础上加自然序数。为便于计算机处理需要，1991年以后，1∶100万地形图采用行列式编号法，其他各比例尺地形图在1∶100万地形图编号的基础上加行列号。

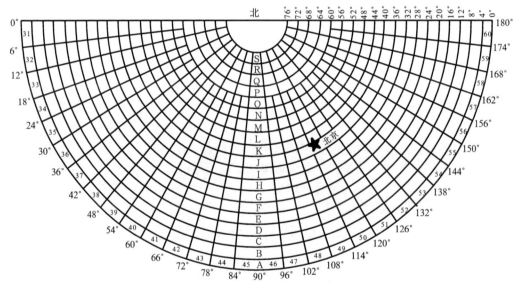

图6.8 1∶100万地形图分幅和编号

1. 我国20世纪90年代以前的分幅和编号方法

1）1∶100万地形图分幅和编号

由赤道起向南、北两极每隔纬差4°为一列，直到南北纬88°（南北纬88°至南北两极地区，采用正轴方位投影各自单独成一幅图），将南北半球各划分为22列，分别用字母A、B、C、D、…、V表示，列号前加N或S分别表示北、南半球（因我国疆域全部在北半球，图号前 N 一般省去)；从经度 180°起向东每隔 6°为一行，将全球一周划分为 60 行，分别以数字 1、2、3、4、…、60 表示。一般来讲，把列数的字母写在前，行数的数字写在后，中间用一条短线连接，形成"列号-行号"结合形式作为该图幅编号。例如北京所在的一幅 1∶100 万地形图的编号为 J-50。

由于地球的经线向两极收敛，随着纬度的增加，同是 6°的经差但其纬线弧长已逐渐缩小，因此规定在纬度 60°～76°的图幅采用双幅合并(经差为 12°，纬差为 4°)；在纬度 76°～88°的图幅采用四幅合并(经差为 24°，纬差为 4°)。这些合并图幅的编号，列数不变，行数(无论包含两个或四个)并列写在其后。例如，北纬 80°～84°，西经 48°～72°的一幅 1∶100 万地形图编号应为 U-19、20、21、22。

2) 1∶50 万、1∶25 万、1∶10 万地形图的分幅和编号

这三种地形图编号都是在 1∶100 万地形图图号后加上代号构成，如图 6.9 所示。

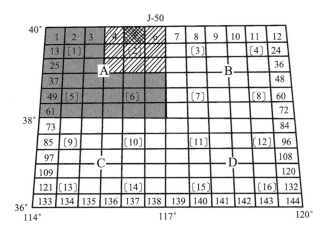

图 6.9　1∶50 万、1∶25 万、1∶10 万地形图的分幅和编号

每幅 1∶100 万地形图划分 2 行 2 列 4 幅 1∶50 万地形图，分别用 A、B、C、D 表示，编号如 J-50-A。

每幅 1∶100 万地形图划分 4 行 4 列 16 幅 1∶25 万地形图，分别用〔1〕、〔2〕、…、〔16〕表示，编号如 J-50-〔16〕。

1∶25 万是在 20 世纪 70～80 年代后用于代替原 1∶20 万比例尺地形图的，每幅 1∶100 万地形图划分 9 行 9 列 36 幅 1∶20 万地形图，分别用(1)、(2)、…、(36)表示，编号如 J-50-(16)。

每幅 1∶100 万地形图划分 12 行 12 列 144 幅 1∶10 万地形图，分别用 1～144 表示，编号如 J-50-144。

3) 1∶5 万、1∶2.5 万地形图的编号

这两种地形图编号是以 1∶10 万地形图的编号为基础延伸而来的，如图 6.10 所示。

每幅 1∶10 万地形图划分 2 行 2 列 4 幅 1∶5 万地形图，分别用 A、B、C、D 表示，编号如 J-50-5-B。

每幅 1∶5 万地形图划分 2 行 2 列 4 幅 1∶2.5 万地形图，分别用 1、2、3、4 表示，编号是在 1∶5 万地形图的编号后加上它本身的序号构成，如 J-50-5-B-4。

4) 1∶1 万、1∶5000 地形图的编号

如图 6.10 所示，每幅 1∶10 万地形图划分为 8 行 8 列 64 幅 1∶1 万地形图，分别用

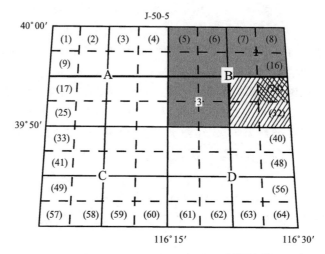

图 6.10　1 : 5 万、1 : 2.5 万、1 : 1 万地形图的分幅和编号

(1)、(2)、…、(64)表示，其编号是在 1 : 10 万地形图的编号后加上它本身的序号构成，如 J-50-5-(64)。

每幅 1 : 1 万地形图划分 2 行 2 列 4 幅 1 : 5000 地形图，分别用 a、b、c、d 表示，其编号是在 1 : 1 万地形图的编号后加上它本身的序号构成，如 J-50-144-(10)-d。

上述各基本比例尺图幅大小及图幅间数量关系见表 6.2。

表 6.2　基本比例尺地形图的图幅大小及其图幅间的数量关系

比例尺		1 : 100 万	1 : 50 万	1 : 25 万	1 : 10 万	1 : 5 万	1 : 2.5 万	1 : 1 万	1 : 5000
图幅范围	经差	6°	3°	1°30′	30′	15′	7′30″	3′45″	1′52.5″
	纬差	4°	2°	1°	20′	10′	5′	2′30″	1′15″
行列数	行数	1	2	4	12	24	48	96	192
	列数	1	2	4	12	24	48	96	192
图幅间数量关系		1	4	16	144	576	2304	9216	36864
			1	4	36	144	576	2304	9216
				1	9	36	144	576	2304
					1	4	16	64	256
						1	4	16	64
							1	4	16
								1	4

2. 我国 20 世纪 90 年代以后的分幅和编号方法

为适应计算机处理的需要，20 世纪 90 年代国家实行了新的地形图分幅编号规定。

1) 1 : 100 万地形图编号

和原来比较无实质变化，只是将原来的行改称列，列改称行，即横向为行，纵向为列，同时去掉了中间的短线，形成"行号列号"形式作为该图幅编号。例如北京所在的一幅 1 : 100 万地形图的编号为 J50。

2) 1：50 万 ～1：5000 地形图的编号

1：50 万～1：5000 图幅编号均以 1：100 万图幅编号为基础，采用行列编号方法。其编号系统见图 6.11。

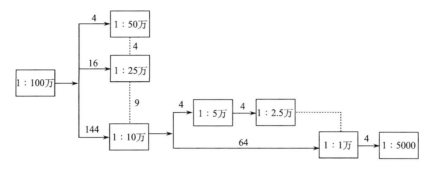

图 6.11 我国基本比例尺地形图分幅和编号系统

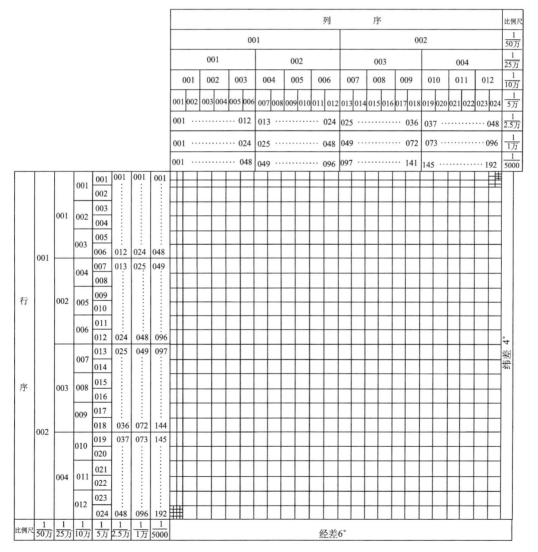

图 6.12 新编 1：50 万～1：5000 地形图行、列划分与编号

将 1∶100 万地形图按所包含的各比例尺经纬差划分为若干行和列，见图 6.12，横行从上至下、纵列从左至右按顺序分别用阿拉伯数字编码。表示图幅的行列代码位数均用三位数字(不足三位前面补 0)，加在 1∶100 万图幅号和比例尺代码(见表 6.3)后共十位代码组成，见图 6.13。例如，某幅 1∶50 万图幅编号为 J50B001002；某幅 1∶10 万图幅编号为 J50D008012；某幅 1∶2.5 万图幅编号为 J50F001026；某幅 1∶5000 图幅编号为 J50H001192 等。

表 6.3 比例尺及代码

比例尺	1∶50 万	1∶25 万	1∶10 万	1∶5 万	1∶2.5 万	1∶1 万	1∶5000
代码	B	C	D	E	F	G	H

× ×× × ××× ×××
1∶100万图幅行号代码
1∶100万图幅列号代码
比例尺代码
图幅列号代码
图幅行号代码

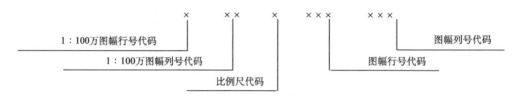

图 6.13 新编 1∶50 万～1∶5000 地形图编号的构成

6.2.4 地形图正方形(矩形)分幅法

1∶500、1∶1000、1∶2000 比例尺地形图，通常采取 40cm×50cm 或 50cm×50cm 的矩形分幅。其编号方法主要有以下几种。

1. 按图幅图廓西南角的直角坐标编号

按图廓西南角的直角坐标以千米(或百米)为单位编号，x 坐标在前，y 坐标在后，中间用短线连接。图号的小数 1∶5000 取至千米，1∶2000、1∶1000 取至百米，1∶500 取至十米。如某 1∶1000 图幅图廓西南角的坐标为(689500，593000)，则其图号为 689.5-593.0，某 1∶500 图幅图廓西南角的坐标为(689250，593000)，则其图号为 689.25-593.00。

2. 按流水号编号

按测区统一划分的各图幅顺序号码，从左至右，从上至下，用阿拉伯数字编号(图 6.14)。

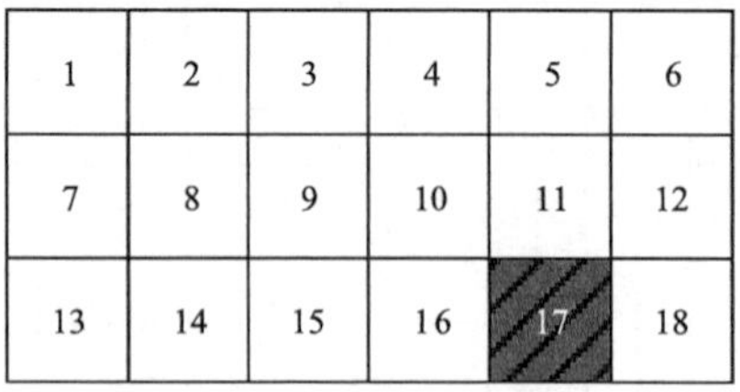

1 2 3 4 5 6
7 8 9 10 11 12
13 14 15 16 17 18

图 6.14 按流水号编号

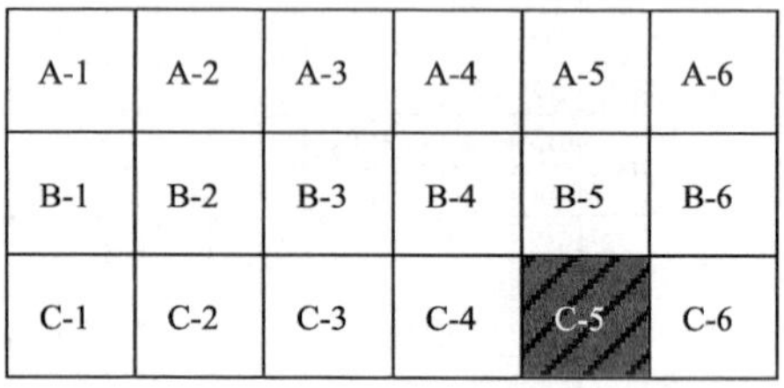

A-1 A-2 A-3 A-4 A-5 A-6
B-1 B-2 B-3 B-4 B-5 B-6
C-1 C-2 C-3 C-4 C-5 C-6

图 6.15 按行列号编号

3. 按行列号编号

将测区图幅按行、列分别单独排号作为图号，从左至右，从上至下编号(图 6.15)。

4. 以 1∶5000 为基础编号

若测区有多种比例尺地形图，还可以某 1∶5000 地形图图廓西南角的直角坐标值编号作为基本编号，后加罗马数字等构成。

6.3　地形图的应用

6.3.1　高程量算

如果点在等高线上，则其高程即为等高线的高程。如图 6.16 所示，A 点位于 28m 等高线上，则 A 点的高程即为 28m。若某点 M 位于两条等高线之间，则可以用线性比例内插法计算。首先可通过 M 点画一条垂直于相邻两等高线的线段 PQ，则 M 点的高程 H_M 为

$$H_M = H_P + \frac{PM}{PQ}h \tag{6.1}$$

式中，H_P 为 P 点高程；PM、PQ 为两点间水平距离；h 为等高距(此图为 1m)。

当精度要求不高时，M 点高程也可直接目估判读。

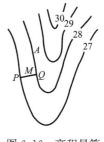

图 6.16　高程量算

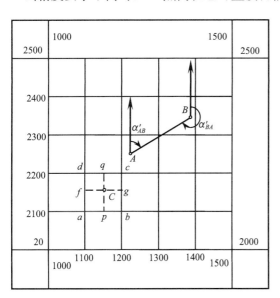

图 6.17　坐标与方位角量算

6.3.2　坐标量算

大比例尺地形图上绘有 10cm×10cm 的坐标格网，并在图廓的西、南边上注有纵、横坐标值，如图 6.17 所示。

欲求图上 C 点的坐标，首先要根据 C 点在图上的位置，确定 C 点所在的坐标方格 $abcd$，过 C 点作平行于 x 轴和 y 轴的两条直线 pq、fg，与坐标方格相交于 p、q、f、g 四点，再按地形图比例尺量出 $af=61.2$m，$ap=48.5$m，则 C 点的坐标为

$$\begin{cases} x_C = x_a + af = 2100\text{m} + 61.2\text{m} \\ \qquad = 2161.2\text{m} \\ y_C = y_a + ap = 1100\text{m} + 48.5\text{m} \\ \qquad = 1148.5\text{m} \end{cases}$$

如果精度要求较高，则应考虑图纸伸缩的影响，此时还应量出 ab 和 ad 的长度。设图上坐标方格边长的理论值为 $l(l=100\text{mm})$，则 C 点的最终坐标可按下式计算，即

$$\begin{cases} x_{C终} = x_C + \dfrac{af}{ad}l \\ \\ y_{C终} = y_C + \dfrac{ap}{ab}l \end{cases} \tag{6.2}$$

6.3.3　长度量算

1. 图解法

直接量取图上距离，按比例换算($L×M$)。在图上直接量取：用两脚规在图上直接卡出 A、B 两点的长度，再与地形图上的直线比例尺比较，即可得出 AB 的水平距离。当精度要

求不高时，可用比例尺直接在图上量取。

2. 解析法

欲求 AB 的距离，可先按坐标量算方法得到图上 A、B 两点坐标 (x_A, y_A) 和 (x_B, y_B)，则 AB 的水平距离 D_{AB} 为

$$D_{AB} = \sqrt{(x_B - x_A)^2 + (y_B - y_A)^2} \tag{6.3}$$

6.3.4　坐标方位角量算

1. 图解法

当精度要求不高时，可由量角器在图上直接量取其坐标方位角。如图 6.17 所示，通过 A、B 两点分别作坐标纵轴的平行线，然后用量角器的中心分别对准 A、B 两点量出直线 AB 的坐标方位角 α'_{AB} 和直线 BA 的坐标方位角 α'_{BA}，则直线 AB 的坐标方位角为

$$\alpha_{AB} = \frac{\alpha'_{AB} + \alpha'_{BA} \pm 180°}{2} \tag{6.4}$$

2. 解析法

如果 A、B 两点的坐标已知，可按坐标反算公式计算 AB 直线的坐标方位角

$$\alpha_{AB} = \arctan \frac{y_B - y_A}{x_B - x_A} \tag{6.5}$$

6.3.5　坡度量算

在地形图上求得直线的长度以及两端点的高程后，可按下式计算该直线的平均坡度 i，即

$$i = \frac{h}{d \cdot M} = \frac{h}{D} \tag{6.6}$$

式中，d 为图上量得的直线长度，mm；M 为地形图比例尺分母；h 为直线两端点间的高差，m；D 为直线实地水平距离，m。

坡度有正负号，正号表示上坡，负号表示下坡，常用百分率（％）或千分率（‰）表示。

6.3.6　面积量算

1. 几何图形法

若图形是由直线或近乎直线连接的多边形，可将图形划分为若干个简单的几何图形如三角形、矩形、梯形等（图 6.18），然后依比例尺量取计算所需的元素（长、宽、高），应用面积计算公式求出各简单几何图形的面积。最后取代数和，即为多边形的面积。

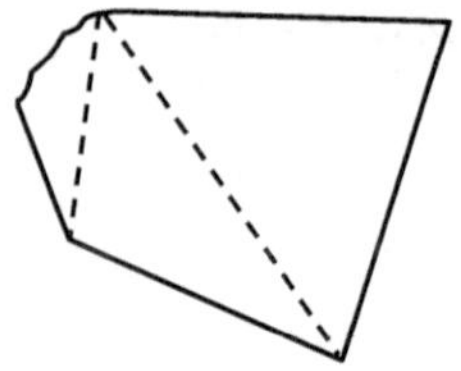

图 6.18　几何图形法

2. 透明方格网

对于不规则曲线围成的图形，可采用透明方格法进行面积量算。如图 6.19 所示，用透明方格网纸（方格边长一般为 1mm、2mm、5mm、10mm）蒙在要量测的图形上，数出图形内的方格数，则图形面积 S（单位 m²）为

$$S = (n_1 + 0.5n_2) \frac{M^2}{10^6} \tag{6.7}$$

式中，n_1 为图形边界所包围的完整方格个数；n_2 为图形边界所占的不完整方格数。

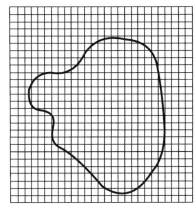

图 6.19　方格网法

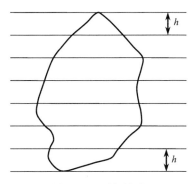

图 6.20　平行线法

3. 平行线法

方格法的量算受到方格凑整误差的影响，精度不高，为了减少边缘因目估产生的误差，可采用平行线法。如图 6.20 所示，量算面积时，将绘有间距 $h=1mm$ 或 $2mm$ 的平行线组的透明纸覆盖在待算的图形上，则整个图形被平行线切割成若干等高 h 的近似梯形，上、下底的平均值以 l_i 表示，则各图形的面积为

$$S_1 = \frac{1}{2}(0 + l_1)h$$

$$S_2 = \frac{1}{2}(l_1 + l_2)h$$

$$\cdots$$

$$S_n = \frac{1}{2}(l_{n-1} + l_n)h$$

则总面积 $S = S_1 + S_2 + \cdots + S_n$。

4. 求积仪法

求积仪是一种专门供图上量算面积的仪器。其优点是操作简便、速度快，适用于任意曲线图形的面积量算且能保证一定的精度。求积仪有机械求积仪和电子求积仪两种。电子求积仪具有操作简便、功能全、精度高等特点而被广泛使用(图 6.21)。

电子求积仪由三大部分组成：一是动极和动极轴，二是微型计算机，三是跟踪臂和跟踪放大镜。电子求积仪可进行面积累加测量、平均值测量和累加平均值测

图 6.21　电子求积仪

量，可选用不同的面积单位，还可通过计算器进行单位与比例尺的换算以及测量面积的存储，精度可达 $1/500$。为了提高测量精度，对同一面积要重复测量三次以上，取其均值。仪器操作详见说明书，此外不再赘述。

5. 解析法

在要求测定面积的方法具有较高精度，且图形为多边形，各顶点的坐标值为已知值时，

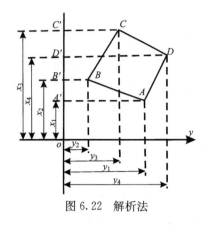

图 6.22 解析法

可采用解析法计算面积(图 6.22)。对于 n 点多边形，其面积公式的一般式为

$$S = \frac{1}{2} \sum_{i=1}^{n} x_i(y_{i+2} - y_{i-2}) \qquad (6.8)$$

或

$$S = \frac{1}{2} \sum_{i=1}^{n} y_i(x_{i+2} - x_{i-2}) \qquad (6.9)$$

式中，i 为多边形各顶点的序号。当 i 取 1 时，$i-1$ 就为 n；当 i 为 n 时，$i+1$ 就为 1。

式(6.8)和式(6.9)的运算结果应相等，可作校核。

6.3.7 体积量算

1. 等高线法

如图 6.23 所示，用等高线法计算 100m 等高线以上山体的体积。

(1)采用面积量算方法逐条量算等高线 F_0、F_1、F_2、…封闭的图形面积 S_0、S_1、S_2、…。

(2)依次计算各相邻两等高线之间的体积 $V_i = (S_{i-1} + S_i)h/2$ ($i=1$、2、…、n)，山顶部分按圆锥体积公式计算。

(3)计算山体总体积 $V = \sum V_i$ ($i=1$、2、…、n)。

2. 断面法

断面法适合线状工程如道路、管道、河道和沟渠的工程方量计算。

(1)将设计断面和实测断面套合，分别计算填方面积和挖方面积，如图 6.24 中 S_0、S_1、S_2、…、S_n。

(2)依次计算各相邻断面之间的体积 $V_i = (S_{i-1} + S_i)d_i/2$ ($i=1$、2、…、n)，山顶部分按圆锥体积公式计算。

(3)计算总体积 $V = \sum V_i$ ($i=1$、2、…、n)。

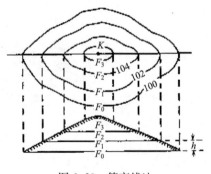

图 6.23 等高线法

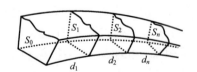

图 6.24 断面法

6.3.8 绘制已知方向线的纵断面图

纵断面图是反映指定方向地面起伏变化的剖面图。在道路、管道等工程设计中，为进行

填、挖土(石)方量的概算、合理确定线路的纵坡等，均需较详细地了解沿线路方向上的地面起伏变化情况，为此常根据大比例尺地形图的等高线绘制线路的纵断面图。

如图 6.25 所示，欲绘制直线 AB 纵断面图。具体步骤如下：

(1) 根据原图比例尺和沿断面线高差关系确定断面图的水平比例尺和垂直比例尺。

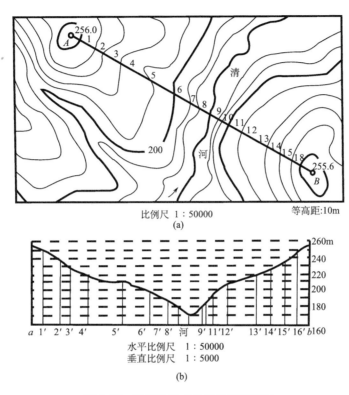

图 6.25　绘制已知方向线的纵断面图

(2) 按图 6.25(a) 上 AB 线的长度绘一条水平线，如图 6.25(b) 中的 ab 线，作为基线，确定基线所代表的高程，基线高程一般略低于图上最低高程。

(3) 在地形图上沿断面线 AB 量出 A-1、A-2、…各段距离，并把它们标注在断面基线 ab 上，得 1′、2′、…各段距离，通过这些点作基线的垂线，垂线端点按各点高程决定。

(4) 将各垂线的端点连接起来，即得到表示实地断面方向的断面图。

根据地形图可以绘制沿任一方向的断面图。

6.3.9　按规定坡度选定最短路线

在道路、管道等工程规划中，一般要求按限制坡度选定一条最短路线。

如图 6.26 所示，设从公路旁 A 点到山头 B 点选定一条路线，限制坡度 i 为 4%，地形图比例尺为 1：2000，等高距 h 为 1m。具体方法如下。

(1) 确定线路上两相邻等高线间的最小等高线平距 d 为

$$d = \frac{h}{iM} = \frac{1}{0.04 \times 2000} = 12.5 \text{(m)}$$

(2) 先以 A 点为圆心，以 d 为半径，用圆规划弧，交 81m 等高线于 1 点；再以 1 点为

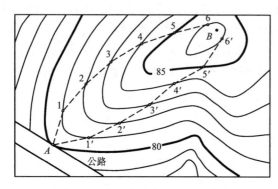

图 6.26 按规定坡度选定最短路线

圆心同样以 d 为半径划弧，交 82m 等高线于 2 点，依次到 B 点。连接相邻点，便得同坡度路线 A-1-2-…-B。

在选线过程中，有时会遇到两相邻等高线间的最小平距大于 d 的情况，即所作圆弧不能与相邻等高线相交，说明该处的坡度小于指定的坡度，则以最短距离定线。

在图上还可以沿另一方向定出第二条线路 A-1'-2'-…-B，可作为方案的比较。

实际工作中，还需在野外考虑工程上其他因素，如少占或不占耕地，避开不良地质构造，减少工程费用等，最后确定一条最佳路线。

6.3.10　确定汇水面积

汇水面积是指汇集某一区域水流量的面积，可由地形图上山脊线求得。如图 6.27 所示，用虚线连的山脊线 $bcdefga$ 和道路 ab 所包围的面积，就是过桥(或涵洞)m 的汇水面积。

6.3.11　平整场地的土方量计算

1. 方格网法场地平整成水平面

（1）打方格。方格网大小取决于地形的复杂程度、地形图比例尺和土方计算的精度要求，一般取 10m×10m、20m×20m、50m×50m。

（2）根据等高线用线性内插法求出各方格顶点的高程，并注记在相应顶点的右上方。

（3）计算设计高程。若设计高程由设计单位定出，则无需计算。若要求填挖方基本平衡，则设计高程计算方法是：

把每一个方格四个顶点的高程相加，除以 4，得每一个方格的平均高程；再把 n 个方格的平均高程加起来，除以方格数 n，得设计高程 $H_{设}$，即

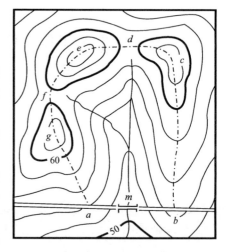

图 6.27　确定汇水面积

$$H_{设} = \frac{\sum H_{角} \times 1 + \sum H_{边} \times 2 + \sum H_{拐} \times 3 + \sum H_{中} \times 4}{4n}$$

式中，角点的高程使用一次，边点的高程使用二次，拐点的高程使用三次，中点的高程使用四次。

（4）计算填挖高度并绘制填挖边界线。根据设计高程 $H_{设}$ 和方格顶点的地表高程 $H_{地}$，可以计算出每一方格顶点的挖、填高度 $\Delta h = H_{地} - H_{设}$，Δh 正数为挖，负数为填。

将图 6.28 中各方格顶点的挖、填高度写于相应方格顶点的左上方。

根据各方格顶点的挖、填高度绘制填挖边界线。

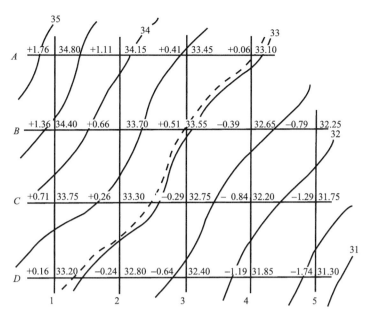

图 6.28 方格网法场地平整成水平面

(5) 计算填、挖方量。按角点、边点、拐点和中点分别计算填挖方量。

$$角点：V_{挖(填)} = \Delta H \times \frac{1}{4}方格面积$$

$$边点：V_{挖(填)} = \Delta H \times \frac{2}{4}方格面积$$

$$拐点：V_{挖(填)} = \Delta H \times \frac{3}{4}方格面积$$

$$中点：V_{挖(填)} = \Delta H \times \frac{4}{4}方格面积$$

最后将各方格的填挖方量汇总即可。上述计算可利用 Excel 表格来进行。

2. 方格网法场地平整成倾斜面

(1) 绘制设计倾斜面等高线。根据设计高度和坡度方向用比例内插法求出高程为 52m、51m、50m、…各点的位置，并连接起来即为设计倾斜面的等高线(图 6.29 中的粗虚线)。

(2) 确定填挖边界线。过设计等高线和原同高程的等高线交点的连线就可得到挖、填边界线(图中的虚线，绘有短线的一侧阴影部分为填土区，另一侧为挖土区)。

(3) 计算填、挖土方量。与前面的方法相同，首先在图上绘制方格网，并确定各方格顶点的挖深和填高量。不同之处是各方格顶点的设计高程是根据设计等高线内插求得的，并注记在方格顶点的右下方。其填高和挖深量仍注记在各顶点的左上方。挖方量和填方量的计算和前面的方法相同。

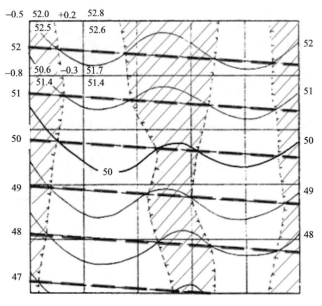

图 6.29　方格网法场地平整成倾斜面

6.4　地形图阅读与野外使用

地形图表示的地理环境信息及其有关规律，是一种时间、空间和物体现象组合的信息，具有定量、定位的特点。在资源环境调查和工程建设中，如土壤调查、土地利用现状调查、工厂选址、实地选线等，都需要进行地形图实地判读、填图等。因此，熟练掌握地形图阅读与野外使用方法是从事地理、资源环境和工程勘测设计人员必须掌握的基本技能。

6.4.1　地形图阅读

地形图阅读是了解地形图上的信息特征和符号化方法的一种手段，应用地形图必须从阅读地形图开始，它是地形图分析与解译的基础。

进行地形图阅读，应对照地形图的图式图例，阅读地形图内容的所有图形要素，包括自然和社会经济要素、数学要素和辅助要素，通过符号与表示对象的联系，获取该区域的地理环境性质与分布特征的知识。

1. 阅读辅助要素

在地形图图廓外配置的内容，称为地形图的辅助要素(图 6.30)，这些内容对识图和用图是非常必要的。

(1) 图名。地形图的名称。通常以图幅内最著名的地名、厂矿企业或村庄的名称作为图名，一般用最大居民地名称定名。图名标注在地形图图廓上方中央。

(2) 图号。是该图幅相应分幅方法的编号，标注在图廓上方的中央、图名的下方。

(3) 图廓。图廓是地形图的边界线，梯形图幅的图廓一般由内图廓、外图廓和分度带组成。四条细线即经纬线围成的四边形称为内图廓，它框定的界线即该图幅包含的范围；四条粗线围成的图廓称为外图廓；在外图廓内侧用短线加密了经纬度分划而构成了分度带，并注

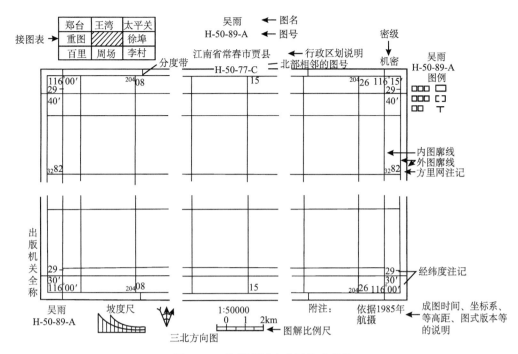

图 6.30　梯形图幅地形图辅助要素

记了以千米为单位的平面直角坐标值。

矩形图幅一般无分度带。在内图廓内侧，每隔 10cm 绘有 5mm 的短线，表示坐标格网线的位置。外图廓是最外边的粗线。在内外图廓线之间注记坐标格网线坐标值。

（4）图幅接合表。说明本图幅与相邻图幅的关系，供索取相邻图幅时用。通常是中间一格画有斜线的代表本图幅，相邻分别注明相应的图号(或图名)，并绘注在外图廓的左上方。

（5）四邻图号。四边外图廓的中央，注记相邻图幅的编号。用来表明本幅图与四邻图幅的接合关系，便于查找和拼接地形图。

（6）领属注记。排写在前面的为占有图幅面积大的。

（7）图廓间说明注记。到达地注记，境界线注记，大型地物跨幅注记。

（8）说明测制情况和保管要求的注记。是了解图件来源和成图方法的重要资料。通常在图的下方或左、右两侧注有文字说明，内容包括地形图测制单位、成图方法、成图日期、采用的地形图版式、测量员、绘图员和检查员以及保密密级等。

2. 阅读数学要素

包括坐标系、高程系、地形图投影、比例尺、地形图的分幅等。

（1）坐标系。说明图幅采用的平面直角坐标系统。国家基本比例尺地形图多采用 1954 北京坐标系或 1980 西安坐标系，其他大比例尺地形图多采用独立坐标系。

（2）高程系。说明图幅采用的高程系统。国家基本比例尺地形图多采用 1956 黄海高程系或 1985 国家高程基准，其他大比例尺地形图多采用地方高程系或假设高程系。

（3）地形图投影。大于 1∶100 万比例尺地形图一般均采用高斯-克吕格投影，但图面一般不特意注明。阅读地形图时应注意识别经纬线网、方里网，了解其投影特点，帮助建立正确的位置和形状概念。

（4）基本等高距，说明本图幅采用的基本等高距。

（5）比例尺。说明本图幅采用的比例，绘注在外图廓下方中央。比例尺决定着地形图的精度和内容的详细程度。了解地形图上比例尺的表现形式。从图上量得的长度和面积，可以计算出它所代表的实地长度和面积。地形图上通常都注有数字比例尺或直线比例尺，但也可以从坐标格网所注数字辨认出来。

（6）三北方向偏角图。说明真子午线、磁子午线和坐标纵轴方向三者之间的角度关系，常绘制在中、小比例尺地形图下方，称三北方向图。利用该关系图，可对图上任一方向的真方位角、磁方位角和坐标方位角三者间作相互换算。此外，在南、北内图廓线上，还绘有标志点 P 和 P'，此两点的连线即为该图幅的磁子午线方向。根据磁子午线方向，借助罗盘即可地形图进行实地定向。

（7）坡度尺。为了便于量测坡度而制作，可进行地貌分析阅读。坡度尺是地形图上量测坡度的图解。坡度尺用来量图上两点的地面坡度，用两脚规在坡度尺图上可直接量取 2～6 条等高线之间的坡度。

3. 阅读图面地理要素

地形图采用统一的符号系统十分详细和精确地显示制图区域内地理事物的形状、分布位置、类型及数量等特征，所以又称全要素地形图。

初识地形图者在阅读图面要素前，应预先阅读图例。图例是地形图上使用的全部符号的归纳和地形图内容的必要说明，是识别地形图符号的工具。一般放置在图廓右侧。阅读图例应了解各种符号的图形、尺寸、颜色及不同规格注记所代表的具体内容。

地形图图面地理要素主要包括水系、地貌、土质、植被、居民地、交通网、境界线和一些独立地物等。

（1）水系，了解区域内河流、湖泊、海洋、水库、沟渠、井泉等的分布。阅读水陆界限，搞清河流性质、河段情况等。

（2）地貌，了解区域的地形起伏情况，可根据等高线疏密、高程注记、等高线形态特征来判明地形起伏和地貌类型。具体读出山头、山脊、山谷、山坡、凹地、鞍部等基本地形。

（3）土质、植被，土质主要了解地表覆盖层的性质，植被主要了解地表植被的类型及其分布。

（4）居民地，主要阅读居民地类型、形状、人口数量、行政等级、分布密度、分布特点等。

（5）交通网，了解交通线种类、等级，路面性质、宽度，主要站点，水上交通网，港口和航线情况等。

（6）境界线，了解区域内的政治、行政区划情况，主要境界线的种类和位置。

（7）独立地物，主要有文物古迹、判断方位的重要标志，具有特殊意义的工、农业地物等。

6.4.2　野外定向

在野外用地形图定向，就是使地形图上的东南西北与实地的方向一致，使图上线段与地面上的相应线段平行或重合。地形图定向常用方法有以下两种。

1. 借助罗盘定向

在地形图的南北图廓线上分别注有磁南和磁北，这两点的连线就是本图幅的磁子午线。定向时，使罗盘上的南北线与磁子午线一致，然后将地形图与罗盘一起转动，使磁针北端指向罗盘刻度盘上的磁北，这时地形图的方向即与实地一致。如果对罗盘进行过磁偏角的校正，则可用真子午线来调整地形图的方向。

野外使用罗盘时务必水平地拿着，远离铁丝网、高压线以及含有磁铁或磁性容器的地物，以免发生错乱。

2. 根据地物定向

首先在地形图上找出两个能与实地对照的明显地物，如三角点、独立树、水塔、烟囱、山顶等；然后转动地形图，使图上地物符号与实地相应地物的方向一致。

当位于河流、道路、桥梁等直、长地物附近时，可转动地形图与其顺向来定向。

6.4.3 站立点确定

野外调查中，需随时确定站立点在图上的位置，以便利用地形图了解周围地形地物。

(1) 地形关系位置判定法。先标定地形图方位，按照现地对照的方法步骤，逐一判断出站立点四周明显地形点在图上的位置；再依它们对照站立点的关系位置，在图上确定出站立点的位置。

如图6.31所示，判读者站在三角点左下方的山背上，根据左侧的冲沟和前方的山顶等关系位置，即可确定站立点在图上的位置(如图中左上角等高线图上的小圆点所示)。若站立点是在山顶、鞍部、桥梁、岔路口等明显地形点上，只要在图上找到这个地形符号，也就找到了站立点在图上的位置。如果站立点是

图6.31 关系位置判定站立点

在某明显地形点的附近，则可以根据自己站立点与明显地形点的关系，目估判定在图上的位置。该法适用于地物和地形特征点较多的地区。

(2) 侧方交会法。如图6.32所示，若站立点位于线状地物(如道路、土堤、水渠等)上，则先标定地形图方位，在线状地物侧方选一个图上和实地都有的明显地形点，在图上该符号的定位点插一细针，以照准器(或指北针)的直尺切绕该针，照准实地所选的明显地形点描绘方向钱，该方向线与所在线状地物符号的交点，即是站立点在图上的位置。

图6.32 侧方交会法判定站立点

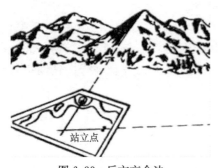

图 6.33 后方交会法

（3）后方交会法。如图 6.33 所示，先用指北针标定地形图方位；再选择两个图上和实地都有的明显地形或地物点，在图上符号的定位点上插一细针；然后以照准器（或指北外）的尺边分别贴紧细针照准实地相应地形地物点并沿尺边向后画方向线，其交点即为站立点。

（4）极距法。如果远方只能看到一个明显地形点，不能进行后方交会时，就用极距法确定。所谓极距法，就是利用方位角和距离两个数据确定站立点的方法。例如，在实地测得某个明显地形点的磁方位角 10°，距离 900m，我们就可以根据这两个数据，在图上按比例尺缩绘出站立点的位置。

缩绘的方法：先标定地形图，再以指北针直尺边切在图上该明显目标的地形符号上，然后转动指北针，并使磁针对准 10°，画方向线，最后在方向线上根据所测距离比例尺综绘出站立点在图上的位置。

（5）磁方位角交会法。在密林地区行动，视线不良，可借助高大树木，登高望远，用磁方位角交会的办法确定。具体作法是：先攀登到比较高大的树上，用指北针分别测出远方明显目标的磁方位角；再到地面方便的地方标定地形图；然后以指北针直尺边靠在图上相应地形符号的中心，转动指北针，使磁针指向所测磁方位角分划，画方向线；再以同样方法，描画另一目标的方向线。两条方向线的交点，就是站立点在图上的位置。

（6）在无法精确标定地形图时，还可以采用透明纸交会法确定。具体作法是：先选定图上和现地都有的三个明显地形点；再将透明纸固定在图板上，并在适当位置插一细针，以直尺紧靠细针，不动图板，依次向现地各地形点瞄画方向线，并在方向线的末端注上地形点的名称；然后取下透明纸，蒙在地形图上，移动透明纸，使每条方向线准确地通过相应地形符号的定位点，此时，透明纸上针眼位置就是站立点在图上的位置。

确定站立点应特别注意：不论采用何种方法确定站立点，均应首先仔细分析研究站立点周围地形。选择明显地形点作已知点时（宜选用近的、精度高的），图上位置一定要找准，防止判错点位，用错已知点。标定地形图后，在定点过程中，地形图方位不能变动，并应注意检查。当采用交会法时，为提高准确性，条件允许时，要用另一地形点进行交会以检验。如三条方向线不交于一点而出现示误三角形，其最大边长不超过 1.5mm 时，取三角形中心为站立点图上位置；超过 1.5mm 时，应找出原因，重新作业。

6.4.4 实地对照

实地对照地形图，就是在地形图定向、确定站立点以后，将地形图与实地地形一一加以对照。地形图实地对照通常是先识别主要和明显的地物、地貌，再按位置关系识别其他地物、地貌。通过地形图和实地对照，了解和熟悉周围地形情况，比较出地形图上内容与实地相应地形是否发生了变化。

对照地形时，一般先对照突出明显的地形，后对照一般地形，再由近及远，由点到线，后分片逐段地进行对照。

在山地、丘陵地对照时，可根据地貌形态，山脉走向，先对照高大明显的山头、山脊，然后顺着山脊、鞍部、山背、山脚的方向对照。也可以根据远近山岭的颜色、植被、道路、河流分布等特征和地形间的相关位置进行对照。

在平原地对照时，可先对照主要的道路、河流、居民地和高大突出的建筑物，再根据地物的分布情况和相关位置逐点分片地进行对照。

目标地物到站立点的实地距离可采用简易测量法，如目估、步测，或采用测距望远镜、手持 GPS 等测定。

对照过程中，要边对照边记忆，逐步建立地形与地形图的统一概念，最后达到能熟背地形图，对地形了如指掌。

6.4.5　调绘填图

在对站立点周围地理要素认识的基础上就可以调绘填图。调绘填图是指把土壤普查、土地利用、矿产资源分布等调查对象用规定的符号和注记填绘于地形图上。调绘填图的站立点要选择视线良好的地点。通常用罗盘或目估的方法确定填图对象的方向，用目估、步测或皮尺确定距离。野外应根据现场条件灵活使用比较判定法、极坐标法、直角坐标法、距离交会法、前方交会法等填绘调绘对象碎部点。

6.4.6　按地形图行进

在陌生地域进行野外作业，常需要按地形图行进。因此，在行进前要认真作好图上准备。包括：①根据任务在图上研究选定行进路线，并将沿途方位物，如岔路口、转弯点、居民地进出口的方位物等标绘在地形图上，以便行进中实地对照。②量测行进路线上各段里程，计算行进时间，并注记在图上。③熟记行进路线。熟记时，一般按行进的顺序，把每段的里程、两侧的方位物、地形特征和经过的村庄等都熟记在脑海中，做到心中有数。

在行进时要做到方向明、路线明、位置明。方向明，就是在出发点上，必须准确标定地形图，对照地形，明确前进的道路和方向，防止方向性错误。路线明，就是在行进中，根据记忆，边走、边回忆、边对照地形，对行进的路线、里程心中始终明确，切实做到"人在路上走，心在图中移"。位置明，就是行进中，特别是经过每个岔路口、转弯点等，随时标明自己在图上的位置。

遇到有变化的地形时，能根据变化规律，进行正确地分析判断。由于地形图的测制和更新需要一定的周期，地形图总是落后于实地地形的变化。所以，实地用图时，经常碰到地形图与实地有不一致的地方，致使判定站立点困难。这时要根据地形变化的规律，经过仔细对照，认真分析，然后判定站立点。

乘汽车行进时，应根据速度快的特点，随时标定地形图，不间断对照方位物，掌握行车里程和速度，遇到转弯处，应停车判读。

思　考　题

1. 名词解释：地形图、比例尺、比例尺精度、等高线、等高距、等高线平距。
2. 简述地形图比例尺精度的意义。
3. 等高线有哪些类型？等高线基本特征是什么？
4. 何谓梯形分幅？何谓矩形分幅？各有何特点？
5. 梯形分幅 1∶1000000 比例尺地形图的图幅是如何划分的？如何规定它的编号？
6. 某控制点的地理位置为东经 $115°14'24''$、北纬 $28°36'17''$。试求其所在 1∶5000 比例尺梯形图幅的编号。

7. 已知某梯形分幅地形图的编号为 J47D006003，试求其比例尺和该地形图西南图廓点的经度与纬度。

8. 怎样利用地形图上的三北方向在野外进行罗盘定向？

9. 如图 6.34 所示，用 ▲ 标出山头，用 △ 标出鞍部，用虚线标出山脊线，用实线标出山谷线；求出 A、B 两点的高程，并用图下直线比例尺求出 A、B 两点间的水平距离及坡度；绘出 A、B 之间的地形断面图（平距比例尺为 1∶2000，高程比例尺为 1∶200）；找出图内山坡最陡处，并求出该最陡坡度值；从 C 到 D 作出一条坡度不大于 10% 的最短路线；绘出过 C 点的汇水面积；判断 A 与 B 之间、B 与 C 之间是否通视。

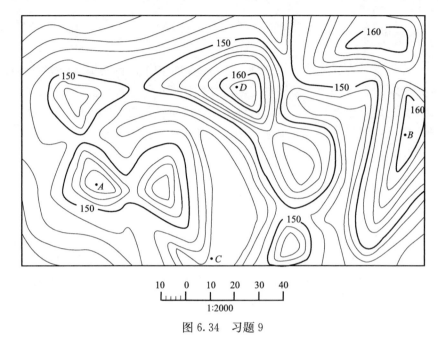

图 6.34　习题 9

第7章 大比例尺数字地形图测绘

7.1 大比例尺测图的技术设计

通常所指的大比例尺测图系指 1∶5000～1∶500 比例尺测图，而且 1∶50000～1∶10000比例尺测图目前多用航测法成图。小于 1∶50000 的小比例尺图，则是根据较大比例尺地图及各种资料编绘而成。

大比例尺测图除测绘地形图以外，还有地籍图、房产图和地下管线图等，它们的基本测绘方法是相同的，并具有本地统一的平面坐标系统、高程系统和图幅分幅方法。

地籍图表示的内容有地籍要素和必要的地形要素。地籍要素包括行政境界、土地权属界线、界址点及编号、土地编号、房产情况、土地利用类别、土地等级、土地面积等。必要的地形要素包括测量控制点、房屋道路、水系以及与地籍有关的地物、地理名称等。

房产图是地形图和地籍图的派生图，主要内容包括控制点、界址点、房屋权界线、房屋结构及层次、房产类别及用途、用地界线、附属设施、围护物、道路、水系以及与房产有关的其他地形要素等。

地下管线图的主要内容是各类地下管线的地面特征点、地下管线探测点、地下管线尺寸及用途、地下管线的附属设施及地下管线周边的地形要素等。

在测图开始前，应编写技术设计书、拟订作业计划，以保证测量工作在技术上合理、可靠，在经济上节省人力、物力，有计划、有步骤地开展工作。

大比例尺测图的作业规范和图式主要有《工程测量规范》、《城市测量规范》、《地籍测绘规范》、《房产测量规范》、《大比例尺地形图机助制图规范》、《1∶500 1∶1000 1∶2000地形图图式》、《1∶5000 1∶10000 地形图图式》、《地籍图图式》、《1∶500 1∶10001∶2000地形图要素分类与代码》等。

根据测量任务书和有关的测量规范，并依据所收集的资料，其中包括测区踏勘等资料来编制技术计划。

技术计划的主要内容有：任务概述，测区情况，已有资料及其分析，技术方案的设计，组织与劳动计划，财务预算，检查验收计划以及安全措施等。

测量任务书应明确工程项目或编号，设计阶段及测量目的，测区范围(附图)及工作量，对测量工作的主要技术要求和特殊要求以及上交资料的种类和日期等内容。

在编制技术计划之前，应预先搜集并研究测区内及测区附近已有测量成果资料，扼要说明其施测单位、施测年代、等级、精度、比例尺、规范依据、范围、平面和高程系统、摄影带号、标石保存情况及可以利用的程度等。

大比例尺测图的平面坐标系统采用国家统一平面直角坐标系统。但在工程建设中，一般面积多为几至十几平方千米，这时可利用国家控制网一个点的坐标和一个方向。当没有国家控制点可利用时，可采用独立坐标系统。如果测区面积大于100km²，则应与国家控制网联测，采用国家坐标系统。此时控制测量成果应顾及球面与平面的差别并归化到高斯平面上计算。采用3°带投影时，我国大部分地区投影带边缘的长度变形约为1/2900，这对普通导线测量影响尚不严重，而对等级导线测量的边长应进行距离改化。无论是 3°带投影，或是 1.5°带投影，一个测区只能用一种坐标系统。高程系统则应与国家高程系统一致。即采用"1975 国家高程基准"的高程系统。如测区附近没有国家水准点，或者联测工作量很大，这时可以在已有地形图上求得一个点的高程作为起算高程，对于扩建和改建的工程测图，为保持两次测图的高程一致，可以利用原来的水准点高程。

凡影响到测量工作安排和进展的问题，应到测区进行实地调查，其中包括人文风俗、自然地理条件、交通运输、气象情况等。踏勘时还应核对旧有的标石和点之记。初步考虑地形控制网（图根控制网）的布设方案和必须采取的措施。

根据收集的资料及现场踏勘情况，在旧有地形图（或小比例尺地图）上拟订地形控制布设方案，进行必要的精度估算。有时需要提出若干方案进行技术要求与经济核算方面的比较。对地形控制网的图形、施测、点的密度和平差计算等因素进行全面的分析，并确定最后采用的方案。实地选点时，在满足技术规定的条件下容许对方案进行局部修改。

拟订计划时，还应将已有控制点展绘到图上，并绘制测区地形图分幅图。梯形分幅除绘出图廓线外，还应绘出坐标格网线（也称公里格网线）。

根据技术计划的方案统计工作量，并结合规定计划提交资料的时间，编制组织措施和劳动计划，提出仪器配备计划、经费预算计划和工作计划进度，同时拟订检查验收计划。

在测量工作的各生产过程（如野外踏勘、选点、造埋、观测、计算）中要尽量避免工伤事故和减少仪器设备损坏，确保安全生产。测量人员要熟悉操作方法，执行安全规则，严格遵守规范，注意防病、防火，不断提高劳动生产率，为国家经济建设多作贡献。

7.2　图根控制测量和测站点测定

7.2.1　图根控制测量

测区高级控制点的密度不可能满足大比例尺的需要，这时应布置适当数量的图根控制点，又称图根点，直接供测图使用。图根控制布设，是在各等级控制下进行加密，一般不超过两次附合。在较小的独立测区测图时，图根控制可作为首级控制。

图根平面控制点的布设，可采用图根导线、图根三角、交会方法和实时动态差分法（real time kinematic，GPS RTK）等方法。图根点的高程可采用图根水准和图根三角高程测定。图根点的精度，相对于邻近等级控制点的点位中误差，不应大于 0.1mm，高程中误差不应大于测图基本等高距的 1/10。

图根控制点（包括已知高级点）的个数，应根据地形复杂、破碎程度或隐蔽情况而决定其数量。就常规成图方法而言，一般平坦且开阔地区每平方千米图根点的密度，对于 1：2000 比例尺测图应不少于 5 个，1：1000 比例尺测图应不少于 50 个，1：500 比例尺测图应不少于 150 个。数字测图方法每平方千米图根点的密度，对于 1：2000 比例尺测图应不少于 4 个，1：1000 比例尺测图应不少于 16 个，1：500 比例尺测图应不少于 64 个。

7.2.2　测站点的测定

测图时应尽量利用各级控制点作为测站点，但由于地表上的地物、地貌有时是极其复杂零碎的，要全部在各级控制点上测绘所有的碎部点往往是困难的，因此，除了利用各级控制点外，还要增设测站点。尤其是在地形琐碎、合水线地形复杂地段，小沟、小山脊转变处，房屋密集的居民地以及雨裂冲沟繁多的地方，对测站点的数量要求会多一些，但要切忌用增设测站点做大面积的测图。

增设测站点是在控制点或图根点上，采用极坐标法、交会法和支导线测定测站点的坐标和高程。用支导线增设测站时，为保证方向传递精度，可用三联脚架法。数字测图时，测站点的点位精度，相对于附近图根点的中误差不应大于图上 0.2mm，高程中误差不应大于测图基本等高距的 1/6。

7.3　野外采集数据

7.3.1　野外数据采集模式

大比例尺数字测图野外数据采集按碎部点测量方法，分为全站仪测量方法和 GPS RTK 测量方法。目前，主要采用全站仪测量方法，在控制点、加密的图根点或测站点上架设全站仪，全站仪经定向后，观测碎部点上放置的棱镜，得到方向、竖直角(或天顶距)和距离等观测值，记录在电子手簿或全站仪内存；或者是由记录器程序计算碎部点的坐标和高程，记入电子手簿或全站仪内存。如果观测条件允许，也可采用 GPS RTK 测定碎部点，将直接得到碎部点的坐标和高程。野外数据采集除碎部点的坐标数据外还需要有与绘图有关的其他信息，如碎部点的地形要素名称、碎部点连接线型等，才可以由计算机生成图形文件，进行图形处理。为了便于计算机识别，碎部点的地形要素名称、碎部点连接线型信息也都用数字代码或英文字母代码来表示，这些代码称为图形信息码。根据获取图形信息码的方式不同，野外数据采集的工作程序分为两种：一种是在观测碎部点时，绘制工作草图，在工作草图记录地形要素名称、碎部点连接关系；然后在室内将碎部点显示在计算机屏幕上，根据工作草图，采用人机交互方式连接碎部点，输入图形信息码和生成图形。另一种是采用笔记本电脑和个人数字助理(personal digital assistant，PDA)掌上电脑作为野外数据采集记录器，可以在观测碎部点之后，对照实际地形输入图形信息码和生成图形。

大比例尺数字测图野外数据采集除硬件设备外，需要有数字测图软件来支持。不同的数字测图软件在数据采集方法、数据记录格式、图形文件格式和图形编辑功能等方面会有一些差别。

7.3.2　数据记录内容和格式

大比例尺数字测图野外采集的数据包括：

(1) 一般数据，如测区代号、施测日期、小组编号等。

(2) 仪器数据，如仪器类型，仪器误差，测距仪加常数、乘常数等。

(3) 测站数据，如测站点号、零方向点号、仪器高、零方向读数等。

(4) 方向观测数据，如方向点号、目标的觇标高、方向、天顶距和斜距的观测值等。

(5) 碎部点观测数据，如点号、连接点号、连接线型、地形要素分类码、方向、天顶距和斜距的观测值以及觇标高(或者是计算的 x、y 坐标和高程)等。

(6) 控制点数据，如点号、类别、x、y 坐标和高程等。

为区分各种数据的记录内容，用不同的记录类别码放在每条记录的开头来表示。各种数据需要规定它们的字长，根据数据的字长和数据之间的关系，确定一条记录的长度。每条记录具有相同的长度和相同的数据段，按记录类别码可以确定一条记录中各数据段的内容，对于不用的数据段可以用零填充。

图 7.1 是一种数据记录格式，分为七个数据段。A1 表示记录类别，后面的记录按记录类别表示相应的内容，例如一条碎部点记录；A2 表示点号；A3 表示连接点号；A4 表示线型和线序；A5 表示地形要素代码；A6、A7、A8 分别表示碎部点的 x、y 坐标和高程。

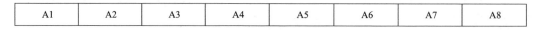

| A1 | A2 | A3 | A4 | A5 | A6 | A7 | A8 |

图 7.1　野外数据记录格式

7.3.3　地形图要素分类和代码

按照 GB 14704—1993《1∶1000　1∶2000 地形图要素分类与代码》标准，地形图要素分为九大类：测量控制点、居民地和垣栅、工矿建（构）筑物及其他设施、交通及附属设施、管线及附属设施、水系及附属设施、境界、地貌和土质、植被。地形图要素代码由四位数字码组成，从左到右，第一位是大类码，用 1～9 表示；第二位是小类码；第三、四位分别是一、二级代码。例如一般房屋代码为 2110，简单房屋为 2120，围墙代码为 2430，高速公路为 4310，等级公路为 4320，等外公路为 4330 等。

7.3.4　连接线代码

除独立地物外，线状地物和面状地物符号是由两个或更多的点连接起来构成。对于同一种地物符号，连接线的形状也可以不同。例如房屋的轮廓线多数为直线段的连线，也有圆弧段。因此在点与点连接时，需要有连接线的编码。连接线分为直线、圆弧、曲线，分别以 1、2、3 表示，称为连接线型码。为了使一个地物上的点由点记录按顺序自动连接起来，形成一个图块，需要给出连线的顺序码，例如用 0 表示开始，1 表示中间，2 表示结束。

7.3.5　图形信息码的输入

1. 输入方式

输入图形信息码是数字测图数据采集的一项重要工作，如果只有碎部点的坐标和高程，计算机处理时无法识别碎部点是哪一种地形要素以及碎部点之间的连接关系。因此要将测量的碎部点生成数字地图，就必须给碎部点记录输入图形信息码。输入图形信息码是在数据采集过程中完成的。根据草图将有关的图形信息码输入到相应的点记录中，这种方式，可减少野外观测时间，在野外不需要有显示图形功能的记录器，但不直观，在地形要素复杂的情况下易于出错。采用笔记本电脑或 PDA 掌上电脑，可在现场输入图形信息码和显示图形，及时发现数据采集中的错误。

2. 公共点记录的增加

在连接线状地物、面状地物轮廓边界线时，遇到同一点有三个或多于三个连接方向（这种点为结点），或者是同一个点属于不同的地形要素，在这种情况下就需要增加公共点记录。每个公共点记录只输点号和图形信息码，公共点记录的点号和原点号相同，图形信息码按实际输入，其他各项记录为零，但实际的值和原点号记录相应的记录项相同。

3. 图块各点连接方向

除控制点以及无方位的独立符号表示的地物外，应将所测地物点连接成图块。根据测图系统绘制地形图符号的要求，图块上各点应按规定的方向顺序连接，如某一测图系统对图块各点连接方向作如下规定：

（1）有方位的独立地物，如窑洞、矿井中的斜井和平峒等，在对应于地物符号中心的两侧对称各测一点，所绘地物符号位于连线的右侧。

（2）对于围墙、陡坎、栏杆等线状地物，连接各轮廓点，短线符号绘在连接方向的右侧。而对双线道路、河流等两侧应分别连接，并使另一侧位于连接方向的右侧。

（3）对于房屋、池塘、地类界等闭合的面状符号，按顺时针方向连接各轮廓点。

（4）对于一些特殊图块，必须按系统规定的顺序连接，如台阶、双线桥、依比例的地下出入口等图块。

7.3.6　工作草图

在数字测图野外数据采集中，绘制工作草图是保证数字测图质量的一项措施。工作草图是图形信息编码碎部点间接坐标计算和人机交互编辑修改的依据。

在进行数字测图时，如果测区有相近比例尺的地图，则可利用旧图或影像图并适当放大复制，裁成合适的大小(如 A4 幅面)作为工作草图。在这种情况下，作业员可先进行测区调查，对照实地将变化的地物反映在草图上，同时标出控制点的位置，这种工作草图也起到工作计划图的作用。在没有合适的地图可作为工作草图的情况下，应在数据采集时绘制工作草图。工作草图应绘制地物的相关位置、地貌的地性线、点号、丈量距离记录、地理名称和说明注记等。草图可按地物相互关系一块块地绘制，也可按测站绘制，地物密集处可绘制局部放大图。草图上点号标注应清楚正确，并和电子手簿记录点号一一对应，如图 7.2 所示。

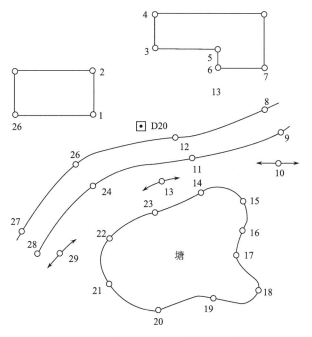

图 7.2　野外碎部测量绘制的工作草图

7.4 地物平面图测量

7.4.1 地物测绘的一般原则

地物即地球表面上自然和人造的固定性物体。它与地貌一起总称地形。地物可分为表7.1所示的几种类型。

表 7.1 地物分类

地物类型	地物类型举例
水系	江河、运河、沟渠、湖泊、池塘、井、泉、堤坝
居民地	城市、集镇、村庄、窑洞、蒙古包及居民地附属建筑物
道路网	铁路、公路、乡村路、大车路、小车路、小路、桥梁、涵洞等
独立地物	三角点等各种测量控制点、亭、塔、碑、牌坊、气象站、独立石
管线与垣栅	输电线路、通信线路、地面与地下管道、城墙、围墙、栅栏、篱笆等
境界与界碑	国界、省界、县界及界碑等
土质与植被	森林、果园、菜园、耕地、草地、沙地、石块地、沼泽等

地物在地形图上表示的原则是：凡能按比例尺表示的地物，则将它们的水平投影位置的几何形状依照比例尺描绘在地形图上，如房屋、双线河等，或将其边界位置按比例尺表示在图上，边界内绘上相应的符号，如果园、森林、耕地等；不能按比例尺表示的地物，在地形图上用相应的地物符号表示在地物的中心位置上，如水塔、烟囱、纪念碑等；凡是长度能按比例尺表示，而宽度不能按比例尺表示的地物，则其长度按比例尺表示，宽度以相应符号表示。

地物测绘必须根据规定的比例尺，按规范和图式的要求，进行综合取舍，将各种地物表示在地形图上。

7.4.2 地物符号

地物的类别、形状、大小及其在图上的位置，是用地物符号表示的。根据地物的大小及描绘方法不同，地物符号可被分为比例符号、非比例符号、半比例符号及地物注记。

1. 比例符号

凡按照比例尺能将地物轮廓缩绘在图上的符号称为比例符号，如房屋、江河、湖泊、森林、果园等。这些符号与地面上实际地物的形状相似，可以在图上量测地物的面积。当用比例符号仅能表示地物的形状和大小，而不能表示出其类别时，应在轮廓内加绘相应符号，以指明其地物类别。

2. 半比例符号

凡长度可按比例尺缩绘，而宽度不能按比例尺缩绘的狭长地物符号，称为半比例符号，也称线性符号，如道路、河流、通信线以及管道等。半比例符号的中心线即为实际地物的中心线。这种符号可以在图上量测地物的长度，但不能量测其宽度。

3. 非比例符号

当地物的轮廓很小或无轮廓，以致不能按测图比例尺缩小，但因其重要性又必须表示时，可不管其实际尺寸，均用规定的符号表示。这类地物符号称为非比例符号，如测量控制点、独立树、里程碑、钻孔、烟囱等。这种地物符号和有些比例符号随着比例尺的不同是可以相互转化的。非比例符号不仅其形状和大小不能按比例尺描绘，而且符号的中心位置与该地物实地中心的位置关系也将随各类地物符号不同而不同，其定位点规则如下：

（1）圆形、正方形、三角形等几何图形的符号（如三角点等）的几何中心即代表对应地物的中心位置[图 7.3(a)]。

（2）符号（如纪念碑等）底线的中心，即为相应地物的中心位置[图 7.3(b)]。

（3）底部为直角形的符号（如独立树等），其底部直角顶点，即为相应地物中心的位置[图 7.3(c)]。

（4）下方没有底线的符号（如矿山开采口等）的下方两端点的中心点，即为对应地物的中心位置[图 7.3(d)]。

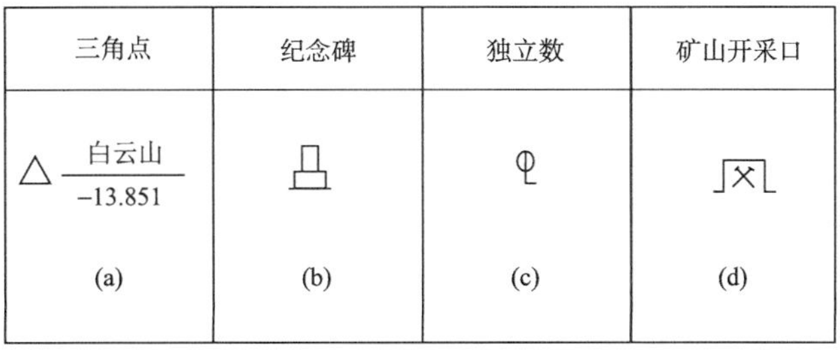

三角点	纪念碑	独立数	矿山开采口
△ 白云山 −13.851			
(a)	(b)	(c)	(d)

图 7.3　非比例符号示例

4. 地物注记

用文字、数字等对地物的性质、名称、种类或数量等在图上加以说明，称为地物注记。地物注记可分为如下三类：

（1）地理名称注记如居民点、山脉、河流、湖泊、水库、铁路、公路和行政区的名称等均须用各种不同大小、不同的字体进行注记说明。

（2）说明文字注记在地形图上为了表示地物的实质或某种重要特征，可用文字说明进行注记。如咸水井除用水井符号表示外，还应加注"咸"字说明其水质；石油井、天然气井等其符号相同，必须在符号旁加注"油""气"，以示区别。

（3）数字注记在地形图上为了补充说明被描绘地物的数量和说明地物的特征，可用数字进行注记。如三角点的注记，其分子是点名或点号，其分母的数字表示三角点的高程。

在地形图上对于某个具体地物的表示，是采用比例符号还是非比例符号，主要由测图比例尺和地物的大小而定，在《地形图图式》中有明确规定。但一般而言，测图比例尺越大，用比例符号描绘的地物就越多；相反，比例尺越小，用非比例符号表示的地物就越多。随着比例尺的增大，说明文字注记和数字注记的数量也相应增加。

7.4.3　地物测绘

1. 居民地测绘

居民地是人类居住和进行各种活动的中心场所，它是地形图上的一项重要内容。在居民地测绘时，应在地形图上表示出居民地的类型、形状、质量和行政意义等。

居民地房屋的排列形式很多，农村中以散列式即不规则的排列方式较多，城市中的房屋则排列比较整齐。

测绘居民地时根据测图比例尺的不同，在综合取舍方面有所不同。对于居民地的外部轮廓，都应准确测绘。1∶1000 或更大的比例尺测图，各类建筑物和构筑物及主要附属设施应按实地轮廓逐个测绘，其内部的主要街道和较大的空地应加以区分，图上宽度小于 0.5mm 的次要道路不予表示，其他碎部点可综合取舍。房屋以房基角为准立尺测绘，并按建筑材料和质量分类予以注记，对于楼房还应注记层数。圆形建筑物(如油库、烟囱、水塔等)的轮廓线应实测三个点并用圆连接。房屋和建筑物轮廓的凸凹在图上小于 0.4mm(简单房屋小于 0.6mm)时可用直线连接。对于散列式的居民地、独立房屋应分别测绘。1∶2000 比例尺测图房屋可适当综合取舍。围墙、栅栏等可根据其永久性、规整性、重要性等综合取舍。

2. 独立地物测绘

独立地物是判定方位、确定位置、指定目标的重要标志，必须准确测绘并按规定的符号正确予以表示。

3. 道路测绘

道路包括铁路、公路及其他道路。所有铁路、有轨电车道、公路、大车路、乡村路均应测绘。车站及其附属建筑物、隧道、桥涵、路堑、路堤、里程碑等均需表示。在道路稠密地区，次要的人行路可适当取舍。

(1) 铁路测绘应立尺于铁轨的中心线，对于 1∶1000 或更大比例尺测图，依比例绘制铁路符号，标准轨距为 1.435m。铁路线上应测绘轨顶高程，曲线部分测取内轨顶面高程。路堤、路堑应测定坡顶、坡脚的位置和高程。铁路两旁的附属建筑物，如信号灯、扳道房、里程碑等都应按实际位置测绘。

铁路与公路或其他道路在同一水平面内相交时，铁路符号不中断，而将另一道路符号中断表示；不在同一水平面相交的道路交叉点处，应绘以相应的桥梁或涵洞、隧道等符号。

(2) 公路应实测路面位置，并测定道路中心高程。高速公路应测出两侧围建的栏杆收费站，中央分隔带视用图需要测绘。公路、街道一般在边线上取点立尺，并量取路的宽度或在路两边取点立尺。当公路弯道有圆弧时，至少要测取起、中、终三点，并用圆滑曲线连接。路堤、路堑均应按实地宽度绘出边界，并应在其坡顶、坡脚适当注记高程。公路路堤应分别绘出路边线与堤(堑)边线，二者重合时，可将其中之一移位 0.2mm 表示。

公路、街道按路面材料划分为水泥、沥青、碎石、砾石等，以文字注记在图上，路面材料改变处应实测其位置并用点线分离。

(3) 其他道路测绘。其他道路有大车路、乡村路和小路等，测绘时，一般在中心线上取点立尺，道路宽度能依比例表示时，按道路宽度的 1/2 在两侧绘平行线。对于宽度在图上小于 0.6mm 的小路，选择路中心线立尺测定，并用半比例符号表示。

(4) 桥梁测绘，铁路、公路桥应实测桥头、桥身和桥墩位置，桥面应测定高程，桥面上的人行道图上宽度大于 1mm 的应实测。各种人行桥图上宽度大于 1mm 的应实测桥面位置，不能依比例的，实测桥面中心线。

有围墙、垣栅的公园、工厂学校、机关等内部道路，除通行汽车的主要道路外均按内部道路绘出。

4. 管线与垣栅测绘

永久性的电力线、通信线路的电杆、铁塔位置应实测。同一杆上架有多种线路时，应表示其中主要线路，并要做到各种线路走向连贯、线类分明。居民地、建筑区内的电力线、通信线可不连线，但应在杆架处绘出连线方向。电杆上有变压器时，变压器的位置按其与电杆的相应位置绘出。

地面上的、架空的、有堤基的管道应实测并注记输送的物质类型。当架空的管道直线部分的支架密集时，可适当取舍。地下管线检修井测定其中心位置按类别以相应符号表示。城墙、围墙及永久性的栅栏、篱笆、铁丝网、活树篱笆等均应实测。

境界线应测绘至县和县级以上。乡与国营农、林、牧场的界线应按需要进行测绘。两级境界重合时，只绘高一级符号。

5. 水系的测绘

水系测绘时，海岸、河流、溪流、湖泊、水库、池塘、沟渠、泉、井以及各种水工设施均应实测。河流、沟渠、湖泊等地物，通常无特殊要求时均以岸边为界，如果要求测出水涯线（水面与地面的交线）、洪水位（历史上最高水位的位置）及平水位（常年一般水位的位置）时，应按要求在调查研究的基础上进行测绘。

河流的两岸一般不规则，在保证精度的前提下，对于小的弯曲和岸边不甚明显的地段可进行适当取舍。河流图上宽度小于 0.5mm、沟渠实际宽度小于 1m（1∶500 测图时小于 0.5m）时，不必测绘其两岸只要测出其中心位置即可。渠道比较规则，有的两岸有堤，测绘时可以参照公路测法。对于那些田间临时性的小渠不必测出，以免影响图面清晰。

湖泊的边界经人工整理、筑堤、修有建筑物的地段是明显的，在自然耕地的地段大多不甚明显，测绘时要根据具体情况和用图单位的要求来确定以湖岸或水崖线为准。在不甚明显地段确定湖岸线时，可采用调查平水位的边界或根据农作物的种植位置等方法来确定。水渠应测注渠边和渠底高程。时令河应测注河底高程。堤坝应测注顶部及坡脚高程。泉、井应测注泉的出水口及井台高程，并根据需要注记井台至水面的深度。

6. 植被与土质测绘

植被测绘时，对于各种树林、苗圃、灌木林丛、散树、独立树、行树、竹林、经济林等，要测定其边界。若边界与道路、河流、栏栅等重合时，则可不绘出地类界，但与境界、高压线等重合时，地类界应移位表示。对经济林应加以种类说明注记。要测出农村用地的范围，并区分出稻田、旱地、菜地、经济作物地和水中经济作物区等。一年几季种植不同作物的耕地，以夏季主要作物为准。田埂的宽度在图上大于 1mm（1∶500 测图时大于 2mm）时用双线描绘，田块内要测注有代表性的高程。

地形图上要测绘沼泽地、沙地、岩石地、龟裂地、盐碱地等。

7.5　地　貌　测　绘

地貌是地球表面上高低起伏的总称，是地形图上最主要的要素之一。在地形图上，表示地貌的方法很多，目前常用的是等高线法。对于等高线不能表示或不能单独表示的地貌，通常配以地貌符号和地貌注记来表示。

7.5.1　等高线表示地貌

1. 等高线的概念

等高线即地面上高程相等的相邻点连成的闭合曲线。等高线表示地貌的原理如图 7.4 所示，设想用一系列间距相等的水平截面去截某一高地，把其截口边线投影到同一个水平面

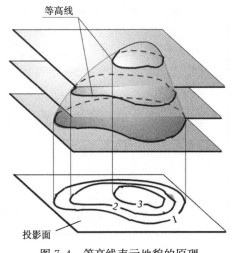

等高线

投影面

图 7.4 等高线表示地貌的原理

上，且按比例缩小描绘到图纸上，即得等高线图。由此可见，等高线为一组高度不同的空间平面曲线，地形图上表示的仅是它们在投影面上的投影，在没有特别指明时，通常简称地形图上的等高线为等高线。

2. 高距及示坡线

从上述介绍中可以知道，等高线是一定高度的水平面与地面相截的截线。水平面的高度不同，等高线表示地面的高程也不同。地形图上相邻两高程不同的等高线之间的高差，称为等高距。等高距越小则图上等高线越密，地貌显示就越详细、确切。等高距越大则图上等高线越稀，地貌显示就越粗略。但不能由此得出结论认为等高距越小

越好。事物总是一分为二的，如果等高距很小，等高线非常密，不仅影响地形图图面的清晰，而且使用也不方便，同时使测绘工作量大大增加。因此，等高距的选择必须根据地形高低起伏程度、测图比例尺的大小和使用地形图的目的等因素来决定。

地形图上相邻等高线间的水平间距称为等高线平距。由于同一地形图上的等高距相同，故等高线平距的大小与地面坡度的陡缓有着直接的关系。

由等高线的原理可知，盆地和山头的等高线在外形上非常相似。如图 7.5 所示的盆地地貌的等高线和山头地貌的等高线，它们之间的区别在于，山头地貌是里面的等高线高程大，盆地地貌是里面的等高线高程小。为了便于区别这两种地貌，就在某些等高线的斜坡下降方向绘一短线来表示坡向，并把这种短线称为示坡线。盆地的示坡线一般选择在最高、最低两条等高线上表示，能明显地表示出坡度方向即可。山头的示坡线仅表示在高程最大的等高线上。

地形	山地山峰	盆地洼地	山脊	山谷	鞍部	峭壁陡崖
表示方法	闭合曲线外低内高	闭合曲线外高内低	等高线凸向山脊连线低处	等高线凸向山谷连线高处	一对山谷等高线组成	多条等高线汇合重叠在一处
示意图	 山顶 山坡 山麓		 山脊	 山谷	 鞍部	
等高线图			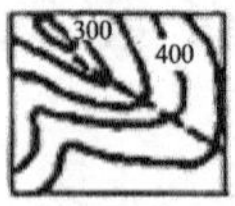 300 400	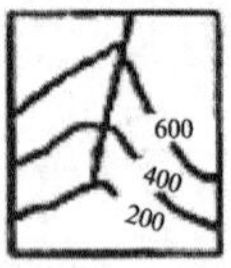 600 400 200		
地形特征	四周低中部高	四周高中部低	从山顶到山麓凸起部分	从山顶到山麓低凹部分	相邻两个山顶之间，呈马鞍形	近于垂直的山坡，称峭壁。峭壁上部突出处，称悬崖或陡崖
说明	示坡线画在等高线外侧，坡度向外侧降	示坡线画在等高线内侧，坡度向内侧降	山脊线也叫分水线	山谷线也叫集水线	鞍部是山谷线最高处、山脊线最低处	

图 7.5 等高线的表示方法

3. 等高线的分类

为了更好地显示地貌特征，便于识图和用图，地形图上主要采用以下四种等高线。

1) 首曲线

按规定的等高距(称为基本等高距)描绘的等高线称为首曲线，亦称基本等高线，用细实线描绘。

2) 计曲线

为了识图和用图时等高线计数方便，通常将基本等高线从 0m 起算每隔 4 条加粗描绘，称为计曲线，也称加粗等高线。在计曲线的平缓处断开，注记其高程，字头朝向高处。

3) 间曲线

当用首曲线不能表示某些微型地貌而又需要表示时，可加绘等高距为 1/2 基本等高距的等高线，称为间曲线(又称半距等高线)。常用长虚线表示。在平地当首曲线间距过稀时，可加绘间曲线。间曲线可不闭合而绘至坡度变化均匀处为止，但一般应对称。

4) 助曲线

当用间曲线仍不能表示应该表示的微型地貌时，还可在间曲线的基础上再加绘等高距为 1/4 基本等高距的等高线，称为助曲线。常用短虚线表示。助曲线可不闭合而绘至坡度变化均匀处为止，但一般应对称。

4. 等高线的特性

根据等高线的原理，可归结出等高线的特性如下：

(1) 在同一条等高线上的各点高程都相等。因为等高线是水平面与地表面的交线，而在同一个水平面的高程是一样的，所以等高线的这个特性是显然的。但是不能得出结论说：凡高程相等的点一定位于同一条等高线上。当同一水平截面横截两个山头时，会得出同样高程的两条等高线。

(2) 等高线是闭合曲线。一个无限伸展的水平面与地表的交线必然是闭合的。所以某一高程的等高线必然是一条闭合曲线。但在测绘地形图时，应注意到：其一，由于图幅的范围限制，等高线不一定在图面内闭合而被图廓线截断；其二，为使图面清晰易读，等高线应在遇到房屋、公路等地物符号及其注记时断开；其三，由于间曲线与助曲线仅应用于局部地区，故可在不需要表示的地方中断。

(3) 除了陡崖和悬崖处之外，等高线既不会重合，也不会相交。由于不同高程的水平面不会相交或重合，它们与地表的交线当然也不会相交或重合。但是一些特殊地貌，如陡壁、陡坎、悬崖的等高线就会重叠在一起，这些地貌必须加绘相应地貌符号表示。如图 7.5 所示的悬崖等高线示意图。

(4) 等高线与山脊线和山谷线成正交。山脊等高线应凸向低处，山谷等高线应凸向高处。

(5) 等高线平距的大小与地面坡度大小成反比。在同一等高距的情况下，地面坡度越小，等高线的平距越大，等高线越疏；反之，地面坡度越大，等高线的平距越小，等高线越密。

7.5.2　几种典型地貌的测绘

地貌形态虽然千变万化、千姿百态，但归纳起来，不外乎由山地、盆地、山脊、山谷、鞍部等基本地貌组成。地球表面的形态，可被看做是由一些不同方向、不同倾斜面的不规则曲面组成，两相邻倾斜面相交的棱线，称为地貌特征线(或称为地性线)。如山脊线、山谷线即为地性线。在地性线上比较显著的点有：山顶点、洼地的中心点、鞍部的最低点、谷口点、山脚点、坡度变换点等，这些点被称为地貌特征点。

1. 山顶

山顶是山的最高部分。山地中突出的山顶，有很好的控制作用和方位作用。因此，山顶要按实地形状来描绘。山顶的形状很多，有尖山顶、圆山顶、平山顶等。山顶的形状不同，等高线的表示也不同，如图 7.6 所示。

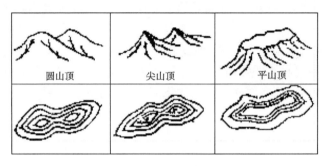

图 7.6　山顶等高线

在尖山顶的山顶附近倾斜较为一致，因此，尖山顶的等高线之间的平距大小相等，即使在顶部，等高线之间的平距也没有多大的变化。测绘时，标尺点除立在山顶外，其周围山坡适当选择一些特征点就够了。

圆山顶的顶部坡度比较平缓，然后逐渐变陡，等高线的平距在离山顶较远的山坡部分较小，越到山顶，等高线平距逐渐增大，在顶部最大。测绘时，山顶最高点应立尺，在山顶附近坡度逐渐变化处也需要立尺。

平山顶的顶部平坦，到一定范围时坡度突然变化。因此，等高线的平距在山坡部分较小，但不是向山顶方向逐渐变化，而是到山顶突然增大。测绘时必须特别注意在山顶坡度变化处立尺，否则地貌的真实性将受到显著影响。

2. 山脊

山脊是山体延伸的最高棱线。山脊的等高线均向下坡方向凸出。两侧基本对称，山脊的坡度变化反映了山脊纵断面的起伏状况，山脊等高线的尖圆程度反映了山脊横断面的形状。山地地貌显示得像不像，主要看山脊与山谷，如果山脊测绘得真实、形象，整个山形就较逼真。测绘山脊要真实地表现其坡度和走向，特别是大的分水线、坡度变换点和山脊、山谷转折点，应形象地表示出来，见图 7.5。

山脊的形状可分为尖山脊、圆山脊和台阶状山脊。它们都可通过等高线的弯曲程度表现出来。尖山脊的等高线依山脊延伸方向呈尖角状；圆山脊的等高线依山脊延伸方向呈圆弧状；台阶状山脊的等高线依山脊延伸方向呈疏密不同的方形。

尖山脊的山脊线比较明显，测绘时，除在山脊线上立尺外，两侧山坡也应有适当的立尺点。圆山脊的脊部有一定的宽度，测绘时需特别注意正确确定山脊线的实地位置，然后立尺，此外对山脊两侧山坡也必须注意它的坡度的逐渐变化，恰如其分地选定立尺点。

对于台阶状山脊，应注意由脊部至两侧山坡坡度变化的位置，测绘时，应恰当地选择立尺点，才能控制山脊的宽度。不要把台阶状山脊的地貌测绘成圆山脊甚至尖山脊的地貌。山脊往往有分歧脊，测绘时，在山脊分歧处必须立尺，以保证分歧脊的位置正确。

3. 山谷

山谷等高线表示的特点与山脊等高线所表示的相反。山谷的形状可分为尖底谷、圆底谷和平底谷。尖底谷底部尖窄，等高线通过谷底时呈尖状；圆底谷是底部近于圆弧状，等高线通过谷底时呈圆弧状；平底谷是谷底较宽、底坡平缓、两侧较陡，等高线通过谷底时在其两侧近于直角状。

尖底谷的上部常常有小溪流，山谷线较明显。测绘时，立尺点应选在等高线的转弯处。圆底谷的山谷线不太明显，所以测绘时，应注意山谷线的位置和谷底形成的地方。

平底谷多是人工开辟耕地后形成的，测绘时，标尺点应选择在山坡与谷底相交的地方，以控制山谷的宽度和走向。

4. 鞍部

鞍部是两个山脊的会合处，呈马鞍形的地方，是山脊上一个特殊的部位，见图7.5。其可分为窄短鞍部、窄长鞍部和平宽鞍部。鞍部往往是山区道路通过的地方，有重要的方位作用。测绘时，在鞍部的最底处必须有立尺点，以便使等高线的形状正确。鞍部附近的立尺点应视坡度变化情况选择。鞍部的中心位于分水线的最低位置上，鞍部有两对同高程的等高线，即一对高于鞍部的山脊等高线，另一对低于鞍部的山谷等高线，这两对等高线近似地对称。

5. 盆地

盆地是四周高中间低的地形，其等高线的特点与山顶等高线相似，但其高低相反，即外圈等高线的高程高于内圈等高线。测绘时，除在盆底最低处立尺外，对于盆底四周及盆壁地形变化的地方均应适当选择立尺点，才能正确显示出盆地的地貌。

6. 山坡

山坡是山脊、山谷等基本地貌间的连接部位。是由坡度不断变化的倾斜面组成。测绘时，应在山坡上坡度变化处立尺，坡面上地形变化实际也就是一些不明显的小山脊、小山谷，等高线的弯曲也不大。因此，必须特别注意选择标尺点的位置，以显示出微小地貌来。

7. 梯田

梯田是在高山上、山坡上及山谷中经人工改造的地貌。梯田有水平梯田和倾斜梯田两种。测绘时，沿梯坎立标尺，在地形图上一般以等高线、梯田坎符号和高程注记（或比高注记）相配合表示梯田。

8. 特殊地貌测绘

除了用等高线表示的地貌以外，有些特殊地貌如冲沟、雨裂、砂崩崖、土崩崖、陡崖、滑坡等不能用等高线表示。对于这些地貌，用测绘地物的方法测绘出这些地貌的轮廓、位置，用图式规定的符号表示。

7.5.3　等高线的手工勾绘

传统测图中常常以手工方式绘制等高线。其方法是：测定了地貌特征点后，对照实际地形先将地性点连成地性线，通常用实线连成山脊线，用虚线连成山谷线；然后在同一坡度的两相邻地貌特征点间按高差与平距成正比关系求出等高线通过点（通常用目估内插法来确定等高线通过点）；最后，根据等高线的特性，把高程相等的点用光滑曲线连接起来，绘制等高线和加粗计曲线，并在计曲线上注记高程。高程注记的字头应朝向高处，但不能倒置。在山顶、鞍部、凹地等坡向不明显处的等高线应沿坡度降低的方向加绘示坡线。

7.5.4 地形图上各要素配合表示的一般原则

地形图上各要素配合表示是地形图绘制的一个重要问题。配合表示的原则是：

（1）当两个地物重合或接近难以同时准确表示时，可将重要地物准确表示，次要地物移位 0.2mm 或缩小表示。

（2）独立地物与其他地物（如房屋、道路、水系等）重合时，可将独立地物完整绘出，而将其他地物符号中断 0.2mm 表示；两独立地物重合时，可将重要独立地物准确表示，次要独立地物移位表示，但应保证其相关位置正确。

（3）房屋或围墙等高出地面的建筑物，直接建筑在陡坎或斜坡上的建筑物，应按正确位置绘出，坡坎无法准确绘出时，可移位 0.2mm 表示；悬空建筑在水上的房屋轮廓与水涯线重合时，可间断水涯线，而将房屋完整表示。

（4）水涯线与陡坎重合时，可用陡坎边线代替水涯线；水涯线与坡脚重合时，仍应在坡脚将水涯线绘出。

（5）双线道路与房屋、围墙等高出地面的建筑物边线重合时，可用建筑物边线代替道路边线，且在道路边线与建筑物的接头处应间隔 0.2mm。

（6）境界线以线状地物一侧为界时，应离线状地物 0.2mm 按规定符号描绘境界线；若以线状地物中心为界时，境界线应尽量按中心线描绘，确实不能在中心线绘出时，可沿两侧每隔 3～5mm 交错绘出 3～4 节符号；在交叉、转折及与图边交接处须绘出符号以表示走向。

（7）地类界与地面上有实物的线状符号重合时，可省略不绘；与地面无实物的线状符号（如架空的管线、等高线等）重合时，应将地类界移位 0.2mm 绘出。

（8）等高线遇到房屋及其他建筑物、双线路、路堤、路堑、陡坎、斜坡、湖泊、双线河及其注记，均应断开。

（9）为了表示出等高线不能显示的地貌特征点的高程，在地形图上要注记适当的高程注记点。高程注记点应均匀分布，其密度为每平方分米 5～15 点。山顶、鞍部、山脊、山脚、谷底、谷口、沟底、沟口、凹地、台地、河岸和湖岸旁、水涯线上以及其他地面倾斜变换处，均应有高程注记点。城市建筑区的高程注记点应测注在街道中心线、交叉口、建筑物墙基脚、管道检查井井口、桥面、广场、较大的庭院内或空地上以及其他地面倾斜变换处。基本等高距为 0.5m 时，高程注记点应注记至厘米，基本等高距大于 0.5m 时，高程注记点应注记至分米。

7.6　数字地形图编辑和输出

野外采集的碎部数据，在计算机上显示图形，经过计算机人机交互编辑，生成数字地形图。计算机地形图编辑是操作测图软件（或菜单）来完成的。大比例尺地面数字测图软件具有以下功能：

（1）碎部数据的预处理，包括在交互方式下碎部点的坐标计算及编码、数据的检查及修改、图形显示、数据的图幅分幅等。

（2）地形图的编辑，包括地物图形文件生成、等高线文件生成、图形修改、地形图注记、图廓生成等。

（3）地形图输出，包括地形图的绘制、数字地形图数据库处理及储存。

7.6.1 数据的图幅分幅和图形文件生成

地面数字测图的碎部记录文件，通常不是以一幅图的范围作为一个文件来记录的，这是由于作业小组的测量范围是按河流、道路的自然分界来划分，同时记录文件的大小也取决于电子手簿的记录容量。因此，一个碎部记录文件可能涉及几幅图，或者是一幅图由多个记录文件拼接生成。完整的碎部记录文件应该完成碎部点的坐标计算和编码，坐标计算和编码可以在原来的记录手簿上完成，或者是在计算机上完成。当碎部记录文件在计算机上显示的图形和实地地形(或工作草图)对照符合后，再按图幅生成图形文件。如图 7.7 所示，一幅图的图形文件由三个碎部记录文件拼接生成，其中 A01、A02、A03 是碎部点记录文件。

图形文件的形式，不同的测图系统有自己的设计。下面以图 7.8 为例，介绍一种由坐标文件、图块点链文件和图块索引文件表示的图形文件。

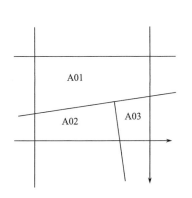

图 7.7 碎部记录文件的图幅拼接

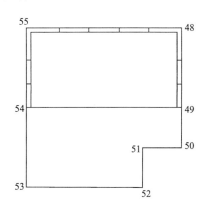

图 7.8 图块构成

坐标文件的数据结构为：点序号、测量点号、x、y、高程(表 7.2)。

图块点链文件的数据结构为：点链序号、点序号(表 7.3)。

图块索引文件的数据结构为：图块序号、起始点链序号、点数、地形要素代码、线型(表 7.4)。

表 7.2 坐标文件

点序号	点号	x	y	高程
1	50	160	100	11.77
2	51	140	100	11.72
3	52	140	70	11.65
4	53	70	70	11.45
5	54	70	120	11.90
6	49	160	120	11.67
7	55	70	160	11.56
8	48	160	160	11.67

表 7.3　点链文件

点链序号	点序号
1	1
2	2
3	3
4	4
5	5
6	6
7	1
8	5
9	7
10	8
11	6

表 7.4　图块索引文件

图块序号	起始点链序号	点数	地形要素代码	线型
1	1	7	2110	1
2	8	4	2430	1

根据表 7.2~表 7.4 可得到绘制图块的全部信息。如图块 2 所对应的起始点链序号为 8，图块由 4 个点组成，它们的点序号分别是 5、7、8、6，由点序号从坐标文件中可读取对应点的坐标，然后按地形要素代码 2430 和线型 1 绘制图形，即为 4 个点连接的直线段围墙。

7.6.2　等高线文件

按图幅形成离散高程点临时文件，离散点经过构网、等高线追踪，得到表示等高线特征点的有序点列，存入等高线文件。等高线文件由点链文件和索引文件表示。

等高线点链文件的数据结构为：特征点链序号 x、y。

等高线索引文件的数据结构为：等高线序号、起始点链序号、特征点数、高程值、等高线代码。

等高线绘制时，由等高线索引文件获取某一等高线的起始点链序号和特征点数，在点链文件中，从起始点链序号开始，根据点数逐一读取特征点的坐标，然后用曲线光滑方法并根据等高线高程值绘制首曲线或计曲线。

7.6.3　图形的修改

图形修改的基本功能包括删除、平移、旋转等。

1. 删除

删除各种地物符号、等高线和注记时，用光标选中删除对象，即从相应的文件中调出图形信息，然后用背景色绘制，并在文件中删除该记录。

2. 平移

某些地物配置符号、注记，当其位置不合要求时，可以进行平移。在选中平移对象后，用光标拖动，将图形移到合适位置，即由光标的移动量求得在 x、y 方向上的移动量 Δx、Δy，并将图形原来的坐标加上 Δx，Δy，即

$$\begin{cases} x'_i = x_i + \Delta x \\ y'_i = y_i + \Delta y \end{cases}$$

然后，删除原来的图形，按新的坐标重新绘制图形，并存入文件。

3. 旋转

有方向要求的独立符号、某些土质符号和植被符号、注记，当其方向不合要求时，可以进行旋转。旋转是围绕符号的定位点旋转。在选中旋转对象后，给出方向线到合适的位置。设旋转角为 $\Delta\alpha$，则图形各点新的坐标为

$$\begin{cases} x'_i = x_i\cos\Delta\alpha + y_i\sin\Delta\alpha \\ y'_i = y_i\cos\Delta\alpha - x_i\sin\Delta\alpha \end{cases}$$

然后，删除原来的图形，按新的坐标重新绘制图形，并存入文件。

7.6.4　注记

地形图上起说明作用的文字和数字称为注记。注记是地形图内容的基本要素之一，注记分为专有名称注记(如居民地、河流等)、说明注记(如房屋结构、树种等)和数字注记(如地面点高程、比高、房屋层数等)。

地形图上注记的字体、大小、字向、字空、字列和字位均有规定。注记的绘制一般通过人机交互完成。注记内容，除一部分(如等高线计曲线高程、高程点高程等)可从文件中调出外，大多数将通过键盘输入。由注记参数对话框选择字体、大小、字空等参数，然后用游标选择注记位置后，绘制注记。如果注记的位置不合适，可以通过平移、旋转、改变注记位置来调整。

7.6.5　图廓生成

图廓的内容包括内外图廓线、方格网、接图表、图廓间和图廓外的各种注记等。其中，图形部分按图幅的大小由程序自动绘制。各种注记，其内容有些从文件中调出(如比例尺、图廓间的方格网注记等)，有些通过键盘输入，然后按注记规定的位置、字体、大小、字空绘制。

7.6.6　绘制地形图

大比例尺地形图在完成编辑后，可储存在计算机内或其他介质上，或者由计算机控制绘图仪绘制地形图。

绘图仪分为矢量绘图仪和点阵绘图仪。矢量绘图仪又称有笔绘图仪，绘图时逐个绘制图形，绘图的基本元素是直线段。点阵绘图仪又称无笔绘图仪，这类绘图仪有喷墨绘图仪、激光绘图仪等。绘图时，将整幅矢量图转换成点阵图像，逐行绘出，绘图的基本元素是点。

由于点阵绘图仪的绘图速度较矢量绘图仪快，因此，目前大比例尺地形图多数采用属于点阵绘图仪的喷墨绘图仪绘制。

7.7　大比例尺数字地形图质量控制

7.7.1　大比例尺数字地形图的基本要求

大比例尺数字地形图的平面坐标系采用以"1970 年西安坐标系"为大地基准、高斯-克吕格投影的平面直角坐标系，按 3°分带，也可选择任意经度作为中央子午线的高斯-克吕格投影。特殊情况下 1∶2000～1∶500 可采用独立坐标系。高程基准采用"1975 国家高程基准"。

大比例尺数字地形图地物点的平面位置精度，要求地物点相对最近野外控制点的图上点位中误差在平地和丘陵地区不得大于 0.6mm。高程精度要求高程注记点相对最近野外控制点的高程中误差在平地和丘陵地区，1∶500 不得大于 0.4m，1∶1000 和 1∶2000 不得大于 0.5m；等高线对最近野外控制点的高程中误差在平地和丘陵地区，1∶500 不得大于 0.5m，1∶1000 和 1∶2000 不得大于 0.7m。高程注记点密度为图上每 100cm 内 7～20 个。

7.7.2　大比例尺数字地形图的质量要求

大比例尺数字地形图的质量要求通过对产品的数据说明、数学基础、数据分类与代码、位置精度、属性精度、逻辑一致性、完备性等质量特性的要求来描述。

数据说明包括：产品名称和范围说明、存储说明、数学基础说明、采用标准说明、数据采集方法说明、数据分层说明、产品生产说明、产品检验说明、产品归属说明和备注等。

数学基础是指地形图采用的平面坐标和高程基准、等高线、等高距等。

大比例尺数字地形图数据分类与代码应按照 GB 14704—1993《1∶500　1∶1000　1∶2000 地形图要素分类与代码》等标准执行，补充的要素及代码应在数据说明备注中加以说明。

位置精度包括：地形点、控制点、图廓点和格网点的平面精度、高程注记点和等高线的高程精度、形状保真度、接边精度等。

地形图属性数据的精度是指描述每个地形要素特征的各种属性数据必须正确无误。

地形图数据的逻辑一致性是指各要素相关位置应正确，并能正确反映各要素的分布特点及密度特征。线段相交，无悬挂或过头现象，面状区域必须封闭等。

地形要素的完备性是指各种要素不能有遗漏或重复现象，数据分层要正确，各种注记要完整并指示明确等。

数字地形图模拟显示时，其线划应光滑、自然、清晰、无抖动、重复等现象。符号应符合相应比例尺地形图图式规定。注记应尽量避免压盖地物，其字体、字号、字向等一般应符合地形图图式规定。

7.7.3　大比例尺数字地形图平面和高程精度的检查和质量评定

1. 检测方法和一般规定

野外测量采集数据的数字地形图，当比例尺大于 1∶5000 时，检测点的平面坐标和高程，采用外业散点法按测站点精度施测，每幅图一般各选取 20～50 个点。用钢尺或测距仪量测相邻地物点间距离，量测边数每幅图一般不少于 20 处。平面检测点应为均匀分布、随机选取的明显地物点。

2. 检测点的平面坐标和高程中误差计算

地物点的平面坐标中误差按式(7.1)计算：

$$\begin{cases} M_x = \pm\sqrt{\dfrac{\sum\limits_{i=1}^{n}(X'_i - X_i)^2}{n-1}} \\[4mm] M_y = \pm\sqrt{\dfrac{\sum\limits_{i=1}^{n}(Y'_i - Y_i)^2}{n-1}} \end{cases} \tag{7.1}$$

式中，M_x 为坐标 X 的中误差；M_y 为坐标 Y 的中误差；X'_i 为坐标 x 的检测值；X_i 为坐标 X 的原测值；Y'_i 为坐标 Y 的检测值；Y_i 为坐标 Y 的原测值；n 为检测点个数。

相邻地物点之间间距中误差按式(7.2)计算：

$$M_s = \pm\sqrt{\dfrac{\sum\limits_{i=1}^{n}\Delta S_i^2}{n-1}} \tag{7.2}$$

式中，ΔS_i 为相邻地物点实测边长与图上同名边长较差；n 为量测边条数。

高程中误差按式(7.3)计算：

$$M_h = \pm\sqrt{\dfrac{\sum\limits_{i=1}^{n}(H'_i - H_i)^2}{n-1}} \tag{7.3}$$

式中，H'_i 为检测点的实测高程；H_i 为数字地形图上相应内插点高程；n 为高程检测点个数。

7.7.4　大比例尺数字地形图的检查验收

对大比例尺数字地形图的检查验收实行过程检查、最终检查和验收制度，验收工作应经最终检查合格后进行。在验收时，一般按检验批中的单位产品数量的 10% 抽取样本。检验批一般应由同一区域、同一生产单位的产品组成，同一区域范围较大时，可以按生产时间不同分别组成检验批。在验收中对样本进行详查，并进行产品质量核定，对样本以外的产品一般进行概查；如样本中经验收有质量为不合格产品时，必须进行二次抽样详查。验收工作完成后，编写验收报告，随产品归档。

7.8　地形图的数字化

数字地形图除采用地面数字测图方法外，也可采用地形图数字化方法。采用常规测图方法测绘的图解地形图通过地形图数字化，可转换成计算机存储和处理的数字地形图，但其他地形要素的位置精度不会高于原地形图的精度。地形图数字化方法按采用的数字化仪不同分为手扶跟踪数字化和扫描屏幕数字化。由于科学技术的发展进步，现阶段我们很少采用手扶跟踪数字化，所以在本节里我们重点讲述地形图扫描屏幕数字化。

地形图扫描屏幕数字化，先是利用扫描仪将地形图扫描，形成按一定的分辨率且按行和列规则划分的栅格数据。栅格数据的标准文件格式有 PCX、GIF、TIFF、BMP 等。对于大部分地形图应用，需要矢量数据。地形图扫描屏幕数字化是由栅格数据转换成矢量数据，目前一般是在栅格数据处理后，采用人机交互与自动跟踪相结合的方法来完成地形图矢量化。

地形图扫描屏幕数字化的作业效率要高于手扶跟踪数字化。

7.8.1　地形图扫描屏幕数字化工作步骤

扫描屏幕数字化过程实质上是一个解译光栅图像并用矢量元素替代的过程。扫描屏幕数字化的作业流程可用图 7.9 所示的框图来表示。

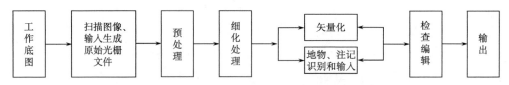

图 7.9　扫描屏幕数字化的作业流程

1. 原始光栅文件的预处理

地形图扫描后，由于原图纸的各种误差和扫描本身的原因，扫描结果提供的是有误差甚至有错误的光栅结构。因此，要对扫描地形图工作底图得到的原始光栅文件进行修正，经修正最后得到正式光栅文件，以 TIFF、PCX、BMP 格式存储。预处理的内容包括：

（1）采用消声和边缘平滑技术除去原始光栅文件中因工作底图图面不洁，线条不光滑及扫描系统分辨率等的影响带来的图像划线带有的黑斑、孔洞、毛刺、凹陷等噪声，减小这些因素对后续细化工作的影响和防止图像失真。

（2）对原始光栅图像进行图幅定位坐标纠正，修正图纸坐标的偏差；由于数字化图最终采用的坐标系是原地形图工作底图采用的坐标系统，因此还要进行图幅定向，将扫描后形成的栅格图像坐标转换到原地形图坐标系中。

（3）进行图层、图层颜色设置及地物编码处理，以方便矢量化地形图的后续应用。

2. 正式光栅文件的细化处理

细化处理过程是正式光栅数据中，寻找扫描图像线条的中心线的过程，衡量细化质量的指标有：细化处理所需内存容量、处理精度、细化畸变、处理速度等；细化处理时要保证图像中的线段连通性，但由于原图和扫描的因素，在图像上总会存在一些毛刺和断点，因此要进行必要的毛刺剔除和人工补断，细化的结果应为原线条的中心线。

3. 地形图矢量化

矢量化是在细化处理的基础上，将栅格图像转换为矢量图像。在栅格图像矢量化的过程中，大部分线段的矢量化过程可实现自动跟踪，而对一些如重叠、交叉、文字符号、标记等较复杂的线段，全自动跟踪矢量化较为困难，此时应采用人机交互与自动化跟踪相结合的方法进行矢量化。

1）线段自动跟踪矢量化

（1）指定线段的起点，记录其坐标。

（2）以起点为中心，沿顺时针方向按上、右上、右、右下、下、左下、左、左上八个方向，搜寻下一个未跟踪过的点，搜寻到后即记录其坐标，若未搜寻到点则退出。

（3）以新找到的点作为新的判别中心，重复（2）的操作；按此循环，追踪到线段的另一端点，此时线段上的所有点被自动追踪出来，结束追踪。对于封闭曲线的追踪，方法与线段追踪相同，完成一个点后，继续后面点的追踪，一直追踪到起点，结束追踪。

2）人机交互方式矢量化

大比例尺地形图的地物、地貌要素符号以单一线条表示的较少，多数符号是以各种线型或以规则图像表示的。在地形图数字化时，不仅要进行图形数字化，而且同时要赋予如地物属性和等高线的高程等内容。对于大比例尺地形图，由于其自身的特点及满足建立大比例地形图数据库的要求，大部分地形要素栅格数据的矢量化是采用人机交互方式矢量化来完成的。人机交互方式矢量化方法是在计算机屏幕上显示扫描图，将其适当放大后，根据所用软件的功能，用鼠标标志效仿地形图手扶跟踪数字化的方法进行数字化。对于独立地物数字化定位点，线状地物数字化定位线的特征点，面状地物数字化轮廓线的特征点，在数字化前或数字化后输入地形要素代码，对于等高线还应输入高程。由程序将数字化的图像特征点的像元坐标转化成测量坐标，生成相应的矢量图形文件，并在计算机屏幕上显示矢量化的符号图形。

地形图图形矢量化结束后，要对照原图进行标记符号的输入及适当的检查与编辑工作，完成图形的数字化，输出或转入其他系统如 CAD、GIS 等应用软件。

7.8.2　地形图扫描屏幕数字化方法的精度分析

地形图扫描数字化方法的主要误差来源包括原图固有误差和扫描屏幕数字化方法产生的误差。地形图扫描屏幕数字化方法本身的误差主要包含图纸扫描误差、图幅定向误差、图像细化误差、矢量化误差等。

1. 图纸扫描误差

图纸扫描误差也称扫描仪响应误差，主要由扫描仪的性能参数、扫描对象的均匀度、原图中线的粗细、线划的密度、曲线复杂程度、图面洁净程度和处理扫描图的软件所决定。在图纸扫描误差中，扫描仪的几何分辨率误差是该项误差中的主要误差来源，要减少该误差，只有提高扫描仪的几何分辨率。但是当提高扫描仪分辨率时，栅格数据量将以平方级速度增加，数据处理时间也以平方级延长，这对计算机的配置提出了更高的要求，因此对扫描仪分辨率的提高必须加以限制。

当用分辨率为 300dpi 的仪器扫描时，点间距离的相对精度为 1.4/1000 左右。对全自动矢量化细化过程，由扫描仪扫描产生的点位误差为 1～2 个像素点；对交互式跟踪矢量化而言，点位误差可以控制到 1 个像素点。若按 300dpi 计，每个像素点相应于图上 0.09mm，由此可确定图纸扫描误差取 ±0.1mm 是合适的。

2. 图幅定向误差

地形图经扫描后得到的是一帧栅格图像，矢量化时要从栅格图像中对地形图要素进行采集，首先得到的是采样点在图像坐标系中的测量坐标，需要将其转换成地形图坐标系坐标，这项工作是通过图幅定向来完成的。这些用于计算转换系数的若干已知点（如内图廓点、图幅内的控制点等）叫做定向点，它们在地形图坐标系中的坐标是已知的，在图像坐标系中的坐标是通过量测获得的。工作底图定向误差由定向点误差和采样点测量误差构成，定向点误差与扫描分辨率的大小成反比，提高扫描分辨率可减少该项误差的影响；采样点测量误差与点的测量精度有关，点的测量精度可以通过测量过程中的一种称为自动对中算法的方法提高，达到测量精度极限，此项误差可以忽略不计。

当用分辨率为 300dpi 的扫描仪扫描大比例尺地形图时，其误差约为 0.1mm，根据大量的实验结果分析，图幅定向误差一般取 ±0.12mm。

3. 图像细化误差

许多扫描数字化软件都能正确地获得线段的中心线，即使在线段交叉处变形也是很小的，细化误差产生的点位误差为 1 个像素点。按 300dpi 计算所产生的图上误差约为 0.09mm，因此图像细化误差可取为 ±0.1mm。

4. 矢量化误差

在跟踪矢量化过程中，一般采用变步长保精度跟踪矢量化法，用折线代替曲线所产生的最大点位误差是 1 个像素点。用分辨率为 300dpi 计算所产生的图上误差约为 0.09mm，取矢量化误差为 ±0.1mm。

地形图扫描屏幕数字化方法的精度估算。根据误差传播规律，地形图扫描屏幕数字化方法的综合精度可由下式计算：

$$M_扫 = \pm\sqrt{m_y^2 + m_d^2 + m_x^2 + m_s^2} \tag{7.4}$$

式中，$M_扫$ 为地形图扫描屏幕数字化方法的中误差；m_y 为图纸扫描误差；m_d 为图幅定位误差；m_x 为图像细化误差；m_s 为矢量化误差。

根据上述分析，将各项误差的取值带入式(7.4)得

$$M_扫 = \pm 0.211mm$$

上述计算是在扫描光学分辨率为 300dpi 的情况下，对地形图扫描屏幕数字化方法作出的精度估算。

思　考　题

1. 简述大比例尺数字测图技术设计书应该包含哪些内容？如何编写数字测图技术设计书？
2. 简述大比例尺地面数字测图的成图过程。
3. 简述大比例尺数字地形图质量要求和评定的基本规定。
4. 为什么说人机交互式矢量化方法是地形图扫描屏幕数字化的主要方法？
5. 引起扫描屏幕数字化方法误差的主要因素有哪些？试分析在作业过程中如何减小这些因素的影响？
6. 简述数字测图野外数据采集的常用方法。
7. 什么是等高线？等高线有什么特性？
8. 什么是等高距？什么是示坡线？什么是等高线平距？
9. 在地形图上主要有哪几种等高线？并说明其含义。
10. 试用等高线绘出山头、洼地、山脊、山谷和鞍部等典型地貌。

第8章 城市数字测图应用

城市大比例尺包括控测量制点、交通、水系、居民地及设施、管线、境界、地貌植被与土质、注记等九大地形图要素，是各种城市地理信息系统中专业信息空间定位的依据。作为基础数据，它在规划、国土、交通、建筑、水利、林业、公安等部门广泛使用，是城市规划、数字城市、数字城管、地籍调查、土石方计算、地图册/集编制等的重要资料和依据。

8.1 城 市 规 划

城市地形测量是城市测量的重要组成部分，它的主要任务是为城市规划、建设和管理提供有足够精度、保持现势性的各种比例尺地形图。城市规划中的各项规划设计总图，几乎全部是在地形图上编制的。在地形图上进行规划设计，可以充分了解地物和地貌，因地制宜地利用地形条件，不仅科学，而且经济、便捷。城市基本地形图比例尺系列为1：500、1：1000、1：2000、1：5000、1：10000。测图比例尺的选择根据城市的大小和不同阶段的用途而定。一般城市总体规划、厂址选择、确定区域位置和进行方案比较等选用1：5000或1：10000地形图；但编制城市郊区规划图时，大多采用1：25000或1：50000地形图；而城市详细规划、运营管理、地下管线工程的竣工、工程项目的初步设计与施工图设计等选用1：500或1：1000地形图。因此，在城市总体规划、详细规划和各种专项规划中都离不开城市基本比例尺地形图。

8.1.1 城市总体规划和详细规划

城市规划工作一般分为总体规划和详细规划两个阶段。这两个阶段都以现势详尽的地形图为基础，一般使用的是1：500、1：1000、1：2000、1：5000比例尺的地形图。

城市总体规划是城市发展的纲领，是具有法律地位的统领全局的规划。城市总体规划的主要任务是综合研究和确定城市性质、规模和空间发展形态，统筹安排城市各项建设用地。

城市详细规划以城市总体规划或分区规划为依据，确定建设地区的土地使用性质和使用强度的控制指标道路和工程管线控制性位置以及空间环境控制的规划要求，规定各类用地内适建、不适建或者有条件地允许建设的建筑类型；规定各地块的建筑高度、建筑密度、容积率、绿地率等控制指标；规定交通出入口方位、停车泊位、建筑后退红线距离、建筑间距等要求；确定各级支路的红线位置、控制点坐标和标高等。

在城市总体规划和详细规划中，除了需要掌握城市的经济、气象、水文、地质等资料外，还需要掌握城市的现状地形图，再通过必要的实地调查，掌握各种必要的技术经济指标，并根据城市发展的规模和方向进行综合的分析和研究，在城市地形图上进行城市用地分析、竖向规划、城市道路规划、市政工程规划以及区域规划等，最后制定出城市规划的区域功能（如工业区、文化区、商业区、住宅区、交通枢纽以及联系这些区域的规划道路等）和总体规划图，并在这个基础上进行区域的详细规划。

8.1.2 城市用地分析

城市用地分析，一般是在 1：5000 或 1：10000 地形图上进行的，首先是进行城市用地的地形分析，再进行用地分析。城市用地地形分析的目的，是在满足各项建设对用地要求的前提下，充分合理经济地利用地形和使用土地，以节省城市建设的费用。地形分析一般包括下面几方面的内容：

（1）按自然地形和各项建设工程对地面坡度的要求，在地形图上根据等高线的间距和等高距计算出地面坡度，即坡度＝等高距/等高线间距。地面坡度可分为 2％以下、2％～5％、5％～8％、8％以上四类，并分别用不同符号表示在图上。

（2）根据自然地形画出分水线、汇水线和地表水流方向，从而定出汇水面积和考虑排水方式，同时还应计算出各种坡度范围的面积。

（3）画出梯田、冲沟、沼泽、漫滩、岩溶和滑坡等地区，以便结合地质和水文条件来考虑各地区的适用情况，并研究改善这些用地地区所需采取的措施。

地形图是编制城市用地分析图的重要资料。

8.1.3 城市竖向规划

在城市详细规划中，除了需要进行各项建设平面布置规划外，还需要进行竖向规划。通过竖向规划，能对地形进行合理的改造，使改造后的地形能适合建筑物的施工和有利于地表水的排除，满足交通运输和地下管线敷设的要求。

竖向规划是根据规划地区的大小和地形情况而采取不同的方法，一般是根据地形图采取设计等高线法。在地形较为平坦，人工地形或坑坎较多而不便采取设计等高线法时，可采用等高面法。采用等高面法时，在城市与建筑区用比例尺为 1：500 的地形图，一般地区用的 1：2000 的地形图。下面以某一场地为例（其自然地形如图 8.1 所示）来简要介绍采用设计等高线法进行规划时的方法步骤：

（1）在地形图上打上方格网，方格的大小根据地形的简单或复杂程度、地形图比例尺的大小以及要求的精确度确定。例如在修建设计阶段采用比例尺为 1：500 的地形图时，方格的边长一般采用 20m。然后用内插法求出每一方格点的自然标高，写在方格的右上角横线之下。

（2）根据要求的平整度，并尽量结合自然地形定出各控制设计标高点，用此划出设计等高线，再根据设计等高线用内插法求出每一方格点的设计标高，写在方格的右上角横线之上。

（3）比较自然标高和设计标高的高差值，就可以看出该处是需要填土（设计标高大于自然标高）或是挖土（设计标高小于自然标高）。填方用"＋"号表示，挖方用"－"号表示，并把它们写在设计标高左侧。

（4）在整片场地的竖向规划中，总可以发现有的地方需要填方，有的地方需要挖方。有填（挖）方转为挖（填）方时，必然有一条不填不挖的界线，也就是说在一个方格的四角发现有填、挖不同的符号时，则可用内插法找到不填不挖的点（即"零"点），再把这些相关的"零"点连接起来，就可找到假想中的"零线"（即不填不挖线），根据"零线"所包的范围可以算出填方或挖方的面积。

（5）根据每一方格的填方或挖方的数值和它们所包的面积，可计算出土方工程数量，然后汇总就可得到该场地的全部填挖总量。

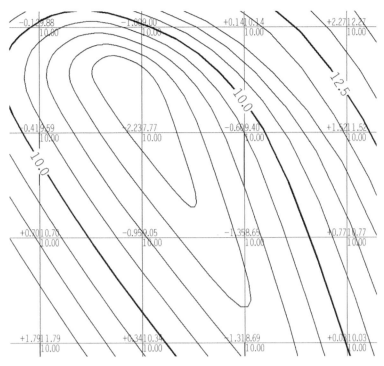

图 8.1　某场地自然地形图

依此方法，可分别计算出其他小方格的填挖方量，然后汇总即可得到该规划区域的土方平整数量，从而为下阶段工作提供依据。

上例中是用某一小面积场地的自然地形，说明采用设计等高线法进行竖向规划工作的方法步骤。倘若是在大面积的或城市某一较大区域的自然地形中进行竖向规划，对于规定各控制设计标高点这一关键性的工作，首先应对原地形地貌中不能任意改动的地面标高，如城市中已修筑的主、次道路中线标高，永久性大型建筑物或构筑物的外墙地坪标高，地上地下已有的市政设施标高，以及自然地形中不宜挖填的高地或洼地和易于发生滑坡的地段的标高等，均要列为控制标高；然后再据以考虑是否有必要改造各划分地区内的自然地形。如果原地面的平整度或坡度基本上已能满足各方面的需要，除在原自然地形中更详细地增定一些控制点标高，作为各单项修建设计进行必要的竖向设计之用外，就不一定再划出设计等高线进行土方计算工作。

竖向规划时，首先根据地形图并通过实地调查来确定设计标点。如城市中已修建的主、支干道中心标高，永久性大型建筑物、构筑物的墙外地坪标高，地上地下已铺设市政设施的标高，需要保护的文物古迹的地坪标高，不易挖填的高地或洼地和易发生滑坡的地区的标高等不宜随意改动其标高的点位，均为设计标高的控制点。然后根据这些标高控制点，并在地形图上进行竖向规划。所以在城市竖向规划中需要有一定平面和高程精度的地形图。

8.1.4　城市道路规划

城市道路网是由城市范围内所有干、支和主、次道路组成的一个体系，是城市总平面的基本骨架，它是在编制城市总体规划时拟定的。城市道路在根据总体规划功能要求综合处理其线路位置时，应同时考虑道路的控制标高和主导纵坡，充分利用所经过地区的地形，兼顾该地区的竖向规划和地面排水系统的设计，因而地形条件是影响道路线型和位置的一个重要因素。因此，进行道路规划时，除了要根据城市的政治、经济、生活的特点和交通运输要求来确定道路功能和规划道路系统外，还必须充分和合理地利用自然地形，使道路系统布置合理，节省建设费用；而且道路规划恰当与否将直接影响城市面貌、相邻居住小区建筑的布置以及建筑艺术效果等。城市规划工作者通过地形图就可以了解土质地势，因而为规划道路等提供方便。

由此可见，城市道路规划时，要利用地形图了解和分析研究整个城市的用地地形，并在地形图上定线，利用地形图绘制纵、横断面图计算土方量以进行方案比较，而且又依据地形图制定道路定线条件，实地测设等。因此地形图在城市道路规划中是一项不可缺少的资料。

8.1.5　排水工程规划

污水和雨水一般凭借排水沟管(沟渠)两端的水面高差而在沟管内流动。在大多数情况下，沟管内部不受压力，也就是说沟管内的水按着重力而流动。要使水流正常，沟管必须具有必要的坡度，而沟管坡度的大小与地面坡度的大小有关，因此地形条件对于重力自流方式的排水有着很大的影响。根据地形、地质等条件，排水系统的布置分为正交、截流、分区、扇形和分散等几种形式。城市采用何种排水系统的布置形式，当地的地形条件是决定性的因素之一。

为了达到迅速排水和满足自清流速(自清流速是指最小的设计流速，该流速必须保证水流能带走沟管中的固体，不让它们沉淀下来，即达到沟管能自动清洗的目的)的要求，排水沟管至少具有最小的容许坡度，但又不能超过最大的容许流速坡度，以免造成冲刷，损坏沟管。要使排水沟管布置得经济合理，除了考虑其他有关因素外，还必须很好地结合地形。若管道埋设过深或增设中途泵站，都将给施工带来困难，增加建设投资和经营管理费用。

进行排水工程规划时，无论是选择污水处理厂厂址，或划分排水流域和布置管网，都要结合地形，在地形图上全面分析地形，并在图上规划布置排水工程，从而达到优化方案、科学决策、合理配置资源的目的。

8.1.6　城市规划管理与编制各种专用地图

城市规划管理是城市规划编制管理、城市规划审批管理和城市规划实施管理的统称。城市规划编制管理主要是组织城市规划的编制，征求并综合协调各方面的意见，规划成果的质量把关、申报和管理。城市规划审批管理主要是对城市规划文件实行分级审批制度。城市规划实施管理主要包括建设用地规划管理、建设工程规划管理和规划实施的监督检查管理等。

城市的规划形成以后，是通过逐步建设实现的。定线拨地测量是城市规划管理的重要日常工作，是城市规划正确实施的切实保证，这项工作首先要在城市大比例尺地形图上划出红线和建筑用地界线，如图 8.2 中，在现状地形图上叠加了规划路、周边用地等信息，方便规划主管部门的审批。随着城市建设的发展与管理的加强，城市需要各种专业的地形图，主要有以下四种。

1) 建设工程放、验线地形测量

这是换发《建设工程规划许可证》(正证)的主要依据，根据规划许可证的内容对建设工程进行钉桩、放线，以确定建设工程的位置、大小及四至关系，图 8.3 为建设工程放线地形样图。

图 8.2　用地划拨、审批(定线拨地)地形样图

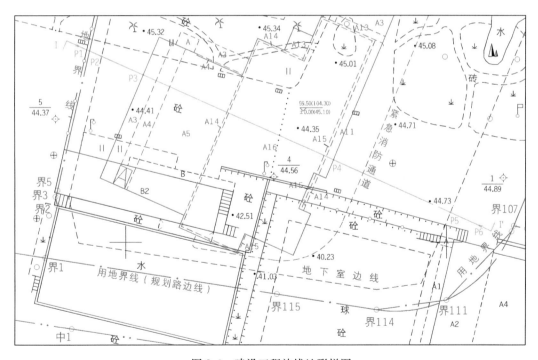

图 8.3　建设工程放线地形样图

2) 城市规划房屋竣工验收地形图

这是城市规划行政主管部门对已批准的建设工程进行规划监督检查的基本环节,是换发《建设工程规划许可证》(正证)的主要依据。图 8.4 为规划竣工验收样图。

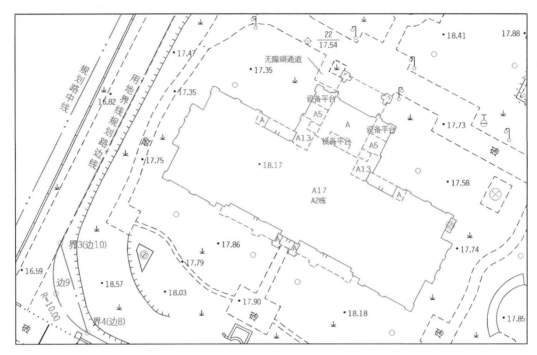

图 8.4　城市规划房屋竣工验收地形样图

在新建或扩建工程时，为了检验设计的正确性，阐明工程竣工的最终成果，作为竣工后的技术资料，必须提交竣工图。如为阶段施工时，则每一期工程竣工后，就应做出该期工程的竣工图，以便作为下期工程设计的依据。

3）城市规划道路竣工验收地形图

这是城市规划行政主管部门对已批准的建设工程进行规划监督检查的基本环节。图 8.5 为城市规划道路竣工验收样图。

4）地下管线地形图

城市是现代经济生活中人流、物流、信息流最集中的部分，是区域的政治、经济、文化和信息服务中心，也是数字地球应用领域中的焦点。地下管线是城市基础设施的重要组成部分，担负着输送能量、传输物质和传递信息的重要任务，是城市赖以生存和发展的物质基础，被称为城市的"生命线"。地下管线地形图如图 8.6 所示。城市地下管线作为数字城市的重要组成部分，是城市重要的地下空间资源。城市规划管理就是组织编制和审批城市规划，并依法对城市土地的使用和各项建设的安排实施控制、引导和监督的行政管理活动，使有限的城市资源得到充分合理的利用并建立可持续发展的和谐社会。地下管线地形图的作用如下：

（1）在城市规划编制管理中的作用。作为城市规划管理依据的城市总体规划和城市控制性详细规划，在编制前应有准确而翔实的城市基础信息，在规划编制时充分利用现有的基础设施合理进行编制，节约城市建设资金。城市地下管线地形图可以全面提供城市现有基础设施分布现状，例如消防栓、污水泵站、电力电信设施和各种市政管线的分布现状。如果在城市规划编制中科学合理地利用现有的地下空间资源，在将来的规划实施过程中可以节约大量市政基础建设的人力物力。这样不仅缩短了现状资料搜集时间，而且提高了现状资料的现势

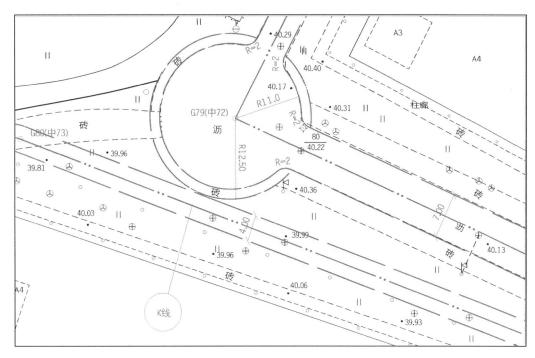

图 8.5　城市规划道路竣工验收样图

性和准确性。为保证城市规划编制特别是工程管线的各专项规划的顺利完成，奠定了坚实基础，发挥了重要作用。

（2）在建设工程选址规划中的作用。建设工程规划选址就是城市规划部门根据城市规划及其有关法律、法规对建设项目地址进行确认或选择，保证各项建设按照城市规划安排，并核发建设项目选址意见书的工作。在选址时应了解建设项目对市政基础设施的供水、通信、供电、能源等的需求量，"三废"的排放量对排水管线的要求。根据这些要求，利用管线地形图以供建设项目选址参考，可以充分利用现有的市政基础设施，提高规划管理工作的效率，节约基础配套设施建设投入。

（3）在市政工程规划管理中的作用。市政工程管线规划管理的对象是各类城市管线，根据其所输送的介质不同分为电力线、有线通信线、给水管线、燃气管线、热力管线、污水雨水管线和其他特殊管线，管理内容主要是控制各种管线的平面布置及其水平、竖向间距，并处理与建筑物、构筑物之间的关系，合理配置地下空间资源。在规划建设市政工程各类管线的平面布置和竖向位置时，要了解掌握已建设好的地下管线，充分利用或改造现有管线，避免出现建设新管线破坏旧管线的现象出现。

总之，在城市规划管理工作中运用城市地下管线地形图，可以使城市规划管理工作对基础设施建设统筹安排，协调城市功能，提高工作效率，促进城市经济、文化和社会协调发展。

在提供综合服务方面所编制的城市旅游图、名胜古迹图、交通图、环境生态图等，都是以城市各种比例尺地形图为基础编制而成；城市工程勘察的地质填图也是以城市地形图为基础，系统地反映城市工程地质，水文地质工作成果的；城市的土地管理和房产管理所需要的地籍和房产图也都是在城市大比例尺地形图上进行加工制作的。因此，可以说地形图是城市

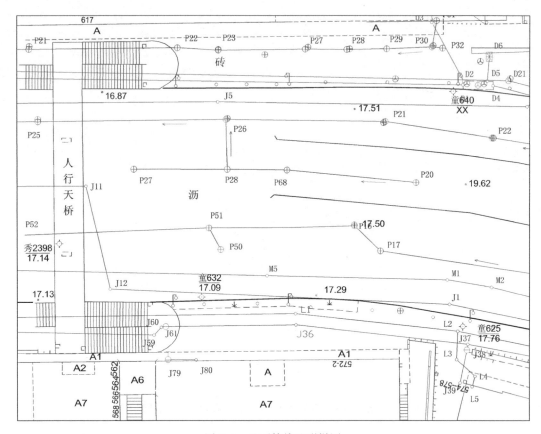

图 8.6　地下管线地形样图

规划管理与编制各种专用地形图的基础资料。

8.2　数字城管及数字城市

8.2.1　数字城市

　　"数字城市"目前还没有一个公认的统一概念，它是信息时代的产物，是数字中国的基础。它是"数字地球"计划的重要组成部分，全球信息化的基本单元是"数字地球"在城市中的具体应用和体现。如果说"数字地球"为我们赖以生存的地球构建神经网络，那么数字城市则是这个神经网络上的神经元。总体上可以从三个层面上来理解数字城市的含义：

　　(1) 在科学层面上，数字城市可以理解为现实城市的虚拟对照体，它是能够对"现实城市"综合体的海量数据进行获取、识别、存储、处理以及应用，可参与城市管理和对公众服务的综合系统科学。

　　(2) 在技术层面上，数字城市是以信息基础设施(主要是网络通信系统)为基础、以测绘技术(主要是以 3S 技术为代表的现代测绘技术)为支撑、以计算机技术和信息安全技术为保障的城市信息管理系统。

　　(3) 在应用层面上，数字城市通过功能强大的系统软件，以可视化的方式，反映现实城市的自然、经济、社会状况等，对现实城市规划、建设、管理的各种方案进行模拟分析、比较和优化，促进城市不同部门、不同用户之间的信息共享，为政府、企业以及社会公众提供信息服务。

综合来讲，"数字城市"指的是综合运用地理信息系统(geographic information system, GIS)或城市地理信息系统(UGIS)、全球定位系统(GPS)、遥感(remote sensing, RS)、数据管理系统(database management system, DBMS)、网络(Internet&Intranet)、多媒体(multimedia)、遥测(telemetering)及虚拟仿真(virtual reality)等技术和手段，以城市空间数据库和城市基础数据为基础，包括城市任何元素相应坐标(X, Y, Z)、时间(T)和对象属性(A)等五维的信息，以电信网、有线宽带网、无线通信网络(GSM、GPRS、CDMA、FM)为骨架，以政府、企业、公众为服务对象，应用于各行各业的信息系统。简而言之，"数字城市"就是指在城市规划建设、运营管理以及生产、生活的方方面面，充分利用数字化信息处理技术和网络通信技术，将城市的各种海量的信息资源和数据加以整合、分析并充分利用，使其发挥出更大的功能和效益。从而有利于提高政府决策的科学化、规范化和民主化，使城市规划具有更高的效率，并提高城市建设和生产的时效性、城市管理的有效性、城市资源的监控与优化配置水平、城市综合实力以及城市生活质量，优化城市环境，促进城市的可持续发展。

"数字城市"以空间基础数据为核心数据源。空间基础信息数据包括：比例尺地形图(1∶500、1∶1000、1∶2000、1∶5000、1∶10000等)、地籍图、全要素数字地形图；航空影像、遥感卫星图信息；城市道路中心线和红线、道路规划中心网管理信息，地下管网信息；城市土地利用现状、绿地管理、岩土工程信息；城市规划图；城市平面、高程控制网、数字高程模型(digital elevation model, DEM)、数字正射影像(digital orthophoto map, DOM)、城市三维景观模型信息等。

8.2.2　数字城管

"数字城管"系统是信息技术与城市管理的有机结合，它将先进的 GPS 技术、GIS 技术、RS 技术、大型空间数据库技术、网络通信技术等集成为一体，构建城管信息综合平台，提供新型城管模式，使城市管理向信息化、数字化、网络化方向转变，实现了城市管理从粗放、随意向规范、精确和科学管理的转变。通过"数字城管"的建设，使城市管理组织机构更精简、反应更快、运转更高效、更灵活，也使部门职责更明确，管理模式更开放。主要包括：

(1) 地理信息的采集：包括大比例尺(主要以 1∶500 和 1∶2000 为主)基础地形图的测量、城市管理部件的采集、行政区划界线的确认、万米单元网格的划分、地址普查等；

(2) 硬件布置：包括服务器的购置、网络的连接和布置等；

(3) 城管系统开发。

大比例尺地形图是数字城管建设的基础，其主要作用包括：

(1) 各种城市管理部件的采集在大比例尺地形图的基础上进行；

(2) 单元网格划分及界线确认在大比例尺地形图的基础上进行；

(3) 实时体现城市的发展变化。根据不同部门的要求，在基础地形图更新过程中，一方面要提高地形图重要地点的数字精度，要在基础地形图全要素更新基础上，针对不同部门不同需求，对城市设施部件(各类管线检修井、窨井、消防栓、数字城管监视器、路灯、交通信号灯等)及地名都要详细地采集和更新；同时，要求地形图外业数据的更新与地理信息系统同步更新，使得整理后的数据与实物的地理位置相一致，便于相应部门实施管理。

（4）应对城市突发事件和自然灾害所显现的作用。在城市基础设施（如天然气管线、给排水管线、电力通信电缆等）一旦发生断裂，或在市区突发事件的处理中，大比例尺地形图上详细表示的管井、控制站点、医院、公安派出所等将发挥重要作用，便于决策者及时合理地调整、调配相关单位，使事态得以有效控制，减少不必要的损失。

8.3　地籍调查

地籍测量包含着地籍调查和地籍图测绘两个方面的工作。地籍调查是地籍测量的中心环节，重点是收集和查清宗地的位置、权属、类型、用途、数量和质量等地籍信息。地籍测量是以地籍调查为依据，以测量技术为手段，从控制测量到碎部测量，精确测出各类土地的位置与大小、境界、权属界址点的坐标与宗地面积以及地籍图；地籍测量是为满足地籍管理的需要，在土地权属调查的基础上，采集、处理和编写土地权属、位置、形状、数量、土地利用现状等地籍要素的定位信息，并以图形形式加以表示的技术性工作。地籍测量的地籍图测绘是地籍要素与权属有关的地形要素的集合。主要是对宗地的地价界址点、权属界线、土地用途等的定位与定性相结合的测绘工作。

大比例尺地形图测绘是一项以地表上的地物、地貌作为标示对象，并以规定的点、线、图式符号、文字及数字注记来描述地物、地貌景观的技术性工作。在控制测量的基础上，采用适宜的测量方法，测定每个控制点周围地形特征点的平面位置和高程，以此为依据，将所测地物，地貌逐一勾绘于图纸上。大比例尺地形图测绘旨在客观又准确地通过所测地形图的三维空间来描述地物、地貌景观，为经济建设服务。

地籍图必须有众多的地物要素作衬托，才能清楚地表现出地籍要素的位置特征。利用现势性好、精度高、相同比例尺地形图或像片影像图作地图，并从其图上择取或套绘必要的地

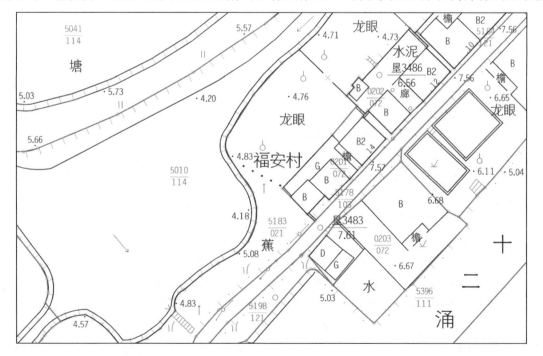

图 8.7　地籍样图

物信息，经野外采集界址点坐标、修测与补测，再依据校核后的宗地数据编绘地籍图，即能保证成图精度、缩短成图周期、降低成图费用，又能满足土地管理的需要。因此，它在城镇地籍测量中具有广阔的应用前景。图 8.7 为地籍样图。

在城镇地籍调查中加入大比例尺地形图要素，解决了历史底图现势性差，非独立宗地和大面积宗地指界困难，指界人无法现场指定界址点的问题，改进了地籍调查流程，大幅度提高了地籍调查工作的效率和质量。地籍测量调查工作中加入的大比例尺地形图要素主要有：地形点、居民地和垣栅、管线、水系等地上实物要素。由此可以看出，诸多地形要素加入城镇地籍调查测绘工作，就使得城镇地籍图具有地形图的一些基本特征，大比例尺地形图要素在城镇地籍调查测量中的主要作用就显而易见。

8.4 土石方计算及调配

随着城市经济建设的飞速发展，在土地开发利用、地质评价、工程建设等方面，需要进行土石方测量、计算、土地平整等工作，目前计算土石方的主要方法有方格网法、三角网法、断面法、道路断面法四种。

1）**方格网法**

方格网法是利用一组一定边长的正方形相连组成一个方格网，在地形图上布满整个地块计算范围。用方格网的四个角上所在位置的高程和平场高程之间的高差计算方格内的挖方和填方土石方量，所有计算范围内的方格累加获得该地块的挖方和填方总土石方量。

2）**三角网法**

实地采集地形图高程数据或利用现有地形图，测量员根据地形绘制地形图，经过高程点内业加密，用符合现状的高程点包围住每条坎的坎子上下，让符合现状的高程点沿计算范围线的每一个地形变换点和直线拐点分布，再生成三角网，建立空间模型，根据设计高程进行土石方计算。计算效果如图 8.8 所示。

3）**断面法**

它是把带状工程用一个两端互相平行的平面分割成一段段柱状的实体块。用两端的横断面面积的平均值乘上它的厚度，统计起来获得总土石方量。比较适合于计算设计面比较复杂的带状工程(如道路，沟渠)的土石方量，对于普通的土石方计算，虽然也可适用，但由于图纸空间有限，所以一般只适合于计算平场结果不是平面的道路和沟渠、管线之类的工程的土石方量。

4）**等高线法**

通过两条等高线的高度、面积计算它们所包围的体积，累计得到最终的体积。其适合于地形坡度均匀的地方，其等高线必须闭合，否则难以计算。因此，等高线法适合于地面坡度大，地物少的地方。

这四种办法都是在地形图的基础上进行的，重点关注的是地形图中的高度信息。比如高程、坎、斜坡等。地形图的高程密度、地形复杂度、土壤松散系数、采集精度、施工精度是影响土石方计算的主要因素。

土方调配工作是土方规划设计的一个重要内容。土方调配的目的是在使土方总运输量或土方施工成本最小的条件下，确定填挖方区土方的调配方向和数量，从而达到缩短工期和降低成本的目的。

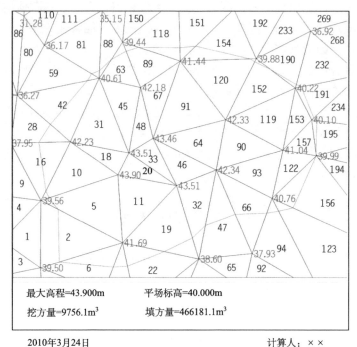

图 8.8　三角网法计算土石方

土方调配是对填方区块和挖方区块的净土方量，保证运量乘以运距的成本最小的情况下，将挖方区块中的多余土回填到填方区块中去。土方调配是区块之间净土方量的相互调配，所以在进行土方调配之前必须先完成每个区块的土方计算，获得各自的净土方量，如果对于区块净土方量事先已经知道，可以编辑区块土方量，直接在区块范围内部输入净方量即可，省去之前计算的过程。土方调配的成果有调配表、工程量表和调配图。

土方调配也是在利用地形图计算土方量的基础上进行的。

8.5　地图册/集编制

地图是遵循一定的数学法则，将地理信息通过科学的概括综合，运用符号系统表示在一定的载体上的图形，以传递它们的数量、质量在时间和空间上的分布规律和发展变化。地图是一门古老的学科！

构成地图内容的基本要素，包括数学要素、地理要素和整饰要素（亦称辅助要素），所以又通称地图"三要素"。

地图按内容、比例尺、制图区域范围、用途、介质表达形式和使用方法等可以区分（或划分）为各种类型或类别。按内容地图可分为普通地图和专题地图。

普通地图：反映地表基本要素的一般特征的地图。它以相对均衡的详细程度表示制图区域各种自然地理要素和社会经济要素的基本特征、分布规律及其相互联系。它的首要任务在于正确地反映地域分布规律和如实地表达区域地理特征。因此，普通地图全面反映水系、地貌、土质、植被、居民地、交通线、境界及其他标志，而不是突出表示其中某一种要素。它

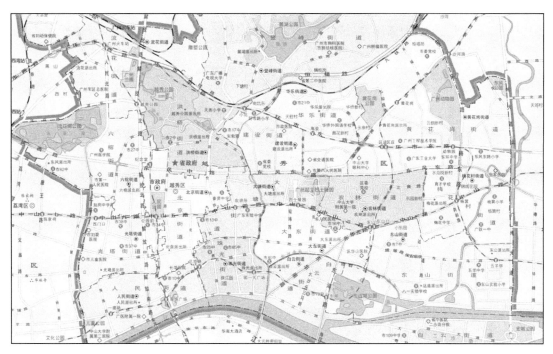

图 8.9　普通地图样图

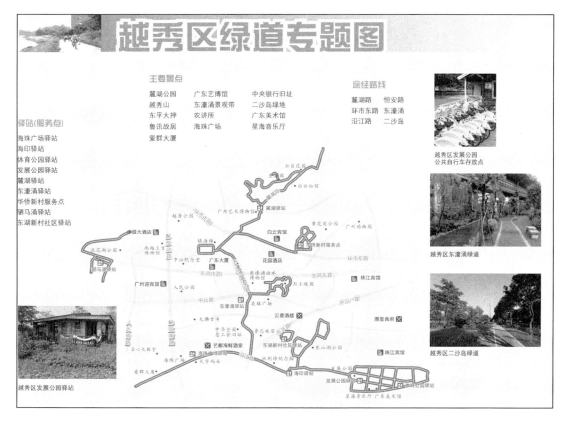

图 8.10　专题地图样图

们在地图上表示的详细程度、精度、完备性、概括性和表示方法，在很大程度上取决于地图的比例尺。一般地讲，地图比例尺越大，表示的内容越详细，随着地图比例尺的缩小，内容的概括程度也就相应地增大，如图 8.9 所示。

　　专题地图：着重反映自然或社会现象中的某一种或几种专业要素，即集中表现某种主题内容的地图，如图 8.10 所示。

　　地形图：通常是指比例尺大于 1∶100 万，按照统一的数学基础、图式图例、测量和编图规范要求，经过实地测绘或根据遥感资料，配合其他有关资料编绘而成的一种普通地图(图 8.11)。

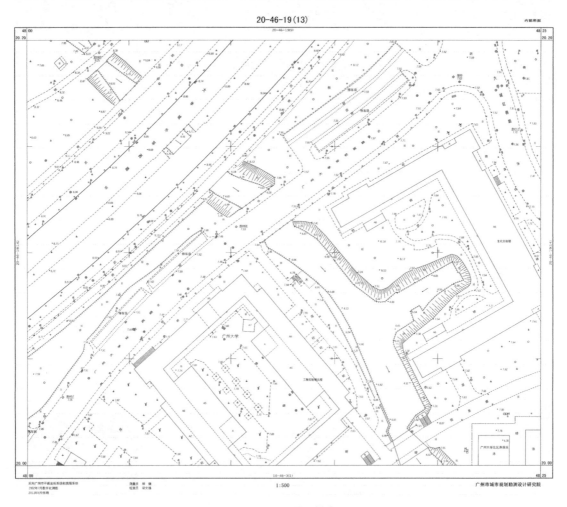

图 8.11　地形图样图

　　各种地图册/集的地理底图通常是由大比例地形图经过缩编、综合而来，加上专题要素，比如人口、经济、教育等内容，就形成相应的专题地图册/集。地形图是各种地图册/集编制的主体，也是地图册/集编制的基础。

8.6　地理信息系统

　　各种地理信息系统通常都以地形图为基本的数据源，而地理信息系统技术的发展拓宽了人们对地形图的认识。与过去作为单纯的静态实体相比,现在的地形图成为了地理信息动态表达的一种主要手段。地形图是地理信息的一种图形表达方法。为了使信息表达取得更好的效果,通常需要对地形图做处理,使得其在视觉上有很强的感染力,另外,图形设计的很多经验如版面设计、比例、色彩平衡、符号和版式等都被应用到地形图的制作中。地形图可以理解为"地理信息"与"人类对信息理解"之间的媒介。地形图借用人类特有的可识别空间格局的感知能力,提供地理对象和地点的有关情况的可视化信息。

根据地理信息系统的使用需求,通常将地形图进行缩编、美工、添加专题信息等处理成为电子地图,电子地图主要有两方面作用:一是多维地图的静态显示和动态显示作用;二是动态环境下空间数据库与专题数据库的交流作用。两方面相互作用,共同完成 GIS 空间数据视觉化的任务。

8.7　工　程　建　设

工程建设一般包括三个阶段:选址阶段(规划)、初步设计、施工。各阶段的主要建设内容有:

(1) 选址阶段(规划):了解拟建设区域内地形、地貌、水文等条件,了解建设区域内的各种工农业设施、建筑情况,选择建设场地,进行环境影响评价。

(2) 初步设计阶段:方案布设和比较,工程量计算,环境影响评价(自然和人文环境影响评价)。

(3) 施工:方案的详细设计,各种工程量的计算,各种施工方案设计等。

大比例尺地形图是选址、设计和施工的重要依据,它的使用贯穿在工程建设的全阶段,在工程建设中发挥着举足轻重的作用。

8.8　水下地形图的作用

作为地形图的一种——水下地形图的重要性随着经济的发展也越来越重要。其主要作用有:

(1) 建设现代化的深水港,开发国家深水岸段和沿海、河口及内河航段,已建港口回淤研究与防治等都需要高精度的水下地形图。

(2) 在桥梁、港口码头以及沿江河的铁路、公路等工程的建设中也需要进行一定范围的水下地形测量;海洋渔业资源的开发和海上养殖业等都需要了解相关区域的水下地形。

(3) 海洋石油工业及海底输油管道、海底电缆工程和海底隧道以及海底矿藏资源的勘探和开发等,更是离不开水下地形图。

(4) 江河湖泊及水库区域的防洪、灌溉、发电和污染治理等离不开水下地形图这一基础资料;

(5) 在军事上,水下潜艇的活动、近海反水雷作战兵力的使用、战时登陆与抗登陆地段的选择等,其相关区域的水下地形图是指挥作战人员关心的资料。

(6) 从科学研究的角度上看,为了确定地幔表层及其物质结构、研究板块运动、探讨海底火山爆发与地震等,也需要水下特殊区域的地形图。

(7) 为了进行国与国之间的海域划界工作,高精度的海底地形图是必备的。

8.9　其他行业

作为一门基础科学，地图在各行各业得到广泛的应用，大比例尺地形图是规划、建筑、施工等的基础。

1）水利部门

在水利设施，例如拦河坝、船闸、水闸、渠道、运河、港口，码头等的规划、施工中，地形图被普遍使用。

在初步设计阶段，除了库区的地形图以外，在可能布设枢纽工程的全部地区，也应使用比例尺为 1∶10000 的地形图，以便正确地选择坝轴线的位置。坝轴线选定以后，即应在这个选定的枢纽布设地区，提供 1∶2000 或 1∶5000 比例尺地形图。

在施工设计阶段，对于坝区、厂房地区、船闸闸室、引水渠渠首以及引水隧洞的进口等处，可测绘 1∶1000（有时需 1∶500）比例尺地形图，以便详细地设计该工程各部分的位置与尺寸。

对于港口码头的设计（相对来说，这项工程所占地区较小），一般也是分两个阶段。初步设计阶段，需要比例尺为 1∶1000 或 1∶2000 的陆上地形图与水下地形图，以便布置铁路枢纽、仓库、码头，船坞、防波堤以及其他的一些附属建筑物，并且进行方案比较。施工设计阶段，应采用 1∶500 或 1∶1000 比例尺地形图，以便进一步精确地确定建筑物的位置和尺寸地形图。

对于大型桥梁而言，首先是在 1∶50000～1∶10000 比例尺地形图上研究，再到实地进行踏勘，提出桥址的几个可能的比较方案（踏勘阶段）。经过研究和审批之后，进一步进行比较选择，称为初步设计阶段。这时要施测河流的水下地形，范围较大、比例尺为 1∶10000～1∶2000 的桥位方案平面图和范围较小、比例尺为 1∶5000～1∶500 的桥址地形图。前者用以选择桥位和桥头引线，确定导流建筑物的位置以及施工场地的布置。后者用以设计主体工程及其附属工程，并估算工程数量与费用。

对于一条河流或者一个水系而言，首先应该有一个综合开发利用的全面规划，进行梯级开发，合理地选择水利枢纽的位置和分布，以使其在发电、航运、防洪及灌溉等方面都能发挥最大的效益。需要 1∶50000 或 1∶100000 的地形图。

建坝以后，为了确定回水的淹没范围；量测淹没面积；计算总库容与有效库容；设计库岸的防护工程；确定沿库岸落入临时淹没或永久浸没地区的城镇、工矿企业以及重要耕地，并拟定相应的防护工程措施；设计航道及码头的位置；制定库底清理、居民迁移以及交通线改建等的规划，需要 1∶50000～1∶10000 的地形图。

2）电力部门

在电线的选址规划中，一般需要测量带状地形图；在电力设施的建设中，地形图也是必不可少的基础资料。

3）交通部门

对于交通建设中的山岭隧道，因为它是整个工程中的一部分，所以它的位置是在线路勘测中选定的。对于城市地下铁道网，在初步设计阶段，应用比例尺为 1∶2000 或 1∶5000 的地形图，以选定线路的位置。为了设计车站、进口大厅、竖井以及施工设计，要沿着设计的线路施测 1∶500 比例尺带状地形图。

4）矿山建设

地形图是地质填图的基础资料，将地质要素及工程位置用相应的符号展绘在地形图上，按地质点圈绘地质界限，绘成地形地质图，并在图上做剖面，进行储量计算，同时把地下资源的质量、储量、范围搞清楚，绘制成矿图，作为采矿设计的依据。通常用 1∶1000、1∶2000、1∶5000 比例尺的地图作储量计算和提交地质报告，用 1∶500 或 1∶1000 比例尺的地图作工业场地布置，用 1∶500 比例尺的地图作井口设计和地下巷道布置。

5）工业企业

地形图主要是用在工业企业的总平面运输设计方面，综合解决主要车间、辅助车间、动力设施、运输设施、仓库、工程管网以及行政福利设施等在厂区内的平面布置与竖向布置。对于大型工业企业，初步设计阶段采用的图纸比例可以小一些，施工设计阶段要求图纸比例大一些；对于一些中、小型企业，可以按照施工设计阶段的要求，测绘一种比例尺的地形图即可。

6）军事

由于地形对军队战斗行动有着直接的影响，所以，古今中外能征善战的军事家，都把地形图看作军队战斗行动的一个重要因素，用兵的辅助条件。地图是"协同作战的共同语言"，"行军的无声向导"，"军队的眼睛"，等等。现代战争，各军兵种协同作战，战场范围广阔，战争的突然性和破坏性增大，情况复杂多变，组织指挥复杂，对地形图的依赖性更大，地形图更是现代军队组织指挥作战必不可少的工具。

思 考 题

1. 一般而言，城市规划各阶段适宜于使用哪种比例尺地形图？
2. 简述数字城市及数字城管的主要关系？
3. 地籍测量的重点是什么？地籍图与地形图的主要区别是什么？
4. 简述土石方计算的主要方法及各种方法的优缺点？
5. 何为地图"三要素"，地图按照内容可以分为哪些类型？
6. 简述地形图的应用范围。

第 9 章　现代测绘技术

9.1　北斗卫星导航系统

9.1.1　北斗卫星导航系统原理

北斗卫星导航系统[BeiDou(COMPASS) navigation satellite system]包括北斗一代和北斗二代两代系统，是我国自主研发的卫星导航系统。北斗一代是一个已投入使用的区域性卫星导航系统，北斗二代则是一个正在建设中的全球卫星导航系统。北斗二代是中国自主建设、独立运行，并与世界其他卫星导航系统兼容共用的全球卫星导航系统，可在全球范围内全天候、全天时为各类用户提供高精度、可靠的定位、导航、授时服务，并兼具短报文通信能力。按照"质量、安全、应用、效益"的总要求，坚持"自主、开放、兼容、渐进"的发展原则，北斗卫星导航系统按照"三步走"的发展战略稳步推进。第一步，2000 年建成了北斗卫星导航试验系统，使中国成为世界上第三个拥有自主卫星导航系统的国家。第二步，建设北斗卫星导航系统，2012 年前后形成覆盖亚太大部分地区的服务能力。第三步，2020 年，北斗卫星导航系统将形成全球覆盖能力。

北斗一代是全天候、全天时提供卫星导航定位信息的区域导航系统，用户随时都可以接收到卫星广播的询问信号，服务范围以大陆地区为主。其定位原理是采用三球交会测星原理进行定位，以两颗卫星为球心，两球心至用户的距离为半径可画出两个球面，第三个球面是以地心为球心，画出以用户所在位置点至地心的距离为半径的球面，三个球面的交会点即为用户的位置。

北斗二代的导航定位原理与美国 GPS 定位原理相似，新一代北斗卫星导航系统由 5 颗静止轨道卫星和 30 颗(27 颗＋3 颗备用卫星)非静止轨道卫星组成，使得在任意时刻，在地面上的任意一点都可以同时观测到 4 颗以上的卫星。

由于卫星的位置精确可知，在北斗导航定位观测中，我们可知道卫星到接收机的距离，利用三维坐标中的距离公式，利用三颗卫星，就可以组成三个方程式，解出观测点的位置 (X, Y, Z)。考虑到卫星的时钟与接收机时钟之间的误差，实际上有四个未知数，X、Y、Z 和钟差，因而需要引入第 4 颗卫星，形成四个方程式进行求解，从而得到观测点的经纬度和高程。

9.1.2　北斗卫星导航系统的组成

1. 空间星座

北斗卫星导航系统空间星座由 35 颗组网卫星组成，其中包括 5 颗地球静止轨道(geo-synchronous orbit environment，GEO)和 30 颗非地球静止轨道(Non-GEO)卫星组成。其中，Non-GEO 卫星包括 4 颗中圆地球轨道(medium earth orbit，MEO)卫星和 5 颗倾斜地球同步轨道(inclined geo-synchronous orbit，IGSO)卫星。GEO 卫星分别定点于东经 58.75°、80°、110.5°、140°和 160°。截至 2011 年年底，北斗卫星共发射 14 颗进行组网(具体发射情况见表 9.1)，预计 2020 年能够组网完成，达到全球覆盖。

表 9.1　北斗系统已发射卫星情况

日期	发射火箭	卫星编号	使用状况
2000 年 10 月 31 日	长征三号 A	北斗-1A	正常
2000 年 11 月 21 日	长征三号 A	北斗-1B	正常
2003 年 5 月 25 日	长征三号 A	北斗-1C	正常
2007 年 2 月 3 日	长征三号 A	北斗-1D	失效
2007 年 4 月 14 日	长征三号 A	北斗-M1	正常
2009 年 4 月 15 日	长征三号 C	北斗-G2	失效
2010 年 1 月 17 日	长征三号 C	北斗-G1	正常
2010 年 6 月 2 日	长征三号 C	北斗-G3	正常
2010 年 8 月 1 日	长征三号 A	北斗-I1	正常
2010 年 11 月 1 日	长征三号 C	北斗-G4	正常
2010 年 12 月 18 日	长征三号 A	北斗-I2	正常
2011 年 4 月 10 日	长征三号 A	北斗-I3	正常
2011 年 7 月 27 日	长征三号 A	北斗-I4	正常
2011 年 12 月 2 日	长征三号 A	北斗-I4	正常

2. 坐标系统

北斗卫星导航系统采用 2000 中国大地坐标系(CGCS2000)。CGCS2000 大地坐标系的定义如下：

(1) 原点位于地球质心。

(2) Z 轴指向国际地球自转服务组织(International Earth Rotation Service，IERS)定义的参考极(IERS reference pole，IRP)方向。

(3) X 轴为 IERS 定义的参考子午面(IRM)与通过原点且同 Z 轴正交的赤道面的交线。

(4) Y 轴与 Z、X 轴构成右手直角坐标系。

CGCS2000 原点也用作 CGCS2000 椭球的几何中心，Z 轴用作该旋转椭球的旋转轴。CGCS2000 参考椭球定义的基本常数为：

长半轴 $a = 6378137.0$ m；

地球(包含大气层)引力常数 $GM = 3.986004418 \times 10^{14}$ m³/s²；

扁率 $f = 1/298.257222101$；

地球自转角速度 $\omega = 7.2921150 \times 10^{-5}$ rad/s。

3. 时间系统

北斗时间系统，简称北斗时(BeiDou time，BDT)，是一个连续的时间系统，秒长取国际单位制 SI 秒，起始历元为 2006 年 1 月 1 日 0 时 0 分 0 秒协调世界时(universal time coordinated，UTC)。BDT 与 UTC 的偏差保持在 100ns 以内(模 1 秒)。

4. 信号规范

北斗卫星信号 B1 频点信号由 I、Q 两个支路的"测距码＋导航电文"正交调制在载波上构成。B1 信号基本特性和参数见表 9.2。

表 9.2 特性和参数表

工作频点	1561.098MHz
调制方式	正交相移键控(quadrature phase shift keying，QPSK)
测距码速率	I 支路：2.046Mcps
测距码码长	I 支路：2046chips
数据码速率	GEO 卫星 I 支路：500bps MEO/IGSO 卫星 I 支路：50bps(二次编码速率：1kbps)
卫星多址方式	码分多址(code division multiple access，CDMA)
极化方式	右旋圆极化(right-hand. circularly polarize，RHCP)

9.1.3 其他卫星导航系统介绍

1. 已建立的卫星导航系统

美国全球定位系统(GPS)：GPS 是 20 世纪 70 年代由美国陆海空三军联合研制的新一代空间卫星导航定位系统。其主要目的是为陆、海、空三大领域提供实时、全天候和全球性的导航服务，并用于情报收集、核爆监测和应急通信等一些军事目的，是美国独霸全球战略的重要组成部分。经过 20 余年的研究实验，耗资约 300 亿美元，到 1994 年 3 月，全球覆盖率高达 98% 的 24 颗 GPS 卫星星座已布设完成。

俄罗斯格洛纳斯全球导航卫星系统(global orbiting navigation satellite system，GLO-NASS)：为了应对美国的全球卫星定位系统 GPS，苏联从 20 世纪 80 年代初开始建设与美国 GPS 系统相类似的卫星定位系统 GLONASS，于 1995 年 12 月将其发展成为由 24 颗 GLONASS 卫星组成的工作星座。GLONASS 通过两个频率发射导航信号，但它的每颗卫星的频率都不相同。GLONASS 系统目前有 21 颗卫星在轨。

2. 在建的卫星导航系统

欧盟伽利略定位系统(Galileo)：1999 年，欧盟提出了建立伽利略导航卫星系统的计划。经过长时间的酝酿，2002 年 3 月 26 日，欧盟 15 国交通部长会议一致决定，正式启动伽利略导航卫星计划，并由欧洲空间局合作开发。伽利略系统的空间部分由 30 颗 MEO 轨道卫星组成。卫星分布在三个高度为 23222km，与赤道倾角为 56°的轨道上，每个轨道有 10 颗工作卫星和一颗备用卫星。卫星使用的时钟是铷钟和无源氢钟。由于经费等方面原因，目前只有 6 颗试验卫星。

日本准天顶卫星系统(QZSS)：服务只覆盖东亚地区，预计由 3 颗卫星组成，但目前只发射了一号机"导引号"。2012 年全部发射完成后，形成全时段覆盖，为日本军事机构和企业提供导航服务。

印度静地轨道增强导航系统(GAGAN)：2014 年年 5 月 21 日，搭载印度首个 GAGAN 导航系统的 GSAT-8 通信卫星在法属圭亚那的库鲁发射场成功升空。这是首个成功发射的印度静地轨道增强导航系统，它将被用于印度次大陆和周边地区的航空导航。

中国北斗卫星导航系统与其他全球导航卫星定位系统的参数情况如表 9.3 所示。

表 9.3　各种卫星导航系统参数对比

指标	Compass	GPS	GLONASS	Galileo
设计卫星数	5 颗 GEO 30 颗 MEO	24(3 颗备用)	24	30(3 颗备用)
在轨卫星数	9	32	21	3
轨道面个数	3	6	3	3
轨道倾角/°	55	55	65	56
轨道高度/km	21500	20183	19100	23616
运行周期	12 小时	11 小时 58 分	11 小时 15 分	14 小时 4 分
传输方式	码分多址	码分多址	频分多址	码分多址
时间系统	BDT	GPST	UTC	GST
坐标系统	CGCS2000	WGS-84	SGS-E90	GTRF

9.1.4　北斗导航系统应用前景

卫星导航系统是一个国家重要的空间信息基础设施，中国建设独立自主的卫星导航系统，对推动国家经济社会发展具有重要意义。首先，随着社会和经济的发展，人们对卫星导航的需求越来越大，如果没有自主可控的卫星导航系统，国家的经济、社会发展安全缺少可靠的保障。第二，北斗卫星导航系统是航天的高科技工程，它对推动经济社会发展具有巨大的拉动作用，可以显著地增强国家的科技、经济和工业实力，是一个国家大国地位和综合国力的标志。第三，卫星导航也是一个国家的战略性新兴产业，对国民经济是一个新的经济增长点，对推动国家信息化建设、调整产业结构、提高社会生产效率、转变人民生活方式、提高大众生活质量，都具有重要意义。

我国从 2000 年建成了北斗卫星导航试验系统以后就着手推动北斗卫星导航试验系统在国民经济、社会各个方面的应用，目前已经广泛应用于交通运输、通信、电力、金融、气象、海洋、水文监测等各个方面。

目前，经前期系统测试，北斗系统试运行服务期间主要性能如下：

(1) 服务区：东经 84°～160°，南纬 55°～北纬 55°的大部分区域。

(2) 导航定位精度：平面 25m、高程 30m。

(3) 测速精度：每秒 0.4m。

(4) 授时精度：50ns。

9.2　机载 LiDAR 测图技术

9.2.1　概述

机载 LiDAR 系统已经成为一门独立的新兴技术，其起源可以追溯到 20 世纪七八十年代美国和加拿大的一些试验系统。作为一种先进的测量手段，机载 LiDAR 测量系统能够快速采集高精度激光点云数据和高分辨率数码影像，具有精度高、效率高、自动化程度高、大幅减少外业工作量、测绘产品丰富的特点，可直接生成正射影像图，为城市规划、工程设计、电力巡线等提供二维地形图、三维城市模型的一种高效、快捷的测绘新方法。机载 LiDAR

测量技术正在引领着航空摄影测绘领域发生着重大变革。

9.2.2　概念和原理

　　机载 LiDAR(light detection and ranging)系统是集惯性测量装置(inertial measurement unit，IMU)、动态载波相位差分 GPS、测距激光、航测数码相机、计算机控制系统为一体的软硬件系统(图 9.1)，可直接获取地表高精度三维激光点云数据及数字影像。与传统数字航空摄影测量相比，其具有精度高、效率高、自动化程度高、大幅减少外业工作量、测绘产品丰富等优势，是为城市规划编制管理提供基本比例尺地形图及三维城市模型的一种高新测绘技术。

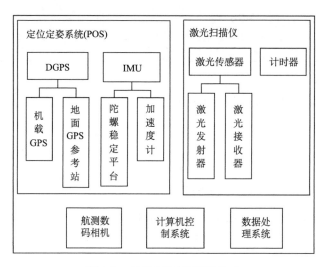

图 9.1　机载 LiDAR 系统构成

1. 激光测距原理

　　如图 9.2 所示，由激光发射器向目标发射激光，由光电元件接收目标反射的激光束，计时器测定激光束从发射到接收的时间，按照式(9.1)计算出从发射器到目标的距离。

$$R = \frac{1}{2}ct_L, \quad c = 3 \times 10^8 \, \text{m/s} \tag{9.1}$$

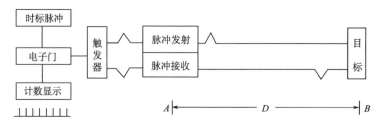

图 9.2　激光测距示意图

2. 动态差分全球定位系统

　　动态差分全球定位系统(differential global positioning system，DGPS)是利用机载 GPS 接收机和设在一个或多个基准站的至少两台 GPS 信号接收机同步而连续地观测 GPS 卫星信号、同时记录瞬间激光开启脉冲的时间标记，通过载波相位测量差分定位技术的离线数据后处理获取 LiDAR 的三维坐标。

3. 惯性测量装置

惯性测量装置(IMU)由三轴陀螺仪构成陀螺稳定平台，与三个方向的加速度计一起来实时测量 LiDAR 在空间中的角速度和加速度，以此解算出 LiDAR 的姿态(俯仰角 pitch、侧滚角 roll、旋偏角 yaw)，如图 9.3 所示。

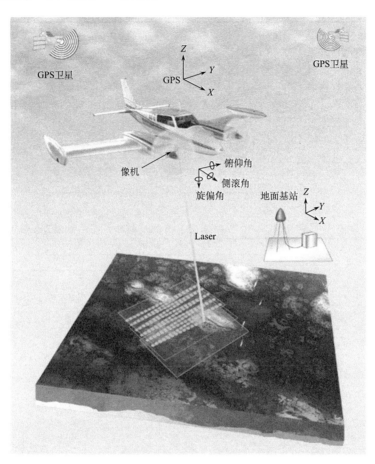

图 9.3　机载 LiDAR 工作原理示意图

9.2.3　机载 LiDAR 测图生产技术流程

机载 LiDAR 进行 1：2000 比例尺地理数据获取及加工的工作步骤见表 9.4。

表 9.4　机载 LiDAR 测图关键步骤

技术设计	调研、航飞设计、内业数据处理技术设计、检查验收方案设计、基站布设、检校场布设等
数据采集	地面基站观测、检校飞行、航飞激光扫描及影像数据采集
内业制图	点云滤波、DEM 制作、DOM 制作、等高线制作、数字线划图制作、接边、数据整理入库
质量检查	平面精度、高程精度以及地理精度、表达精度、相关资料等检查与修改
组织验收	相关部门组织检查、评审及验收

　　机载 LiDAR 测图采用的主要硬件系统包括 LiDAR 设备、航测数码相机、计算机控制系统、GPS 等，主要采用 TOPPIT、POSPAC、Terransolid 等软件，具体测图流程见图 9.4。

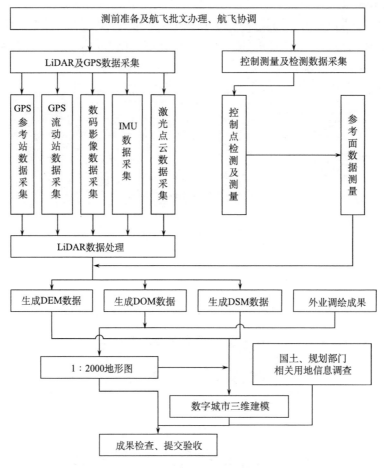

图 9.4　机载 LiDAR 空间数据生产解决方案图

9.3　高分辨率卫星遥感测图技术

9.3.1　概念和原理

　　高分辨率卫星遥感影像的推出为基础测绘生产提供了新的数据源，相对传统的航空摄影资料，卫星立体遥感影像的优势主要表现为：获取周期短，影像覆盖范围大，可以全天候获取，不受地区限制；订购手续方便，处理方便，影像资料为数字格式，无需进行扫描等预处理；另一个优势就是卫星可以快速捕捉到最佳的摄影时间。同时由于高分辨率的卫星系统通常都具有很高的稳定性，能够实现高精度的卫星星历和姿态参数的测定，它可显著提高无地面控制的定位精度，因此可以实现没有或仅有少量控制点情况下的定位精度以满足不同比例尺的应用需求。这样使得利用高分辨率卫星立体影像进行内外业一体化测图成为可能，而且可以采取先内业后外业的生产技术路线。基于高分辨率卫星立体影像成图可与传统航空摄影测量形成互补，快速完成数据更新，为用户提供更具现势性的数据，使得高新技术的卫星遥感手段能更好地为城市的现代化建设服务。

全球知名的高分辨率遥感卫星提供商美国 DigitalGlobe 公司于 2001 年 10 月发射的 QuickBird 卫星,是世界上第一颗能提供亚米级分辨率(0.61m)的商业卫星,并由此开启了商业遥感卫星的高分辨率时代。后续又有多颗高分辨率遥感卫星被成功发射,如印度于 2005 年发射的 Cartosat-1(又称为 IRS-P5)卫星和 2007 年发射的 Cartosat-2(又称为 IRS-P7)卫星,2006 年日本发射的 ALOS 卫星和韩国发射的 KOMPSAT-2 卫星,其全色波段的地面分辨率均达到 1~2.5m。

2007 年 9 月 18 日,DigitalGlobe 公司成功将 WorldView-1 卫星送入太空,商业遥感卫星的分辨率首次提高至 0.5m。由于受美国政策的限制,这已经是商业遥感卫星的最高分辨率级别。时隔 2 年之后,DigitalGlobe 公司计划于 2009 年第三季度发射 WorldView-2 卫星,商业遥感卫星影像市场迎来新的机遇。美国于 2008 年 9 月发射的 GeoEye-1 卫星的地面分辨率高达 0.41m。

除影像分辨率的不断提高之外,遥感卫星传感器的成像方式也向多样化的方向发展,从单线阵推扫式成像方式逐渐发展到多线阵推扫式成像,立体模型的构建方式也随之多样化,更加合理的基高比和多像交会方式可进一步提高立体成图的精度。随着商业高分辨率遥感卫星数量继续保持快速增长,市场上可供选择的卫星影像数据日益增多,为大规模、快速采集地理空间信息提供了可靠的数据保障。目前,高分辨率卫星遥感影像已成为我国测图困难地区,如西部 1∶50000 地形图空白区域基础地理信息获取的重要数据源之一。

经过多方研究人员的努力,目前国内在高分辨率遥感卫星影像测图领域,已取得了突破性的进展,其中主要包括以下四点。

1) 高精度的有理函数模型求解技术

高分辨率遥感卫星通常采用线阵电感耦合器件(charge coupled device,CCD)进行成像,卫星影像提供商一般采用有理函数模型代替严格几何模型提供给用户。因此高精度的有理函数模型解算方法,以及如何有效地利用控制信息提高有理函数模型的精度,对利用高分辨率卫星遥感数据进行测图生产有着重要的意义。

2) 稀少地面控制点条件下的大范围区域网平差技术

随着遥感卫星轨道精度的不断提高和姿态控制测量技术的进步,使高分辨率卫星遥感影像的直接定位逐渐成为可能,在满足成图精度前提下,在地面选取少量控制点就可控制较大范围的区域。如果同时能有效地分析遥感影像的各类几何特性,对轨道和姿态角误差带来的影响进行补偿,可进一步减少对控制点数量的要求。

3) 无控制条件下自由网平差技术

无地面控制条件下自由网平差技术的使用,能有效解决边境地区控制点布设和测图困难的问题,使得大范围边境区域和境外地形图测绘成为可能。

4) 基于多基线、多重匹配特征(如特征点及特征线等)的自动匹配技术

其中主要包括基于物方几何约束,并能够同时处理多幅影像的多基线影像匹配算法,影像匹配的精度和可靠性大大提高,有效解决了复杂地形条件下数字地面模型全自动提取的难题,并可大幅度减少地表三维信息提取过程中的人工编辑工作量。

9.3.2　技术流程

高分辨率卫星遥感测图技术流程图如图 9.5 所示。

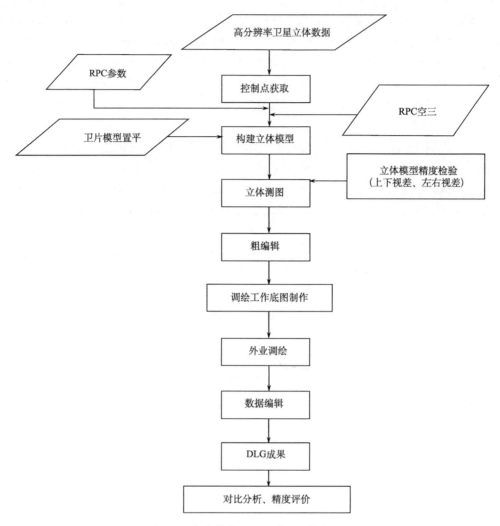

图 9.5　高分辨率卫星遥感测图技术流程

9.3.3　基于高分辨率卫星立体数据测制 1∶5000 数字线划图案例

通过对武汉航天远景公司 Mapmatrix 数字摄影测量平台以及北京清华山维新技术开发有限公司 EPS 地形图编辑平台的集成，实现大比例尺数字线划图数据采集、编辑以及形成 GIS 入库数据一体化的工作流程。

1）实验区数据情况

所选实验区内覆盖了广州市白云山的部分山形、麓湖以及珠江以北围绕麓湖一带的中心城区，地形地貌较为丰富，该片区内山、水、居民地以及高层建筑等均有包括，面积约为 100km^2。

2）具体步骤

在进行 Worldview-2 定向之前，需要准备五种数据：原始卫星影像文件；＊. RPC 文件；控制点点位图；WGS84 坐标系下的控制点文件；广州坐标系下的控制点文件。

（1）打开 Mapmatrix，新建工程，设置测区类型为 RPC 参数，添加原始卫星影像、指定对应的 ＊.RPC 文件，添加 WGS84 坐标系以及广州坐标系下的两套控制点文件，进行控制点转刺，RPC 空三解算，见图 9.6。如果误差没有超限，则退出 RPC 空三，完成 Worldview-2 影像定向；如果超限，则继续进行 RPC 空三，直到结果满足限差要求为止。

（2）在完成了 RPC 空三解算后，对 Worldview-2 进行卫星模型置平，由于卫星拍摄影像时的姿态一般不是垂直于地面的，卫片组成的像对一般看来也是倾斜的。置平可使卫星影像更符合人眼的视觉，方便测图，见图 9.7。

（3）生成 ＊.XML 格式的立体模型，在 EPS 平台引入立体模型后，进行立体采集、地形图编辑。

3）精度评估

按照立体模型实际能观测到的原则进行全要素采集，尽可能对可观测到的地物按照"内业定位、外业定性"的原则进行数字化跟踪。因为国家规范上附带的城区样图比较细致，而本书测图实验区所在的广州地区的高楼大厦较多，为了能更好地利用我院已有的 1∶500 地形图作为测图成果精度验证的标准，依据实际情况处理，本次实验在进行内业立体数字化时，对 1∶5000 地形图上街区综合的标准控制的较严，对于立体模型上出现的房屋基本上采用突出房屋或高层房屋进行处理。成图的范围为广州坐标系 1∶5000 标准分幅下的 28-38-C，见图 9.8。

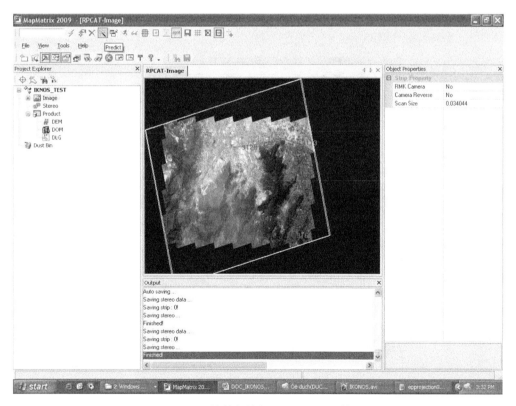

图 9.6　控制点转刺，RPC 空三解算

图 9.7　数字地形图立体采集环境(红绿立体模拟)

图 9.8　作业范围图

　　由于卫星影像拍摄视角以及测区所在地区楼房高度较高，对于内业无法从立体观测中判断的地物图面上用问号表示出来，提醒外业调绘环节时进行修补测，待外业调绘后才能确认上图，见图 9.9。实验目的是为了验证高分辨率立体卫星影像对于 1∶5000 地形图测制精度

以及技术上的可行性，考虑到工作实际，可直接利用广州市城市规则勘测设计研究院已有的
1∶500 地形图作为精度验证的标准，因此在不影响实验结果分析效果和准确性的前提下，
本次省略了外业调绘的环节。

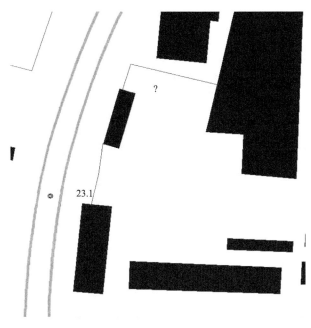

图 9.9　放大图

　　一个广州坐标系下的 1∶5000 标准分幅对应的测图区域约占 80 个 1∶500 标准分幅的地
形图，考虑到精度分析的客观性，保持样本的随机性和分布的均匀性，从 80 个 1∶500 地形
图中按照均匀分布的原则挑选了约 20 幅，然后在 EPS 中同时加载测图成果的 1∶5000 地形
图和挑选出来的 1∶500 地形图进行比较。按照平面精度和高程精度分别统计的原则记录统
计结果。

　　对 1∶5000 与 1∶500 地形图上出现的同名特征点，主要是房屋的角点、道路交叉点等，
分别记录两种比例尺成图的坐标值$(X，Y)$；对于高程注记点，分别记录两套成图结果的高
程值 H。

　　平面精度分析共选择了 76 个点进行坐标值$(X，Y)$统计（表 9.5），高程精度分析共选择
了 52 个高程注记点进行高程值 H 统计（表 9.6）。

　　根据国家《测绘成果质量评定标准》规定，在允许中误差两倍以内（含两倍）的误差值均应
参与数学精度统计。超过允许中误差两倍的误差视为粗差，不参加中误差精度统计计算。粗
差比例的统计按所有抽查样本进行分类综合统计，平面位置、间距、高程注记点、等高线内
插点任一项粗差比例≥5％，判为 A 类错漏，此批产品质量判为不合格。

　　当采用检测点检测成果数学精度时，成果中误差采用标准差法计算中误差，高精度检测
中误差计算公式为

$$M = \pm\sqrt{\frac{[\Delta\,\Delta]}{n}} \tag{9.2}$$

式中，M 为成果中误差；n 为检测点数；Δ 为较差。

在同级精度检测时采用平面位置中误差计算公式：

$$M = \pm\sqrt{\frac{[\Delta\Delta]}{2n}} \tag{9.3}$$

本次实验是利用 1∶500 地形图的成图结果对 1∶5000 测图成果进行检验，属于高精度检测。参考国标 1∶5000 地形图成图精度相关规定对本次实验成果进行分析。

平面精度：图上地物点对附近野外控制点的点位中误差不大于表 9.5 规定。

表 9.5 地物平面精度

地形图比例尺	中误差类别	平地、丘陵地/mm	山地、高山地/mm
1∶5000	地物点	0.5	0.75

高程精度：高程注记点和等高线对附近野外控制点的高程中误差不大于表 9.6 规定。

表 9.6 地物高程精度

成图比例尺	中误差类别	平地/m	丘陵地/m	山地/m	高山地/m
1∶5000	注记点	0.35	1.2	2.5	3.0
	等高线	0.5	1.5	3.0	4.0

困难地区(如阴影、摄影死角、森林隐蔽等)的地物点点位中误差和高程中误差可按表9.5 和表 9.6 的规定放宽 0.5 倍。两倍中误差为最大误差。

对统计结果进行计算，76 个平面点对应的点位中误差计算结果为 1.048m，按平地、丘陵地规定的图上 0.5mm 换算为实际距离为 2.5m，76 个点位平面精度均小于两倍中误差的5m，说明测图结果的平面精度合格。

52 个高程注记点的高程精度中误差计算结果为 0.303m，将实验区地形判定为平地，0.303m 的高程中误差计算结果小于国标规定的平地高程注记点的中误差的 0.35m。严格按照 0.7m 的两倍中误差来统计，52 个高程注记点中有两个粗差，粗差率为 3.8%。

根据平面以及高程精度分析结果来看，采用 Worldview-2 立体卫星影像进行 1∶5000 地形图测制的技术路线是可行的，成图结果符合国标精度要求。

9.4　无人机摄影测量技术

9.4.1　概念和原理

轻小型低空遥感平台的发展历史较短，但由于具有机动灵活、经济便捷等优势，在近年来受到摄影测量与遥感等领域的广泛关注，并得到了飞速发展。低空遥感平台能够方便地实现低空数码影像获取，可以满足大比例尺测图、高精度的城市三维建模以及各种工程应用的需要。由于作业成本较低，机动灵活，不受云层影响，而且受空中管制影响较小，有望成为现有常规的航天、航空遥感手段的有效补充。

当前可采用的轻小型低空遥感平台又可具体分为无人驾驶固定翼型飞机、有人驾驶小型飞机、直升机和无人飞艇等。目前国内已有武汉大学、中国测绘科学研究院等多家研究机构，对采用无人驾驶固定翼型飞机和无人飞艇进行地形测图展开研究并已取得一定的研究成果。当前的研究重点主要集中于对采用无人飞行器平台进行摄影测量的可行性和适应性进行论证，并在生产效率、生产成本、质量与安全等方面对无人飞行器与传统遥感平台进行比较和分析。其中所涉及的关键技术主要包括低空遥感平台多传感器集成技术；自动化、智能化的飞行计划及飞行控制技术；轻小型遥感平台的姿态稳定技术；不同重叠度、多角度、多航带影像的摄影测量处理技术等。

低空无人机小数码完整解决方案可应用于资源和生态环境调查、检测与评估、数字城市、农业调查、新农村建设以及重大工程建设等行业，具体包括：

（1）基础测绘。可用于大比例尺成图，如 1∶500（低空数字摄影测量内业规范）、1∶1000、1∶2000 成图。

（2）数字矿山。制作整个矿山的三维立体模型，便于制定矿难紧急救援方案等。

（3）资源调查。调查厂区、矿区资源，如钢铁生产企业调查厂区的煤炭和铁矿石的现有存储量。

（4）水利水电。用于大坝等的规划以及库区移民规划等。

（5）环境监测。监测湖泊、河流、土地污染情况等。

（6）森林监测。监测山体滑坡、植被盗伐等情况。

（7）精细农业。监测农田病虫害、干旱等情况（国外应用较多）。

（8）土建工程。公路、铁路选线和大型土建工程基础测绘。

（9）土地调查。土地用途调查和土地利用调查。

（10）土地执法。可用于防止骗取补助而在规划拆迁前恶意私盖房屋或土地用于非法用途等违法行为。

（11）生态评估。用于对湖泊或水库、江河发生水华等现象时对整个生态系统的影响的评估。

（12）自然灾害应急响应。快速获取灾区如地震区泥石流区或山体滑坡区影像图，为指挥救灾提供参考。

无人机数码影像具有以下优点：

（1）影像获取快捷方便。无需专业航测设备，普通民用单反相机即可作为影像获取的传感器，操控手经过短期培训学习即可操控整个系统。

（2）成本低廉。无人机（带飞控系统）市场价格在 10 万～100 万元，各种档次都有，而相机整套（机身加镜头）不到 2 万元，整套系统成本低廉。

（3）整个系统机动性强。整套设备不需要专门机场调运、调配，可用小型汽车装载托运，随时下车组装，3 个工作人员 2 小时内可组装完毕。

（4）受气候条件影响小。只要不下雨、下雪并且空中风速小于 6 级，即使是光照不足的阴天，飞机也可上天航拍。

（5）飞行条件需求较低。不需要专门机场和跑道，可在普通公路上滑跑起降或采用弹射方式起飞和伞降方式降落。

（6）满足大比例尺成图要求。满足《低空数字航空摄影测量内业规范》CH/Z 3003—2010 1∶500、1∶1000、1∶2000 大比例尺成图精度要求，满足传统航测规范 GB 7930—1987 和 GB/T 7930—2008 中 1∶1000 和 1∶2000 大比例尺成图精度要求。

（7）影像获取周期短、时效性强。无人机遥感几乎不受场地和天气影响，飞行前准备工作可少于 2 小时，因此可快速上天获取满足要求的遥感影像，从准备航飞到获取影像周期短，影像获取后可立即处理得到航测成果，时效性强。

与传统航摄数码影像相比，无人机数码影像具有下述处理难点：

(1) 姿态稳定性差。无人机在飞行时由飞控系统自动控制或操控手远程遥控控制，由于自身质量小，惯性小，受气流影响大，俯仰角、侧滚角和旋偏角较传统航测来说变化快，而且幅度远超传统航测规范要求(图 9.10)。

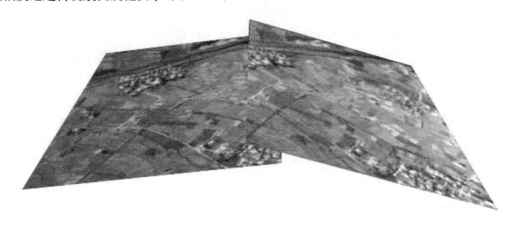

图 9.10　姿态稳定性差

(2) 排列不整齐。受顺风、逆风和侧风影响大，加上俯仰角和侧滚角的影响，航带的排列不整齐，主要表现在重叠度(包括航向和旁向重叠度)的变化幅度大，甚至可能出现漏拍的情况，见图 9.11。

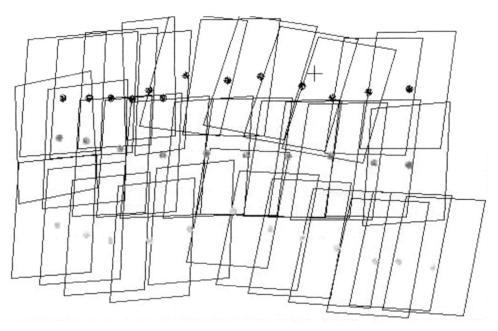

图 9.11　航带排列不整齐

(3) 旋偏角大。受侧风和不稳定气流影响，相邻两张影像一般容易出现旋偏角变化特别大(远超传统航测规范要求)的情况。

(4) 影像畸变大。相对专业航摄仪来说，小数码影像（普通单反拍摄的）畸变大，边缘地方畸变可达 40 个像素以上。

(5) 像幅小、影像数量多。由于以上原因，为了保证测区没有漏拍，通常是通过提高航向和旁向重叠度的方法来实现这一点的，同时普通单反相机像幅相对专业数码航摄仪来说，像幅小，在保证预定重叠度情况下，整个测区影像数量成倍数增多，导致后期要处理的工作量（如空三加密环节）同比例增多。

(6) 基高比小、模型数目多、模型切换频繁。像幅小，重叠度大，就会导致模型基高比变小，进而导致测图时高程精度降低。如图 9.12 所示，图中的点分别为左右片像主点；同时影像数量多，会导致模型数量同比例变多。相对传统航片来说，测同一幅图，调用的模型数目多，模型之间来回切换频繁。

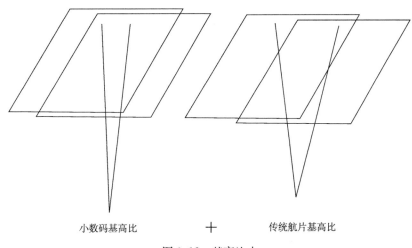

图 9.12　基高比小

9.4.2　技术流程

低空无人机测绘遥感系统影像的后期任务，包括数据预处理、空三加密和 4D 产品生产等。

1）空三加密

可自动根据已有航飞 POS 信息建立航线，自动划分航带，也可手动划分航带。

完全摒弃传统航测提点和转点流程，定向研发了可不依赖 POS 信息实现全自动快速提点和转点，匹配同影像旋偏角无关，克服了小数码影像排列不规则，俯仰角、旋偏角等特别大的缺点。

即使是超过 80% 区域为水面覆盖，程序依旧能匹配出高重叠度的同名像点，整个测区连接强度高。图 9.13 所示为水域面积为 80% 左右，同时影像拍摄角度相差 90°，程序依旧能匹配出足够的高精度连接点。

2）DEM、DOM 生产

(1) 摒弃传统的基于单模型像方匹配的方式匹配生成 DEM 模式，采用基于物方匹配的方式生产 DEM，既能充分利用小数码高重叠度的这一优势，大大提高匹配精度，并且能自动过滤人工建筑物，减少后期人工编辑工作量，同时提供人工干预恢复功能，见图 9.14。

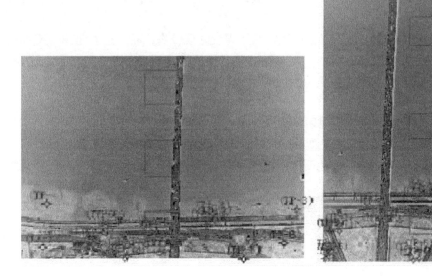

图 9.13　空三加密图

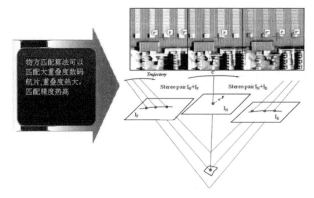

图 9.14　物方匹配

（2）采用并行化处理方式快速生成全区 DEM、DOM，在不升级现有硬件情况下，采用 CS 模式，可用局域网内任意一台电脑作为服务器，自动调用网内冗余计算量超过 50% 的电脑参与计算，计算任务的分配和计算结果的回收实现全自动化，无需人工干预。

（3）多种方式高效编辑 DEM。

（4）全自动批处理匀光匀色，针对单张影像内部色彩不均和影像之间色彩不均，可提供小波滤波法单调匀光和 wallis 整体匀光，还可以对带有地理坐标信息的影像如 tif＋tfw 提供基于地理编码匀光，可解决后期拼接影像时拼接线两边色彩、亮度不一致的问题。针对影像色调灰暗单调死板，在匀光匀色过程中可根据情况适当增加绿色信息。

（5）全自动拼接正射影像（图 9.15），自动选线，自动裁图，拼接裁图一体化，指定正射影像图幅存放路径，程序批处理一次所需的图幅。一次处理影像数量无限制，一次生成图幅数量无限制。

（6）提供功能丰富的影像编辑功能（功能参照 PS），无需后续 PS 干预，所见即所得，完全满足精编正射影像需求。

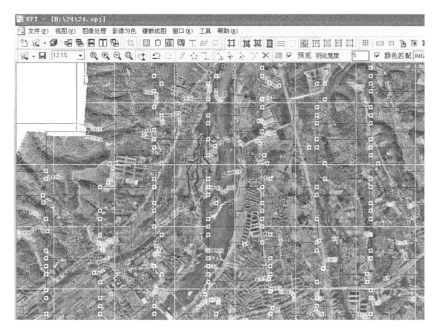

图 9.15　自动拼接正射影像

软件集成了 PS 中的常用图像处理功能，如：①图像选区功能，涵盖了矩形选区、圆形选区、多边形折线套索、多边形流线套索、多边形磁性套索、魔棒套索等。②源修补、目标修补、噪点修补多种针对性修补工具，图章工具，模糊工具，接切、旋转，选区处理。③多种选区处理工具，色阶、自动色阶、自动对比度、自动颜色、曲线、色彩平衡、亮度对比度、去色、匹配颜色、替换颜色、可选颜色、通道混合器、反相、色调均化、阈值、色调分离等，满足用户对选区内容的编辑与修改，如图 9.16 所示。

3）数字线划图（digital line graphic，DLG）生产

（1）可不需要事先采集核线，采用实时核线测图，节省采核线的时间。

（2）根据外方位元素和影像重叠度，自动组合立体像对，采用最佳交会角，达到最好的测图效果，以提高测图高程精度，见图 9.17。

（3）自动/手动切换立体模型，实现无缝测图，降低接边工作量和立体模型选择工作量，提高作业效率，见图 9.18。

图 9.16　图像处理

自动调用最佳交会角影像并采用实时
核线测图，提高基高比，提高高程测量精度

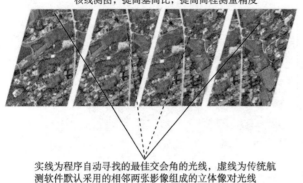

实线为程序自动寻找的最佳交会角的光线，虚线为传统航
测软件默认采用的相邻两张影像组成的立体像对光线

图 9.17　DLG 生产图

图 9.18　自动/手动切换立体模型图

9.4.3　生产案例：湖南省长沙市郊某小区基础测绘

1. 整个测区概况

有效影像总数：526；

总控制点数量：84 个；

每条航带有效影像数量：约 48 张片子；

有效航带数量：11 条；

有效控制点数量：76 个(有部分点湖南省那边没有给刺点片)；

每张影像大小：3744×5616 个像素，60.1M 计算机存储空间。

图 9.19　1∶1000 正射影像图

2. 整个项目作业概况

1）空三加密

采用英特尔 i7920 处理器电脑处理，除了前期建工程和添加像控点平差解算外，其余部分全自动处理，整个空三加密自动化程度达 80% 以上，周期为电脑自动处理 12 个小时加单作业员人工刺像控点平差 4 个小时。

2）DEM 和 DOM 生产

采用同一区段百兆局域网内 5 台电脑解算，DEM（物方匹配）生产耗时约 4 个小时，单作业员人工编辑 8 个小时。DOM 生产耗时约 1 小时 40 分钟，匀光匀色耗时 3 小时 21 分钟，拼接裁切一体化耗时 45 分钟，部分拼接线单作业员人工重新干预耗时半个工作日。1∶1000 正射影像图见图 9.19。

3）DLG 生产

用时：采集 1∶1000（城区人工建筑物密集）3 个工作日＋编辑半个工作日。

采集 1∶2000（城区人工建筑物密集）不到 3 个工作日＋编辑 0.75 个工作日，其中一幅 1∶1000 数字线划图如图 9.20 所示。

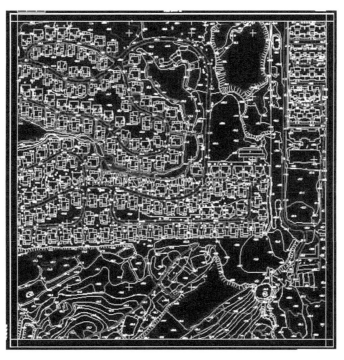

图 9.20　1∶1000 的 DLG

9.5　移动道路测量技术

9.5.1　概念和原理

移动测量系统（mobile mapping system，MMS），是当今测绘界最为前沿的科技之一，代表着未来道路电子地图测绘领域的发展主流。它是在机动车上装配 GPS（全球定位系统）、CCD（视频系统）、INS（惯性导航系统）或航位推算系统等先进的传感器和设备，在车辆的高速行进之中，快速采集道路及道路两旁地物的空间位置数据和属性数据，如：道路中心线或边线位置坐标、目标地物的位置坐标、路(车道)、宽、桥(隧道)、高、交通标志、道路设施等。数据同步存储在车载计算机系统中，经事后编辑处理，形成各种有用的专题数据成果，如导航电子地图等。另外，MMS 本身所具备的汽车导航等功能还可以用于道路状况、道路设施、电力设施等的实时监控，以迅速发现变化，实现对原图及时修测。

MMS 既是汽车导航、调度监控以及各种基于道路的 GIS 应用的基本数据支撑平台，又是高精度的车载监控工具。它在军事、勘测、电信、交通管理、道路管理、城市规划、堤坝监测、电力设施管理、海事等各个方面都有着广泛的应用。

随着地理空间信息服务产业的快速发展，地理空间数据的需求也越来越旺盛。地理空间数据的生产，成为世界经济增长的一大热点。作为一种全新的地理空间数据采集方式，世界上最大的两家导航数据生产商 NavTech、TeleAtlas 均将移动测量系统作为其数据采集与更新的主要手段，并将 MMS 视为公司的核心技术。可见，移动测量技术已经成为地理空间数据采集的最好解决方案，将在地理空间数据采集与更新中发挥越来越大的作用。

地面车载移动测量系统是 20 世纪 80 年代末期兴起的一种快速、高效的集多传感器集成技术、计算机技术、遥感技术以及空间定位技术于一身的地图生产系统。许多科研机构和公司开发出了集成 GPS、INS、激光扫描仪、CCD 相机的车载三维数据采集系统，随着各相关技术的迅速发展，基于多传感器集成的地面车载空间数据采集系统也得到了迅速发展并成功进入了实用阶段。

1) 国外典型 MMS 系统

MMS 是一种快速、高效、无地面控制的测绘技术，其起源可追溯到 20 世纪 80 年代末期，当时美国俄亥俄州立大学制图中心发起了 GPSVan 这个项目，在 1991 年产生了第一个直接地理参考和全数字陆基测绘系统。

第一个现代意义的 MMS 为 20 世纪 90 年代初美国俄亥俄州立大学制图中心开发的 GPSVan，它是一个可以自动和快速采集直接数字影像的陆地测量系统。它主要由 GPS 接收机、航位推算系统、两台数码相机及两台彩色摄影机组成。其中 GPS 用来确定相机所在的位置，航位推算系统包括陀螺仪和里程计，主要提供 GPS 信号中断时相机及摄影机的位置，摄影机用来获取空间的属性资料。

图 9.21　加拿大卡尔加里大学 VISAT

与此同时，另外一个备受瞩目的测量车是加拿大卡尔加里大学和 GEOFIT 公司开始为高速公路测量设计开发的 VISAT(ideo inertial and Satellite GPS)系统，见图 9.21。VISAT 系统主要由一个数据获取系统(VISAT van)和一个测量处理系统(VISAT station)组成。该 VISAT 系统集成了八个 CCD 相机、一个惯性测量单元和 GPS 接收机，可以快速更新 GIS 数据库。

车载测图系统 TruckMap(truck mounted acquisition platform)的研制始于 1992 年。该系统主要利用 GPS、激光测距仪和高精度方位角测量装置来确定目标的位置，摄影机用来获取影像信息，可采用静态和动态两种方式获取地面目标的三维信息，获取的信息用于建立

GIS 数据库。

日本东京大学也进行了相关的研究，并研制了车载激光测图系统（vehicle-borne laser mapping system，VLMS）。该系统主要由六个线阵相机、三个激光扫描仪和混合惯性测量系统（hybrid inertial survey system，HISS）组成。其中，HISS 主要用来获取系统的位置姿态数据，它由差分全球定位系统（differential global positioning system，DGPS）、惯性导航系统（inertial navigation system，INS）和一个电子里程表构成。当车辆行驶时，VLMS 可快速获取三维空间数据，并取得了良好的效果。

此外，德国慕尼黑联邦国防军大学也研制了基于车辆的动态测量系统（kinematic surveying system，KISS），用于交通道路和设施的测量，并可为 GIS 提供数据。从 20 世纪 90 年代中后期至 21 世纪初，很多基于相似概念的商业系统也在开发之中，例如美国 Lambda 科技公司的 GPS Vision、美国 NAVSYS 公司的 GI-EYE、美国 Transmap 公司的 ON-SIGHT、POS/LV 等。国际上最大的地理信息数据提供商 NavTeq 和 TeleAltas 均采用移动道路测量系统进行导航电子地图、位置服务数据的采集与更新。

近年来，随着三维激光扫描设备的发展，各种激光扫描设备也被用于获取城市场景三维数据，通过激光扫描能够直接获取物体表面高精度的三维外形信息。移动激光扫描是近年来迅速发展起来的一种新型空间立体数据获取手段和工具，这是一种非接触式的激光测量方式。将激光扫描仪装载在汽车上，能够跟随车辆前进快速捕捉道路两旁目标物体表面的三维点云数据，包括位置、颜色、反射强度等信息，随带的高清摄像机同时获得点云数据对应场景的纹理图像。在车载激光雷达方面，国外较国内起步早。目前比较成熟的移动三维激光扫描系统有加拿大 Optech 公司的三维激光测量车（LYNX）（图 9.22）和英国 3D Laser Mapping 公司的 StreetMapper（图 9.23）。

图 9.22　LYNX 系统

图 9.23　StreetMapper 系统

2）我国典型 MMS 系统研究现状

国内在多传感器集成的地面移动式数据采集定位系统方面虽然起步较晚，但也取得了一定的成果。2002 年我国首套移动道路测量系统 LD-2000R 研制成功，该系统由武汉大学两院院士李德仁教授及其科研团队经五年的研发而成，2004 年该系统通过由国家测绘局组织的科技成果鉴定，见图 9.24。

李清泉教授领导的武汉大学交通研究中心专门从事车载数据获取硬件系统和软件的开发工作，并成功地应用于铁路、公路路面及设备设施的检测与维护。

CCD相机阵列——可视化信息采集

计算机控制单元和(惯导系统)IMU

GPS

图 9.24　LD-2000R MMS 系统

山东科技大学基于"863"课题"近景目标三维测量技术"研制了集成 GPS、激光扫描仪以及 CCD 相机的车载三维数据采集系统,用于城市建筑物和地理对象的二维测量。

南京师范大学虚拟地理环境教育部重点实验室与武汉大学合作,开发研制了集成四台 CCD 相机、一台高速视频摄像机、三台线性阵列激光扫描仪、一部高精度差分 GPS/惯性导航设备(DGPS/INS)的车载数据采集系统 3DRMS。

同济大学测量与国土信息工程系的 MMS 采用九座商务车为运载分系统。该系统集成了两台 GPS 接收机、四台彩色 CCD 相机及一套航位推算系统,其中 CCD 相机主要用来采集立体影像,航位推算系统提供定姿数据及在 GPS 失锁时提供定位数据。

在国家"863"计划的支持下,由中国测绘科学研究院、首都师范大学、北京航空航天大学组成联合课题组,开展了"车载多传感器集成关键技术研究",研制了空间数据快速获取与处理的车载移动测绘系统。该系统集成了定位传感器 GPS、定姿传感器 IMU、影像传感器 CCD 和 LS 等多种新型传感器。其中,GPS 用来实时获取系统位置信息,IMU 进行姿态测量,LS 通过高密度的"点云图"获取待测目标的几何形状信息,CCD 用来获取路测目标的纹理信息。

广州市城市规划勘测设计研究院(以下简称"广州市规划院")与首都师范大学联合研制的"车载多传感器城市街景移动测量系统"(图 9.25),基于激光扫描仪 LiDAR、CCD 全景相机、惯性测量单元 IMU、GPS 等多传感器进行系统集成,研制了时间同步、空间同步的车载激光街景测量系统。

车载移动测图系统的一个共同特征是在汽车平台上集成数部相机,使用导航和定位传感器获取序列影像的直接地理坐标。利用多定位传感器、GPS、INS 等的集成来提高地理坐标的精度和可靠性。使用这些技术,车载移动测量系统能够提供精确的三维坐标,系统能从有地理坐标的序列影像中获取车辆厘米级的定位精度和三维对象坐标亚米级的量测精度。

全景相机

GPS

激光扫描仪

惯性导航单元

图 9.25　广州市规划院 MMS 系统

9.5.2　生产案例

为加强对城市秩序和市容环境的管理，实现主动发现、精确定位、敏捷反应、适时控制、远程管理的城管模式，提高城市管理水平，从北京西城区率先实现数字化城市管理后，上海、杭州、济南等城市纷纷开展此项工作，为数字化城市管理积累了很多经验，并出台了相关的标准。但是我国幅员辽阔，信息化基础相对薄弱，不同地区、不同城市的差异很大，而且数字化城市管理是一项十分复杂、庞大的系统工程，是一项长期的战略任务。

1. 应用简介

在数字化城市管理方面，运用 MMS 技术可安全、高效地完成部件普查工作，并建立城市街道连续可量测实景影像库，使传统平面的网格管理升级为实景可视化的立体网格管理，不仅可实现合理的工程任务管理，还可在违章建筑和广告牌管理、市政园林管理、门前三包管理及城市应急指挥管理上创造崭新的管理模式。城市管理实景化成为数字城管新趋势。

2. 典型案例

目前，全国已有济南、昆山、重庆、常州、北京、武汉、台州、青岛、舟山等城市采用 MMS 技术进行了城市管理实景化应用。在全国第三批试点城市昆山，移动测量系统技术更是其建设创新点之一(图 9.26)。

3. 广州城管部件管理应用

2013 年，广州市规划院与首都师范大学联合研制了"车载多传感器城市街景移动测量系统"。2014 年，广州市规划院利用该系统与传统测量结合，完成了"广州市数字化城市管理平台深化建设之基础数据建设项目"，建设了广州城区花都、萝岗、南沙等区域约 240 平方千米范围的实景三维影像地图、城市部件数据(图 9.27)、城市网格数据和地理编码数据。

1)测区概况

广州市花都、萝岗、南沙建城区及主要道路共约 240km^2(图 9.28)。

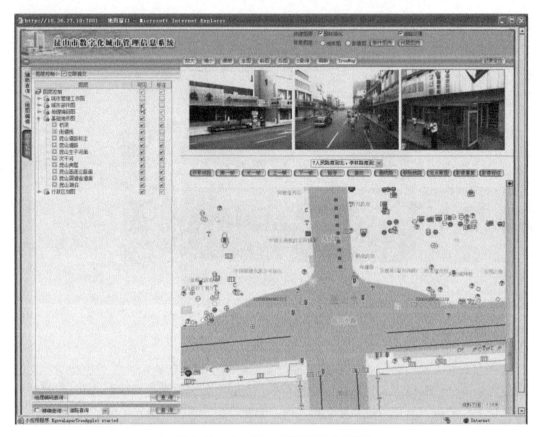

图 9.26　昆山市城市管理实景化应用

图 9.27　广州市部件查询管理实景应用

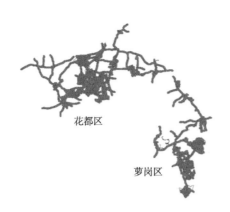

花都区

萝岗区

南沙区

图 9.28　测区范围

2）采集要求

实景采集要求：实景影像分辨率不低于 1.92M，同步精度优于 1/1000s，采样间距固定为 5m，可量测实景外方位位置元素平面精度优于 0.5m，姿态精度优于 0.05°，可量测实景影像上地物相对量测精度优于 1/100。

部件采集要求：采集 7 大类 95 小类部件，按部件精度要求将各类部件划分为 A、B、C、D、E 五类，具体如表 9.7 所示。

表 9.7　部件采集精度要求

序号	精度等级	中误差/m	说明
1	A 类	±0.5	上水井盖、污水井盖、雨水井盖、雨水算子、电力井盖、路灯井盖、通信井盖、电视井盖、网络井盖、燃气井盖、公安井盖、国防井盖、公交井盖、园林井盖、化粪池井盖、特殊井盖、无主井盖、立杆、路灯、高压线铁塔、监控电子眼、消防设施、交通信号灯、地灯
2	B 类	±1.0	报刊亭、自动售货机、供水器、电话亭、治安岗亭、信息亭、宣传栏、邮筒、变压器、燃气调压站、停车咪表、公交站亭、交通标志牌、交通控制箱、交通护栏、人行道防护桩、路名牌、道路隔音屏、交通岗亭、盲道、灯箱霓虹灯、广告牌匾、户外电子屏、射灯、景观灯、洒水车加水点、行道树、雕塑、街头坐椅、绿地护栏、树池算子、花架花钵、喷泉、水域护栏、废物箱、文物
3	C 类	±2.0	存车支架、道路信息显示屏、招牌
4	D 类	±5.0	电力设施、健身设施、燃气站点、通信交接箱、公共厕所、垃圾装运点、垃圾压缩站

序号	精度等级	中误差/m	说明
5	E类	±10.0	燃气服务网点及抢险队、加油站、停车场、出租车站牌、过街天桥、地下通道、交通涵洞、高架立交桥、跨河桥、地铁出入口、地铁通风口、公厕指示牌、垃圾收集站、环卫工具房、环卫停车场，死畜禽收运点、零星余泥排放点、环保监测站、河湖堤坝、工地、绿地、护坡、人防工事、售货亭、垃圾终端处理设施

图 9.29 所示为车载移动街景测量系统采集的广州市的街景与点云叠加效果，图 9.30 为利用系统采集的全景影像进行长度测量，图 9.31 和图 9.32 分别为该系统采集的全景影像与部件自动挂接以及查询属性功能。

图 9.29　点云与全景叠加

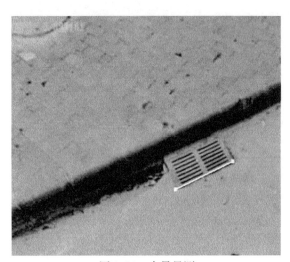

图 9.30　全景量测

图 9.31　全景与部件自动挂接

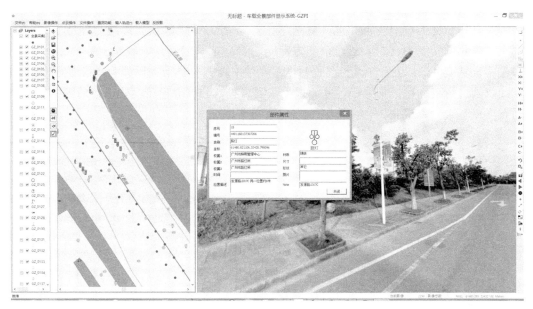

图 9.32　查询部件属性

9.5.3　应用前景

由于 MMS 的特点,采集获得的城市部件数据,从采集速度、采集方式、数据的丰富程度、后期数据处理都有一个质的飞跃。由于 MMS 采用了地面遥感的原理,还能获得部件高分辨率立体影像数据,建立城市管理部件的影像数据库,这样可以很方便地进行电子地图、部件普查数据和实物的比对,形成一个环闭的城市基础普查数据质量检查体系,并且这些部件影像库具有坐标信息,可以广泛地应用于城市万米网格系统,供管理员、协管员、事件处理者在现场的部件影像资料查询。

MMS 较传统人工测量的效率高,整个青岛市南区约 $30km^2$,利用 MMS 外业测量仅用了 4 天时间,而且精度也满足相应部件要求。

目前,佛山、上海、济南等城市已成功将 MMS 系统应用在"数字城市"和"数字城管"项目中。

9.6　测量机器人 TCA2003 自动变形监测技术

9.6.1　概述

能连续或定时对多个合作目标进行自动识别、照准、跟踪、测角、测距和三维坐标测定的自动跟踪全站仪称为测量机器人(GeoRobot)。目前,有多个测绘仪器厂家生产的全站仪属于测量机器人的范畴。主要有 Zeiss 的 EltaS 系列、TOPCON 的 GTS/GPT 系列、Sokkia 的 SET32DM 等 M 自动照准型、Trimble 的 Trimble5600 系列、Leica 的精密 TCA 系列全站仪等。测量机器人自动化程度高,能全天候工作,特别适合于工程开挖体及各种建(构)筑物的变形监测。

TCA2003 是一种带有马达驱动和自动目标识别功能的智能化测量仪器,是目前世界上测角精度最高的一种全站仪。它性能卓越、精度高，经久耐用，尤其适合不间断的连续作业，被广泛用于地上大型建筑和地下隧道施工等精密工程测量或变形监测领域。TCA2003自动全站仪测角精度为 $0.5''$，测边精度为 1mm+1ppm。

测量机器人 TCA2003 自动变形监测技术就是采用测量机器人配以自动化监测软件，定时启动仪器进行自动化数据采集，并通过无线网络进行数据通信传输。采集的数据经软件处理后，生成变形监测报表。

9.6.2　技术路线

利用 CDMA 网络实现远程控制测量机器人，其系统结构如图 9.33 所示。现场只需要携带集成控制箱，控制箱中集成了温度、气压传感器，无线通信模块，智能供电电源等设备。控制箱中 CDMA 模块已设置好包括办公室计算机的 IP 或域名及端口，模块与测量机器人的通信参数等。系统的 CDMA 模块一般已设置好，且不需经常改变。

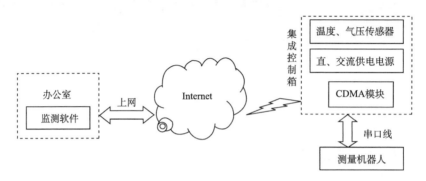

图 9.33　技术路线

9.6.3　TCA2003 自动变形监测特点和应用前景

测量机器人 TCA2003 自动变形监测有如下特点：

（1）自动化：变形监测软件在进行一些初始化设置及给定监测计划（如起始时间、观测间隔、期数等）后，能够严格按计划执行全自动观测，并自动对原始观测成果进行处理和分析。

（2）智能化：要实现无人值守变形监测，那么软件必须具有一定的适应环境变化和自动采取相应的措施来处理的能力。例如，某期观测时恰逢大雾、大雨等恶劣天气，仪器不能测量，软件会自动控制测量机器人间隔一小段时间后再试，若仍不行自动再隔一段时间重试，可设定自动重试次数，达到重试次数后仍不行则放弃本期观测，等候下一周期观测；同理在某方向出现遮挡不能观测时也可采用类似的处理方法。

（3）特殊的数据处理方法：采用一定精度等级的测量机器人时，为得到更高级别精度的观测成果，充分利用变形监测中的不动基点，对原始观测值使用特殊的差分技术进行处理，改正后的距离和高差将有更高的精度；针对典型的应用采用特殊的改正数学模型，来提高整体精度。

（4）海量数据的存储：持续的无人值守观测，势必产生海量的原始观测和计算成果数据，采用数据库技术可以高效地存储管理这些数据，不但海量数据的存储问题迎刃而解，而且它还具有方便的数据查询和分析功能。

（5）多样的成果输出：提供快速多样的查询、显示与输出方式。

（6）操作方便、界面友好：实用而有生命力的软件应该是"傻瓜"式的软件，具有形象直观的中文界面和尽量简化的操作过程。

（7）方便的测量方式：既可进行逐个控制点的移动式自动化监测，也可进行持续无人值守的全自动化变形监测。

（8）灵活的控制方式：既提供有线的直接控制方式，也提供不受地域限制的远程无线控制方式。

结合 TCA2003 机载程序实现无人值守的持续性监测和早期预警，这将使得测量机器人的功能得到充分的应用。同时，基于这种结合，将使得变形监测的自动化程度大大提高，监测过程和数据处理结果的可靠性、时效性强，从而大大提高了测绘工作的效率，同时推进了高精度测绘工作的发展。而这种全自动的系统将具有更大的用途和适用性，特别是在自然条件恶劣、监测条件差、观测精度高、重复性强、要求全天候监测等复杂工程的变形监测，同时在高层建筑物、桥梁、水库、大坝等的变形监测方面具有广阔的应用前景。

9.7　InSAR 地面形变监测技术

9.7.1　概念和原理

合成孔径雷达干涉测量（interferometric synthetic aperture radar，InSAR）是一种新型的测量技术，它采用合成孔径雷达天线记录的强度和相位数据，基于干涉技术获取三维地形、地表形变以及地物特征变化等信息。InSAR 技术是空间大地测量和遥感技术的结合体，它既有空间大地测量高精度的优点，又有遥感技术高分辨率的特色，能实现高精度（毫米级）、高分辨率（米级）、大尺度（上百千米）的沉降监测，并且几乎不需要布设地面控制点，能够最大限度地节省人力物力，减少项目经费支出。

InSAR 雏形最早出现于 1969 年，Rogers 和 Ingalls 利用地基 InSAR 技术消除金星南北半球回波信号的模糊度。四十余年来，特别是随着 20 世纪 90 年代初欧洲资源遥感卫星 ERS-1/2 的发射，InSAR 技术得到了极大的改进和广泛的应用。迄今为止，这种技术已经在地形测图、地表形变监测、海洋监测、冰川冰盖监测、地表覆盖监测等各个领域得到了广泛的应用。

9.7.2　InSAR 监测技术流程

InSAR 技术利用雷达回波信号的相位信息进行干涉处理，获得干涉相位，并进而计算出地面高程和地表形变量。对于形变监测，其基本原理可以表述为

$$\phi = -\frac{4\pi}{\lambda}\left(B_{\parallel}^{\circ} + \frac{B_{\perp}^{\circ}}{\rho_1\sin(\theta_0)}h - \Delta\rho\right) \tag{9.4}$$

式中，ϕ 表示雷达干涉相位；λ 表示雷达波长；$B_{\parallel}^{\circ}$ 表示基线在雷达视线方向的平行分量；$B_{\perp}^{\circ}$ 表示基线在雷达视线方向的垂直分量；θ_0 表示雷达视线方向的侧视角度；ρ_1 表示雷达天线到地面点的距离；h 表示地面点的高程；$\Delta\rho$ 表示雷达视线方向的地表形变。

式（9.4）右边可以分解为三项：参考相位、地形相位和变形相位，即

$$\phi = \phi_{ref} + \phi_{tp} + \phi_{def} \tag{9.5}$$

式中，ϕ 表示雷达干涉相位；ϕ_{ref} 表示参考相位；ϕ_{tp} 表示地形相位；ϕ_{def} 表示地表形变相位；其中，参考相位 ϕ_{ref} 可以采用参考椭球参数计算出，地形相位 ϕ_{tp} 可以利用外部已知的 DEM（如 SRTM）计算，因此，最终能够通过干涉相位推导出地表形变量 $\Delta\rho$。

再考虑大气延迟、轨道误差、外部 DEM 误差等产生的相位，则 InSAR 观测相位可以表示为

$$\phi = \phi_{defo} + \phi_{orb} + \phi_{atm} + \phi_{\Delta h} + \varepsilon \tag{9.6}$$

式中，ϕ 表示雷达干涉相位；ϕ_{defo} 表示形变相位；ϕ_{orb} 表示轨道误差产生的相位；ϕ_{atm} 表示大气误差产生的相位；$\phi_{\Delta h}$ 表示 DEM 误差产生的相位；ε 表示其他误差产生的相位。

因此，现在比较先进的时间序列分析方法就是采用各种先进的算法消除上式中的轨道误差、大气延迟误差、DEM 误差等，并最终获得高精度的形变相位。本书采用的时间序列分析流程如图 9.34 所示。

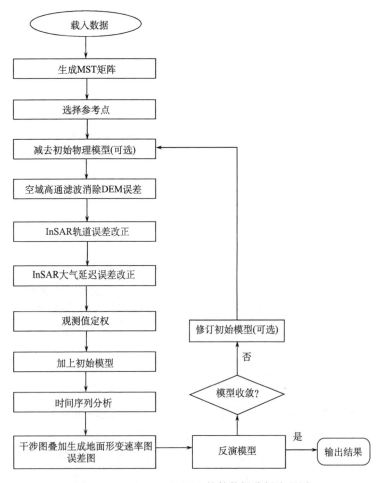

图 9.34　InSAR PIRATE 软件数据分析流程图

9.7.3　InSAR 在广州市地面沉降监测应用生产案例

利用 InSAR　PIRATE 软件生成了分辨率为 40m 和 90m 的两种广州市地面沉降速率图和时间序列图；利用 PIRATE 软件计算生成了广州市主城区 90m 分辨率地表形变图。结果显示广州市地面形变大致在 ±10mm/a，其中，沉降最严重的地区集中在佛山市北滘镇和乐从镇。在广州主城区没有非常明显的大面积形变，在新塘等地有较大范围的沉降，沉降量一般在 6～7mm/a。另外，在经常报道有沉降事故的大坦沙也监测到有沉降，沉降速率约为 5～6mm/a。

9.7.4　应用前景

InSAR 除了能应用于地面沉降监测外，还可应用于：

①地震监测；②山体滑坡地质灾害监测；③泥石流地质灾害监测；④矿区塌陷监测；⑤地铁沉降和武广高铁沉降监测；⑥高精度数字地形高程模型(DEM)的获取。

地面沉降是当今世界各国城市化进程中普遍存在和不容忽视的环境地质问题。这种连续的、渐进的、累积的地质灾害主要是由于经济高速发展过程中不断加大对地下资源开发而产生的，目前，我国已有近百个城市和地区发生了不同程度的地面沉降，沉降问题日益严重。

长期、连续地进行地面沉降监测是防止地面沉降最有效、最根本的措施之一。运用 D-InSAR 进行微小地表形变监测，是近年来发展起来并得到日益重视的新方法，特别适合城市环境的地面沉降监测，是实施大范围、高精度和快速监测的一项非常有前景的技术，具有广阔的应用前景和不可替代的优势。

思　考　题

1. 北斗一代和北斗二代系统的区别在哪里？
2. 北斗二代系统的空间星座由哪几种卫星组成？
3. 当前的全球卫星定位系统有哪几个？分别的定位原理是怎样的？
4. 什么是机载 LiDAR 系统？列出机载 LiDAR 测图生产技术流程。
5. 请列举出 2～3 种亚米级别的高分辨率遥感卫星？
6. 请用文字或框图写出利用高分辨率卫星立体数据进行数字地形图测制的流程。
7. 什么是陀螺方位角？什么是坐标方位角？陀螺经纬仪的测量原理是什么？
8. InSAR 地面形变监测主要误差包括哪些？请写出 InSAR 观测相位误差公式。
9. 以无人机为代表的低空遥感平台数据具有哪些特点？
10. 请列举无人机低空遥感的应用领域。
11. 什么是移动道路测量技术？一个移动道路测量系统包含的主要硬件设备有哪几种类型？
12. 移动道路测量系统的作业原理是什么？其主要应用领域有哪些？

主要参考文献

冯文灏. 2002. 近景摄影测量. 武汉：武汉大学出版社

高星伟，过静珺，程鹏飞，等. 2012. 基于时空系统统一的北斗与GPS融合定位. 测绘学报，41(5)：743-748

顾孝烈，鲍峰，程效军. 2011. 测量学. 4版. 上海：同济大学出版社

广州市规划局. 2009. 广州市规划基础地理信息系统数据标准(1：500 1：1000 1：2000). 广州：广州市规划局

广州市规划局. 2011. 广州市规划局标准 1：500 1：1000 1：2000 地形图图式. 广州：广州市规划局

国家质量监督检验检疫总局与国家标准化管理委员会. 2007. 国际基本比例尺地形图图式第一部分：1：500 1：1000 1：2000 地形图图式(GB/T20257.1—2007). 北京：中国标准出版社

李长辉，王峰，王磊，等. 2013. 城市机载 Lidar 测图系统关键技术研究与应用. 测绘通报，(8)，36-39

李建松. 2006. 地理信息系统. 武汉：武汉大学出版社

梁盛智，李章树，石景钊. 2005. 测量学. 2版. 重庆：重庆大学出版社

马治，熊康军，陶源，等. 2012. 基于资源三号卫星影像的 1：50000 数据生产试验. 测绘与空间地理信息，(35)，214-216

宁津生，陈俊勇. 李德仁，等. 2008. 测绘学概论. 2版. 武汉：武汉大学出版社

潘正风，程效军等. 2009. 数字测图原理与方法. 武汉：武汉大学出版社

覃辉. 2011. 土木工程测量. 重庆：重庆大学出版社

陕西测绘地理信息局，长安大学，武汉大学. 2011. 机载激光雷达数据获取技术规范. 北京：测绘出版社

宋杨，李长辉，林鸿，等. 2013. 基于 Worldview-2 立体影像的广州市 1：5000 数字地形图生产研究与应用. 测绘通报，(8)，45-48

王华，喻永平，蒋利龙. 2014. 利用合成孔径雷达干涉监测广州佛山地面沉降. 测绘科学，39，(7)：67-71

吴涛，张红，王超，等. 2008. 多基线距 DInsar 技术反演城市地表缓慢形变. 科学通报，15，1849-1857

杨元喜. 2010. 北斗卫星导航系统的进展、贡献与挑战. 测绘学报，39(1)，1-6

詹长根，唐祥云，刘丽. 2011. 地籍测量学. 3版. 武汉：武汉大学出版社

张永红，张继贤，龚文瑜，等. 2009. 基于 SAR 干涉点目标分析技术的城市地表形变监测. 测绘学报，38(6)，482-487

张正禄. 2013. 工程测量学. 2版. 武汉：武汉大学出版社

中华人民共和国建设部. 2003. CJJ61—2003 城市地下管线探测技术规程. 北京：中国建筑工业出版社

中华人民共和国建设部. 2004. CJJ100—2004 城市基础地理信息系统技术规范. 北京：中国建筑工业出版社

中华人民共和国住房和城乡建设部. 2010. CJJ/T 73—2010 卫星定位城市测量技术规范. 北京：中国建筑工业出版社

中华人民共和国住房和城乡建设部. 2011. CJJ-8 城市测量规范. 北京：中国建筑工业出版社

祝国瑞. 2004. 地图学. 武汉：武汉大学出版社